慧源共享 数据悦读
第四届全国高校开放数据创新研究大赛

数据论文集

顾　问　陈引驰　侯力强　王明政
主　编　张计龙
副主编　伏安娜　殷沈琴　朱宇红

復旦大學出版社

第四届"慧源共享"全国高校开放数据创新研究大赛组织机构

(排名不分先后)

指 导 单 位：上海市经济和信息化委员会
　　　　　　上海市教育委员会
主 办 单 位：复旦大学图书馆
　　　　　　上海市大数据中心信息化服务第二分中心
联 合 主 办：安徽大学图书馆
　　　　　　复旦大学大数据研究院
　　　　　　复旦大学国家发展与智能治理综合实验室
　　　　　　南京大学图书馆
　　　　　　山东大学图书馆
　　　　　　上海外国语大学国际金融贸易学院
　　　　　　浙江大学图书馆
承 办 单 位：上海市科研领域大数据联合创新实验室
战略合作伙伴：上海阿法迪智能数字科技股份有限公司
协 办 单 位：安徽省高等学校图书情报工作委员会
　　　　　　重庆市高等学校图书情报工作委员会
　　　　　　江苏省高等学校图书情报工作委员会
　　　　　　教育部 CADAL 项目管理中心
　　　　　　清华大学图书馆
　　　　　　上海市高等学校图书情报工作委员会
　　　　　　山东省高等学校图书情报工作委员会
　　　　　　四川省高等学校图书情报工作委员会
　　　　　　武汉大学图书馆
　　　　　　浙江省高等学校图书情报工作委员会
数据支持单位：安徽大学图书馆
　　　　　　北京汇云博图科技有限公司
　　　　　　北京理工大学图书馆
　　　　　　北京万方数据股份有限公司
　　　　　　重庆大学图书馆
　　　　　　东华大学图书馆
　　　　　　复旦大学当代中国社会生活资料中心

复旦大学社会科学数据研究中心
复旦大学图书馆
国家卫生健康委流动人口服务中心
教育部CADAL项目管理中心
教育部教育管理信息中心
南京大学图书馆
山东大学图书馆
山东农业大学图书馆
山东师范大学图书馆
上海财经大学图书馆
上海大学图书馆
上海电力大学图书馆
上海海洋大学图书馆
上海理工大学图书馆
上海理想信息产业(集团)有限公司
上海市农业农村委员会
上海青年管理干部学院
上海师范大学图书馆
上海市电化教育馆
上海市各相关部门
上海外国语大学图书馆
同济大学图书馆
浙江大学图书馆
中国工程院中国工程科技知识中心
中国海洋大学图书馆
中国石油大学(华东)图书馆等

学术媒体合作伙伴：复旦大学出版社
《青年学报》
《人口与社会》
《图书馆杂志》
《中国青年研究》
《数据分析与知识发现》
《大学图书情报学刊》
DT财经

支持合作伙伴：上海市大数据股份有限公司
上海云教信息技术有限公司
上海韬视信息技术有限公司

序言

在数字化浪潮的推动下,数据成为推动社会进步与科技创新的核心资源。随着大数据技术的不断发展和国家大数据战略的深入布局,我们对数据的认知与应用不断深化,新的机遇与挑战也随之而来。在科研领域,我们正经历着从数据密集型向AI4S(智能科学)这一新型科研范式的历史性转变中,高质量科学数据的共享、开放和利用显得尤为重要。在此背景下,数据人才的培养成为高校一项紧迫而重要的任务。大学生们需要提升数据意识、数据素养,以及利用数据解决实际问题的能力。他们需要多元的机会和优质的平台来深入接触、了解数据,并进行实际操作和应用,以塑造数字时代所需的思维能力及伦理道德。

"慧源共享"全国高校开放数据创新研究大赛正是在这样的时代背景下应运而生并不断发展壮大的。2022年4月,在上海市经济和信息化委员会、上海市教育委员会的指导与支持下,复旦大学图书馆、上海市大数据中心信息化服务第二分中心等单位联合启动第四届数据大赛。大赛以推动教育科研领域数据资源的汇聚、流通与共享开放,鼓励高校师生运用新技术对开放数据进行深入分析,将人文社会科学与机器学习相融合,开展跨学科的交叉研究与创新应用为宗旨,开展了一系列丰富的活动。经过前三届大赛的积淀与发展,大赛已经形成了较为成熟的"4+1"赛制和"三阶段"流程。其中"4+1"赛制是指在全国赛区的基础上,设置安徽、江苏、山东、浙江4个分赛区和1个金融数据分赛道,以点带面,充分发挥各地优势,深入探索"产学研用"新生态下的多源数据汇聚、共享及利用。"三阶段"流程则是指大赛以学术训练营、数据竞赛单元、成果孵化为发展主线的活动流程设计,三阶段构成了一套覆盖全生命周期、融合多种教育方法的数据素养培养体系。

在第四届大赛的组织中,复旦大学图书馆与60余家联合组织单位共同努力,发挥各单位的优势力量,共同营造"悦"读数据的热烈氛围。大赛组织单位通过线下制作海报、易拉宝等宣传材料,在图书馆、教学楼等区域进行广泛宣传;同时线上利用公众号、哔哩哔哩等新媒体平台,让师生们能够在线上云端实时跟踪大赛进展。大赛还积极构建教育科研环境数据共享与利用的场景,切实推动数据开放共享政策的落地实施。本届大赛汇聚了来自政府、企业、高校以及科研机构的多源数据资源,鼓励参赛团队基于这些数据,利用各种分析工具和技术手段,聚焦现实问题,开展深入的思考和探究。在品牌活动"数据悦读"学术训练营阶段,大赛重点培养师生的数据意识和数据思维,进行数据知识和能力储备;在竞赛环节则重点为参赛师生提供实操平台,在"有数可读"的基础上实现"会读数、善读数"的目标;在成果孵化阶段,则对成果进行进一步的提升和转化。

自2012年起,复旦大学图书馆正式启动人文社会科学数据平台的建设工作,随后,建设发布国内首个高校社科数据平台——复旦大学社会科学数据平台,成立人文社科数据研究所,获批上海市科研领域(人文社科)大数据联合创新实验室,发起成立中国高校研究数据管理推进工作组、当代中国社会生活资料国际联盟等行业组织,与校内外组织密切合作,探索构建了一系列数据共享和服务体系,汇聚了丰富的科学数据资源,与《图书馆杂志》社合作建立数据出版平台,探索数据出版新模式。未来,复旦大学图书馆也将继续肩负起推动高等教育数字化转型的重要使命,并进一步深化"人工智能＋高等教育"新生态下数字人才培养模式的探索与实践工作。我们将积极拥抱AI,探索AI4S、AI4SS(智能社会科学)背景下的新兴数据服务,努力提升服务质量与效率,为广大师生学习、科研提供更加精准和个性化的支持与服务。同时,积极寻求与产业界深度融合与合作的机会,共同培养既具备扎实数字化技能又富有创新精神的高素质人才,以满足未来社会日益多元化的需求与挑战。

本书是第四届全国高校开放数据创新研究大赛的重要成果之一,既展示了参赛师生们的创新思维与研究成果,又分享了大赛组织者在竞赛设计、目标设定、数据服务等多个视角下的深入思考与总结。2024年4月2日,人社部、教育部、科技部、国家数据局等九部门联合印发的《加快数字人才培育支撑数字经济发展行动方案(2024—2026年)》,进一步明确了我国数字人才培养的重要方向,提出"扎实开展数字人才育、引、留、用等专项行动""提升数字人才自主创新能力""激发数字人才创新创业活力",为数字人才搭建"成长阶梯"。衷心希望"慧源共享"大赛能够不断与时俱进、创新组织模式,并努力成为一个高校师生数字智慧与数据能力的蓄水池,也为高等教育的数字化转型贡献出更多的力量与智慧。让我们携手并肩、共同努力,一起迎接智能科学的璀璨未来!

复旦大学图书馆党委书记、常务副馆长　侯力强

2024年5月31日

前言

2022年4月22日,第四届"慧源共享"全国高校开放数据创新研究大赛由系列活动"数据悦读"学术训练营之"复旦大学站"正式拉开序幕。本届赛事聚焦赋能数据素养教育,推动和促进教育科研领域数据资源的汇聚流通和共享开放,鼓励高校师生利用新技术对开放数据进行分析,将人文社会科学与机器学习相结合,开展跨学科的交叉研究和创新应用,聚合各行业力量培养和提升大学生的数据素养,是教育数字化转型背景下的高校数字资源建设和数字人才培养的创新探索。大赛系列活动由上海市教育委员会、上海市经济和信息化委员会指导,由复旦大学图书馆、上海市大数据中心信息化服务第二分中心联合安徽大学图书馆、复旦大学大数据研究院、复旦大学国家发展与智能治理综合实验室、南京大学图书馆、山东大学图书馆、上海外国语大学国际金融贸易学院、浙江大学图书馆联合主办,上海市科研领域大数据联合创新实验室承办,共有60余家单位参与大赛系列活动的组织。

9月29日下午,大赛竞赛单元正式启动,复旦大学图书馆党委书记兼常务副馆长侯力强主持了开幕式活动。复旦大学图书馆馆长陈引驰、上海市经济和信息化委员会信息化推进处副处长山栋明、上海市教育委员会高教处副处长赵丽霞、上海市高等学校图书情报工作委员会秘书长李新碗、上海市大数据中心信息化服务第二分中心主任王明政分别在开幕式上致辞,并与复旦大学图书馆副馆长张计龙、安徽大学图书馆馆长储节旺、南京大学图书馆副馆长邵波、山东大学图书馆副馆长程蓓、浙江大学图书馆副馆长田稷、浙江省高等学校图书情报工作委员会刘翔、上海外国语大学国际金融贸易学院院长章玉贵、上海阿法迪智能数字科技股份有限公司常务副总经理张耀一同启动大赛。开幕式上,中国工程院院士、复旦大学大数据研究院院长邬江兴教授和英特尔中国研究院副院长王鹏博士在线发表主旨报告。邬江兴院士以《大数据处理系统内生安全问题与对策》为题,阐述了大数据处理系统网络内生安全问题,详细描述了大数据处理系统存在内生安全个性问题、内生安全共性问题与广义功能安全问题的三重安全威胁挑战,并从全新的思维视角、方法论和实践规范等层面,创新性地提出并发展内生安全防御新范式、新对策,并具体介绍了目前内生安全工程化的实践。王鹏博士的报告题目为《非接触感知技术与未来健康服务》,报告指出,对未来的健康管理和服务而言,既要提供可靠易用的设备体验给患者,也要提供高效的辅助工具和系统给医生,两者形成良性循环以及服务闭环,实现主动健康监测和健康风险评估,为临床治疗和干预提供预警和筛查。全国多家高校图书馆的领导和专家及大赛组织单位相关代表线上参加活动。

经过四年的发展,目前,"慧源共享"数据大赛已形成了由"'数据悦读'学术训练营+数据竞赛+成果孵化"三阶段构成的较为成熟的活动模式。基于该模式,第四届大赛继续设主赛道和1个分赛道(金融大数据建模与案例分析竞赛),并在主赛道设全国赛区和4个分赛区(安徽分赛区、江苏分赛区、山东分赛区、浙江分赛区),旨在充分发挥地方优势和专业特色,多维度、全方位地促进大赛目标的实现。

历时8个月的"数据悦读"学术训练营面向全国高校师生,邀请不同行业、不同领域的38位数据科学家,在复旦大学、武汉大学、四川大学、安徽大学、清华大学、南京大学、重庆大学、山东大学、上海外国语大学、上海交通大学、东华大学、上海师范大学、浙江大学、华东师范大学、上海青年管理干部学院、上海电力大学、上海大学、上海海洋大学、中国海洋大学19所高校和机构,举办了开幕式活动、18场训练营活动和1场特别活动。活动围绕A(AI,人工智能)、B(Blockchain,区块链)、C(Cloud Computing,云计算)、D(Big Data,大数据)、E(Edge Computing,边缘计算)、F(Fintech,金融科技)、G(GIS,地理信息)七大主题开展讲座,总时长超过3 000分钟,并通过上海教育云平台、微信视频号对20场活动进行全程直播,共5万余师生线上参加。随后,讲座视频资源同步制作并形成数据素养系列课程,在慧源上海教育科研数据共享平台开放点播。

在数据竞赛环节,为更好地拓展大赛数据资源,践行大赛宗旨,本届大赛在通过与政府、高校和企业合作获取数据以外,继续鼓励参赛师生提交和共享高质量的研究数据。在经过数据标准制定、数据采集、数据预处理(形成数据集&数据描述)、数据审核(初审&复审)、数据测试等一系列流程后,大赛最终开放了16个数据资源,具体包括高校图书馆业务数据、中国流动人口动态监测调查数据、长三角地区社会变迁调查数据、中国都市青少年发展数据、中国专家学者数据、运营商用户轨迹统计数据、万方数据知识服务平台期刊文献用户行为日志、基础教育互联网学习现状调查数据、CADAL用户行为数据、京东读书专业版电子图书馆数据库读者阅读记录、复旦大学ERU数据、上海市公共数据开放平台数据、上海市中小学生阅读&提问数据、当代中国社会生活资料书信数据、高校校园数据、上海市奉贤区农业种植记录清单数据,分别由安徽大学图书馆、北京汇云博图科技有限公司、北京理工大学图书馆、北京万方数据股份有限公司、重庆大学图书馆、东华大学图书馆、复旦大学当代中国社会生活资料中心、复旦大学社会科学数据研究中心、复旦大学图书馆、国家卫生健康委流动人口服务中心、教育部CADAL项目管理中心、教育部教育管理信息中心、南京大学图书馆、山东大学图书馆、山东农业大学图书馆、山东师范大学图书馆、上海财经大学图书馆、上海大学图书馆、上海电力大学图书馆、上海海洋大学图书馆、上海理工大学图书馆、上海理想信息产业(集团)有限公司、上海市农业农村委员会、上海青年管理干部学院、上海师范大学图书馆、上海市电化教育馆、上海市各相关部门、上海外国语大学图书馆、同济大学图书馆、浙江大学图书馆、中国工程院中国工程科技知识中心、中国海洋大学图书馆、中国石油大学(华东)图书馆等单位提供。在参赛团队上传的自有数据中,共有5个数据集经过审核成为大赛数据,包括城市抖音粉丝量数据、新能源汽车用户体验调查数据、2022年上海疫情期间微博签到数据、"双减"政策微博博文数据、中文阅读分级语料集数据。大赛吸引全国19个省市113所高校的447支队伍报名参赛,报名参赛总人数达1662人,其中,指导教师217人。大赛主赛道组委会共收到有效参赛作品108件,其中101件进入复审,最终有15支队伍进入答辩环节。2023年4月16日,大赛主赛道全国赛区终评答辩环节在复旦大学举行,答辩以线上线下相结合的形式开展,12位答辩专家与15支队伍进行了交流,并最终评选出各项团队和指导教师奖项。主赛道各分赛区结合本赛区有效作品的初审成绩,进一步开展评选,最终评选出各分赛区各项奖项。2023年5月11日,第四届"慧源共享"全国高校开放数据创新研究大赛在"2023中国图书馆数字化转型论坛"上举行了颁奖典礼,赛事联合组织单位代表、大赛获奖师生,以及全国高校图书馆和公共图书馆代表共1000多人通过线上和线下两种方式共同见证了大赛的高光时刻。金融分赛道则面向上海高校师生,基于金融大数据建模与案例分析开展竞赛,近百名师生团队参与竞赛。2023年5月26日,金融分赛道决赛及颁奖仪式在上海外国语大学松江校区举行,共有9支队伍参加终评答辩环节,10位答辩专家与9支队伍进行了深入交流,并最终评选出各项奖项。

本书是第四届"慧源共享"全国高校开放数据创新研究大赛的重要成果,由复旦大学图书馆馆长陈引驰教授、侯力强书记,以及上海市大数据中心信息化服务第二分中心主任王明政担任顾问。全书由复旦大学图书馆副馆长张计龙研究馆员担任主编。全书各部分主要内容及分工安排如下:

(1)"数据论文"部分收录了4篇数据论文,主要描述和介绍第四届大赛新增的数据集资源,由胡杰、成伟华、殷沈琴统稿,程蕴涵协助;

(2)"优秀获奖论文"部分收录了6篇大赛优秀获奖论文,由张计龙、伏安娜、殷沈琴、朱宇红统稿,程蕴涵协助;

（3）"大赛组织论文"部分收录了6篇研究论文，是大赛系列活动组织团队对赛事组织及相关工作的总结和思考，由张计龙、伏安娜、殷沈琴统稿，程蕴涵协助；

（4）"附录"部分汇总了大赛活动大事记、专家金句及部分组织单位介绍信息等相关内容，由程蕴涵、伏安娜整理。

本书的顺利出版要衷心感谢第四届"慧源共享"全国高校开放数据创新研究大赛的指导单位、组织单位、参赛师生、指导教师、评审专家，特别感谢主办单位复旦大学图书馆陈引驰馆长、侯力强书记，上海市大数据中心信息化服务第二分中心王明政主任，感谢蔡迎春、程蓓、储节旺、董笑菊、窦天芳、侯力强、黄晨、林懿、刘宏森、刘金伟、刘翔、刘云、聂华、任树怀、山栋明、邵波、束金龙、王明政、杨守健、张耀、张悍、赵衍等专家在作品评审过程中给予的宝贵意见。还要特别感谢上海市教育委员会、上海市经济和信息化委员会、复旦大学、复旦大学大数据研究院、复旦大学国家发展与智能治理综合实验室、复旦大学中华早期文明跨学科研究计划相关领导和同仁的大力支持，感谢复旦大学出版社严峰书记的指导和帮助，感谢陆俊杰编辑的辛勤付出。

"慧源共享"全国高校开放数据创新研究大赛已成功地举办了四届，从完全由大赛组织方提供数据到鼓励参赛者共享开放高质量自有数据，从以赛前培训为主的讲座培训到围绕七大主题的数据素养系列讲座，大赛始终以促进科研领域数据资源汇聚与开放共享为宗旨，以提升高校师生的数据素养为己任，秉承为广大参赛者提供跨学科交叉研究实践平台的理念，探索构建从数据素养课程教学到数据分析实操应用，再到学术成果凝练、应用成果转化等一系列环节的大赛模式，不断尝试并持续优化数据素养教育过程。我们热切期待更多的师生关注和参与到大赛系列活动中，共赴 AI for Science 的科研新范式和教育数字化转型的新兴实践中。

因出版时间紧迫以及编者能力所限，本书难免存在疏漏与不足之处，敬请广大读者斧正。

目录

序言 ··· 1
前言 ··· 1

第一部分　数　据　论　文

26所高校图书馆业务数据集 ·· 2
2018年中国流动人口动态监测调查数据集 ··· 12
2022年1—3月运营商用户画像和轨迹行为统计数据集 ······································· 32
京东读书专业版电子图书数据库读者阅读记录数据集 ··· 41

第二部分　优秀获奖论文

我国量子科技领域研究态势分析：成因、方向与未来——基于量子科技中国专利
　　数据 ··· 48
基于深度语义匹配的个性化图书推荐系统 ··· 66
城乡医保统筹对农村流动人口贫困脆弱性的影响——基于中国流动人口动态监测
　　调查数据的研究 ··· 80
基于结构方程模型的青少年健康影响因素模型的构建与实证研究 ······················ 112
基于轨迹数据集的城市功能区分布分析 ··· 132
基于GCNN-SAM模型面向分级阅读的双通道文本分类研究 ····························· 144

第三部分　大赛组织论文

"以赛促教、以赛促学"全面提升高校数据素养与技能实践——第四届"慧源共享"
　　全国高校开放数据创新研究大赛综述 …………………………………………… 166
第四届"慧源共享"全国高校开放数据创新研究大赛参赛感受调查研究 ………… 178
视频课程在数据素养培训中的实践探索 ……………………………………………… 189
中文古籍资源的数字化建设与使用——基于复旦古籍数字化情况 ………………… 197
高校开放数据大赛视觉形象设计策略——以第四届"慧源共享"全国高校开放数据
　　创新研究大赛为例 ………………………………………………………………… 219
慧源科学数据平台设计与构建 ………………………………………………………… 226

第四部分　附　　录

附录一　第四届"慧源共享"全国高校开放数据创新研究大赛大事记 …………… 258
附录二　"数据悦读"学术训练营专家金句 ………………………………………… 260
附录三　慧源上海教育科研数据共享平台简介 ……………………………………… 264
附录四　关于上海市科研领域大数据联合创新实验室 ……………………………… 265
附录五　关于大赛合作伙伴 …………………………………………………………… 266

PART 01

第一部分 数据论文

26所高校图书馆业务数据集
2018年中国流动人口动态监测调查数据集
2022年1—3月运营商用户画像和轨迹行为统计数据集
京东读书专业版电子图书数据库读者阅读记录数据集

26 所高校图书馆业务数据集

胡 杰 成伟华

（复旦大学图书馆）

摘要：2022 年第四届"慧源共享"全国高校开放数据创新研究大赛开放的高校图书馆业务数据集为基础数据层数据，为可机读、格式化的原生数据。本数据集具有数据粒度细（71 个字段）、数据量大（2 亿余条数据记录）、覆盖范围广（涵盖全国 26 所高校图书馆数据）、时间跨度长（2008—2021 年）等特点，对高校图书馆用户阅读行为、文献采购、馆藏调整等研究有重要价值，能够为高校图书馆的建设和发展研究提供数据依据。

关键词：高校图书馆 外借数据 预约数据 入馆数据 馆藏数据

Dataset of 26 Academic Libraries

Hu Jie, Cheng Weihua

(Fudan University Library)

Abstract: The dataset of academic libraries opened in the "Huiyuan Sharing" National College Competition on Open Data and Research Innovation in 2022 is the basic layer data, which is machine-readable and formatted original data. The dataset has the characteristics of fine granularity — 71 fields, volume — more than 200 million data records, wide coverage — 26 university libraries, long time span — from 2008 to 2021, etc. It is of great value to the research on the reading behavior, document procurement, and collection adjustment of academic libraries, and can provide data basis for the research on the construction and development of university libraries.

Keywords: academic library, book loan data, reservation data, admission data, inventory data

数据集基本信息

数据集中文名称	26所高校图书馆业务数据集
数据集英文名称	Dataset of 26 Academic Libraries
数据作者	安徽大学图书馆、北京理工大学图书馆、重庆大学图书馆、东华大学图书馆、复旦大学图书馆、南京大学图书馆、山东大学图书馆、山东农业大学图书馆、山东师范大学图书馆、上海财经大学图书馆、上海大学图书馆、上海电力大学图书馆、上海海洋大学图书馆、上海理工大学图书馆、上海师范大学图书馆、上海外国语大学图书馆、同济大学图书馆、浙江大学图书馆、中国海洋大学图书馆、中国石油大学（华东）图书馆等
通讯作者	成伟华
版 本 号	V1.0
版本时间	20220929
国　　家	中国
语　　种	中文
数据覆盖时间范围	2008—2021年
地理区域	中国
数据格式	.xlsx；.csv
数据体量	数据记录253 744 963条
关 键 词	高校图书馆；外借数据；预约数据；入馆数据；馆藏数据
主题分类	研究数据；计算机科学；图书情报学；计量学
网　址	https://i-huiyuan.shec.edu.cn/data/dv/HuiyuanSharingDataCompetition2022/faces/StudyListingPage.xhtml?mode＝1&collectionId＝124
数据集组成	本数据集共包含26个子集，每所高校图书馆为一个数据子集。每个数据子集包括1份数据概况和字段说明文档，以及若干数据文件
使用条款	本数据集可以通过在慧源科学数据平台注册登录申请获取，可以用于科学研究和教学目的，使用时须标注引用信息，禁止二次分发和商业演绎

0　背景

在第四届"慧源共享"全国高校开放数据创新研究大赛中，来自全国各地的26所高校图书馆共计提供了2亿多条业务数据供大赛开放利用，主要包括图书外借数据、图书预约数据、读者入馆数据和馆藏数据。

1 数据采集和处理方法

读者入馆数据来自各高校图书馆的门禁/闸机系统；图书外借、预约数据和馆藏数据来自各高校的图书馆集成系统。各高校图书馆采用的系统不一，有汇文软件、Aleph系统、图创软件的 Interlib 2.0 系统、妙思文献管理集成系统等。由于系统底层数据库不同，数据查询和导出主要通过第三方数据库查询工具实现。大赛数据工作组提供了统一的数据标准规范，并为各高校图书馆提供一定的技术支持，以此保障各高校图书馆业务数据集的数据质量。各高校图书馆按照要求进行数据清洗、整理和自审后提交数据集，再经过大赛数据工作组初审、高校图书馆复检、大赛数据工作组复审等流程不断完善数据集。各高校图书馆的数据管理情况差异大，提供的数据集内容有所不同，详情如表 1 所示，其中，各高校图书馆的数据总量为在数据规范统一要求下数据清洗处理后的有效数据。

2 数据字典

表 2 至表 5 分别为图书外借数据、图书预约数据、读者入馆数据和馆藏数据的字段说明表，26 所高校图书馆的数据集皆遵循以下统一标准：图书外借数据为必须提供的数据表；图书预约数据和读者入馆数据根据各高校图书馆的情况，有则提交；馆藏数据按照各馆意愿选择提交与否。表中标注"可选字段"的，说明只有部分高校提供了该字段数据；表中未标注"可选字段"的，说明所有高校都提供了该字段数据。各高校图书馆业务数据间的具体差异在此不做具体说明，详情需要参考各个数据子集的数据概况和字段说明文档。

3 数据质量控制

为了确保各高校图书馆的数据规范，分别对图书外借数据、图书预约数据、读者入馆数据和馆藏数据的字段种类做出统一要求，必选字段可以确保数据集的完整性，可选字段体现各高校数据的多样性，同时，对各数据字段制定了统一的命名标准，便于数据使用。

另外，为了确保数据的准确性，各高校图书馆的数据都经过了自审、大赛数据工作组初审和复审三个阶段的质量控制流程。自审由各高校图书馆自行对查询语句等数据导出和数据清洗、整理步骤进行多次测试检验；大赛数据工作组初审主要核查数据格式、数据字段等是否符合统一标准；复审过程详细检查数据的准确性和完整性，查看是否存在逻辑错误、缺少相应的数据说明等，对数据进行最后的完善和补充说明。

表1 各高校图书馆业务数据概况（数据记录数单位：条）

数据概况		复旦大学	同济大学	上海理工大学	东华大学	上海电力大学	上海海洋大学	上海师范大学	上海外国语大学	上海财经大学	上海大学
图书外借数据	时间范围	2013—2020	2012—2019	2013—2019	2013—2017	2013—2020	2013—2019（归还日期）	2013—2019	2013—2020	2013—2019	2013—2019
	数据记录数	2 363 925	2 414 715	859 742	884 965	500 678	917 417	1 249 706	930 584	1 042 601	1 715 143
	数据格式	.csv	.csv	.csv	.csv	.xlsx	.csv	.xlsx	.xlsx	.xlsx	.csv
图书预约数据	时间范围	2013—2020	2012—2019	/	2012—2018	/	2013—2019	2013—2019	2013—2020	2013—2019	2013—2019
	数据记录数	422 344	31 881	/	3 272	/	963	16 007	20 388	8 519	76 378
	数据格式	.csv	.csv	/	.xlsx	/	.xlsx;.csv	.xlsx	.xlsx	.xlsx	.csv
读者入馆数据	时间范围	2013—2020	2012—2019	2013—2019	2013—2017	2013—2020	2013—2019	2013—2019	2013—2018	2013—2018	2013—2019
	数据记录数	19 143 969	26 117 828	9 402 052	4 768 181	8 109 755	5 819 240	2 217 473	10 861 869	9 178 827	12 498 397
	数据格式	.csv	.csv	.csv	.csv	.xlsx	.csv	.csv;.xlsx	.csv	.csv	.csv
馆藏数据	时间范围	/	/	/	2013—2018	/	/	/	/	/	/
	数据记录数				30 8193						
	数据格式				.xlsx						

数据概况		北京理工大学	南京大学	安徽大学	山东大学	中国海洋大学	中国石油大学（华东）	山东农业大学	山东师范大学	重庆大学
图书外借数据	时间范围	2012—2019	2013—2020	2013—2020	2013—2019	2013—2019	2013—2019	2014—2021	2013—2019	2013—2019
	数据记录数	999 943	5 542 090	1 138 211	5 721 130	1 770 256	1 160 629	838 271	2 876 793	3 666 678
	数据格式	.csv	.csv	.xlsx	.csv	.csv	.csv	.xlsx	.csv	.csv
图书预约数据	时间范围	2013—2019	2013—2020	2018—2020	2013—2019	2013—2019	/	/	2013—2019	2013—2019
	数据记录数	3 290	71 706	141	158 148	25 157	/	/	296 881	30 502
	数据格式	.csv	.xlsx	.xlsx	.csv	.csv	/	/	.csv	.csv

续表

数据概况		北京理工大学	南京大学	安徽大学	山东大学	中国海洋大学	中国石油大学(华东)	山东农业大学	山东师范大学	重庆大学
读者入馆数据	时间范围	2020—2021	2017—2019	2013—2020	2013—2019	2013—2019	/	/	2013—2019	2013—2019
	数据记录数	1 603 956	3 090 915	16 811 468	20 221 087	9 829 039	/	/	22 251 272	7 922 257
	数据格式	.csv	.csv	.csv	.csv	.csv	/	/	.csv	.csv
馆藏数据	时间范围	/	2021前	/	/	/	/	/	/	2019前
	数据记录数	/	4 681 436	/	/	/	/	/	/	728 150
	数据格式	/	.csv	/	/	/	/	/	/	.csv

数据概况		浙江大学	浙江某高校A	浙江某高校B	浙江某高校C	浙江某高校D	浙江某高校E	浙江某高校F
图书外借数据	时间范围	2013—2019	2020	2020—2021	2017—2021	2020	2010	2020
	数据记录数	2 260 744	57 380	54 486	78 553	85 595	88 321	100 000
	数据格式	.csv	.csv	.csv	.csv	.csv	.csv	.csv
图书预约数据	时间范围	2013—2019	2020	2008—2020	/	2020	/	/
	数据记录数	409 118	508	1 330	/	25	/	/
	数据格式	.csv	.csv	.csv	/	.csv	/	/
读者入馆数据	时间范围	2013—2019	2020	2020	/	/	/	2020
	数据记录数	16 384 973	649 512	50 000	/	/	/	200 000
	数据格式	.csv	.csv	.csv	/	/	/	.csv
馆藏数据	时间范围	/	/	/	/	/	/	/
	数据记录数	/	/	/	/	/	/	/
	数据格式	/	/	/	/	/	/	/

表 2　图书外借数据字段说明

字　　段	说　　明	备　　注
UNIVERSITY_ID	学校代码	
ITEM_ID	单册唯一记录号	
SUBLIBRARY	图书所在分馆/馆藏地	
LOAN_DATE	外借日期	
LOAN_HOUR	外借时间	可选字段
DUE_DATE	到期日期	可选字段
DUE_HOUR	到期时间	可选字段
RETURNED_DATE	归还日期	
RETURNED_HOUR	归还时间	可选字段
RETURNED_LOCATION	归还地点	可选字段
ITEM_STATUS	单册状态	可选字段
RENEWAL_NO	续借次数	可选字段
LASTRENEW_DATE	最后续借日期	可选字段
RECALL_DATE	催还日期	可选字段
RECALL_DUE_DATE	催还后应还日期	可选字段
ITEM_CALLNO	单册索书号	
PUBLISH_YEAR	图书出版年	
AUTHOR	图书作者	
TITLE	图书题名	
PRESS	图书出版社	
ISBN	ISBN 号	
HOLD_DAYS	外借天数	可选字段
OVERDUE_DAYS	逾期天数	可选字段
PATRON_ID	读者 ID	
STUDENT_GRADE	学生年级	
PATRON_DEPT	读者所在院系	

续　表

字　段	说　明	备　注
PATRON_TYPE	读者类型	
CARD_ID	读者条形码	上海电力大学特有字段

表3　图书预约数据字段说明(有则提交)

字　段	说　明	备　注
UNIVERSITY_ID	学校代码	
OPEN_DATE	预约日期	
OPEN_HOUR	预约时间	
REQUEST_DATE	预约兴趣期开始日期	可选字段
END_REQUEST_DATE	预约兴趣期结束日期	可选字段
HOLD_DATE	预约满足日期	
END_HOLD_DATE	预约保留日期	
PICKUP_LOCATION	取书点	可选字段
SUBLIBRARY	图书所在分馆/馆藏地	
ITEM_STATUS	单册状态	
RECALL_STATUS	预约催还状态	可选字段
RECALL_DATE	催还日期	可选字段
PROCESSING_DAYS	满足时间长度	可选字段
EVENT_TYPE	预约类型	可选字段
FULFILLED	预约需求是否满足	
ITEM_ID	单册唯一记录号	可选字段
ITEM_CALLNO	单册索书号	
PUBLISH_YEAR	图书出版年	
AUTHOR	图书作者	
TITLE	图书题名	
PRESS	图书出版社	

续 表

字 段	说 明	备 注
ISBN	ISBN 号	
PATRON_ID	读者 ID	
STUDENT_GRADE	学生年级	
PATRON_DEPT	读者所在院系	
PATRON_TYPE	读者类型	

表 4　读者入馆数据字段说明(有则提交)

字 段	说 明	备 注
UNIVERSITY_ID	学校代码	
PATRON_ID	读者 ID	
STUDENT_GRADE	学生年级	
PATRON_DEPT	读者所在院系	
PATRON_TYPE	读者类型	
VISIT_TIME	入馆时间	
VISIT_SUBLIBRARY	入馆地点	
VISIT_TYPE	出馆/入馆	可选字段
CARD_ID	读者条形码	上海电力大学特有字段

表 5　馆藏数据字段说明(可选)

字 段 名	说 明
UNIVERSITY_ID	学校代码
ITEM_ID	单册唯一记录号
SUBLIBRARY	图书所在分馆/馆藏地
ITEM_CALLNO	单册索书号
PUBLISH_YEAR	图书出版年
AUTHOR	图书作者

续 表

字　段　名	说　　明
TITLE	图书题名
PRESS	图书出版社
ISBN	ISBN 号
PRICE	价格
LAN	语种

4　数据价值

高校图书馆业务数据集在理论上可以丰富图书情报、图书馆学、信息科学等领域的研究，也可以在实际应用中为图书馆服务改进、资源管理、用户需求满足等方面提供重要支持，同时也能为社会文化发展和教育事业做出贡献。该数据集提供了实证研究的基础，可以帮助学者们验证理论模型、探索图书馆服务、资源管理、用户行为等方面的理论；通过分析图书馆业务数据，可以推动信息检索、知识组织、用户信息行为等领域的理论创新和发展；数据集的应用也能促进数据科学在图书馆领域的应用，如数据挖掘、机器学习等技术在图书馆业务分析中的应用；数据集还可以作为跨学科研究的资源，如社会学、心理学、教育学等，为不同学科提供研究视角和数据支持。

5　数据使用方法和建议

本数据集能够为高校图书馆的建设和发展研究提供数据依据，对高校图书馆资源配置、服务优化、用户需求、决策支持等方面有重要价值，一些数据使用建议如下。

（1）资源配置。通过分析图书馆的业务数据，可以更好地理解馆藏资源的使用情况，包括哪些类型的文献最受欢迎、哪些资源被频繁借阅等。这有助于图书馆优化资源配置，提高馆藏的利用率。

（2）服务优化。数据集可以揭示读者的借阅习惯、偏好和需求，帮助图书馆改进服务流程，如调整开放时间、改进借阅政策、提升用户体验等，从而提高图书馆的整体服务质量。

（3）用户需求。通过对用户借阅行为的分析，图书馆可以更好地理解用户需求，提供个性化服务，如推荐系统、阅读推广活动等。

（4）决策支持。图书馆管理层可以利用业务数据集进行决策支持，例如，在采购新书、扩展电子资源、开展阅读推广活动等方面做出基于数据的决策，帮助制定战略规划，如馆藏发展、预算分配、设施改善等。

此外，本数据集可以作为教育和培训资源，帮助图书馆工作人员提升数据分析能力，更好地理解和利用图书馆数据,适应智慧图书馆的发展趋势。通过开放数据集,也可以促进高校之间的数据共享与合作,共同提升图书馆的服务水平,同时也为外部研究者提供了宝贵的研究资源,支持更广泛的社会创新和研究。

数据引用格式

(引用26所高校图书馆业务数据集)

安徽大学图书馆、北京理工大学图书馆、重庆大学图书馆、东华大学图书馆、复旦大学图书馆、南京大学图书馆、山东大学图书馆、山东农业大学图书馆、山东师范大学图书馆、上海财经大学图书馆、上海大学图书馆、上海电力大学图书馆、上海海洋大学图书馆、上海理工大学图书馆、上海师范大学图书馆、上海外国语大学图书馆、同济大学图书馆、浙江大学图书馆、中国海洋大学图书馆、中国石油大学(华东)图书馆等.26所高校图书馆业务数据集[DB/OL].[2022-09-29].https://i-huiyuan.shec.edu.cn/data/dv/HuiyuanSharingDataCompetition2022/faces/StudyListingPage.xhtml?mode=1&collectionId=124.

(引用单个高校图书馆业务数据集——以复旦大学为例)

复旦大学图书馆.复旦大学图书馆业务数据集[DB/OL].[2022-09-29].http://hdl.handle.net/20.500.12291/10698 V2[Version].

作者介绍和贡献说明

胡杰 女,复旦大学图书馆,馆员。研究方向:科学数据管理。主要贡献:数据审核、文章撰写。

成伟华 复旦大学图书馆,副研究馆员。研究方向:图书馆业务数据资源建设、数据科学。主要贡献:数据预处理、数据脱敏、统筹策划、沟通联络。E-mail:weihuacheng@fudan.edu.cn。

2018年中国流动人口动态监测调查数据集

周 芳[①] 陈 晶

(国家卫生健康委流动人口服务中心)

摘要：2018年中国流动人口动态监测调查数据是原国家卫生计生委员会（现国家卫生健康委员会）组织实施的一年一度大规模全国性的流动人口动态监测抽样调查。覆盖全国31个省（自治区、直辖市）和新疆生产建设兵团流动人口较为集中的流入地，调查样本约15.2万个，涉及流动人口及其家庭成员约48万人。调查工具为原国家卫生计生委员会（现国家卫生健康委员会）组织设计实施的调查问卷。问卷内容主要包括个人及家庭成员情况、就业情况、收支情况、健康与公共服务情况等。该数据集可广泛应用于人口社会、劳动经济、医疗卫生、人文地理等领域的科学研究，可与大数据相结合分析人口流动与经济社会发展的关系，同时也可以结合历年数据进行趋势研究，为区域和城市规划提供数据支撑，依据人口流动的区域分布配置资源等，为政府决策服务，具有较高的研究价值和实际应用价值。

关键词：流动人口 中国流动人口动态监测调查 健康与公共服务 2018

Dataset of China Migrants Dynamic Survey in 2018

Zhou Fang, Chen Jing

(Migrant Population Service Center, National Health Commission)

Abstract: The dataset of China Migrants Dynamic Survey in 2018, is the data of the annual large-scale migrants dynamic sampling survey organized and implemented by the National Health Commission. The survey covered 31 provinces (autonomous regions and municipalities) and Xinjiang Production and Construction Corps, with 152,000 samples, involving 480,000 migrant population and their family members. The main contents include family members, income and expenditure, employment, health and public services, etc. The dataset can be widely used in scientific research of population sociology, labor economics, public health, human geography and other fields, and

---

[①] 周芳，现任职于国家卫生健康委妇幼健康中心。

combined with big data to analyze the relationship between population mobility and economic and social development. It can be used in government decision-making, by providing data support for regional and urban planning. It also can be used in providing data services for economic and social development, by allocating resources according to the regional distribution of population. Cross-sectional data over years can be combined to carry out trend research. Therefore, it has high research and practical application value.

Keywords：migrant population，China Migrants Dynamic Survey，health and public services，2018

数据集基本信息

数据集中文名称	2018年中国流动人口动态监测调查数据集
数据集英文名称	Dataset of China Migrants Dynamic Survey in 2018
数据作者	国家卫生健康委员会
通讯作者	周芳
作者单位	国家卫生健康委流动人口服务中心
版 本 号	V1.0
版本时间	20210811
国　　家	中国
语　　种	中文
数据收集日期	20180501—20180531
地理区域	全国31个省（自治区、直辖市）和新疆生产建设兵团
经 纬 度	73°33′E至135°05′E,3°51′N至53°33′N
数据格式	sav；dta
数据体量	sav格式79 MB，dta格式442 MB
关 键 词	流动人口；动态监测调查；健康与公共服务；2018
主题分类	研究数据；科学数据；管理数据
全球唯一标识符	hdl：20.500.12291/10771
网　　址	流动人口数据平台官网 https://www.chinaldrk.org.cn 慧源科学数据平台 https://i-huiyuan.shec.edu.cn/data/dv/HuiyuanSharingDataCompetition2022/faces/StudyListingPage.xhtml?mode=1&collectionId=131 国家人口健康科学数据中心数据仓储 https://doi.org/10.12213/11.A000T.202205.84.V1.0

续 表

数据集组成	包含1份调查技术文件和2种格式的调查数据文件
使用条款	本数据集可以通过在网站实名注册登录申请获取,可以用于科学研究和教学目的,使用时须标注引用信息,禁止二次分发和商业演绎

0 背景

为了解流动人口的生存发展状况、流动迁移趋势和特点以及公共卫生服务利用、计划生育服务管理等情况,自2009年起,原国家卫生计生委员会启动了全国流动人口动态监测调查项目,到2018年已经连续开展了10年。中国流动人口动态监测调查数据(China Migrants Dynamic Survey,简称CMDS)是原国家卫生计生委员会流动人口司组织的大规模全国性流动人口抽样调查数据,调查覆盖全国31个省(自治区、直辖市)和新疆生产建设兵团,平均每年调查约7 000个村居近18万户,平均涉及流动人口家庭成员约45万人,10年累计调查样本200多万个。内容涉及流动人口及家庭成员的人口基本信息、流动范围和趋向、就业和社会保障、收支和居住、基本公共卫生服务、婚育和计划生育服务管理、子女流动和教育、心理文化等。每年除大调查外,还包括几个专题调查,如流动人口社会融合与心理健康专题调查、流出地卫生计生服务专题调查、流动老人医疗卫生服务专题调查、重点疾病流行影响因素专题调查等。根据流动人口卫生计生服务管理工作和政策研究的需要,2018年继续在全国范围内开展流入地监测调查,在部分地区开展流动人口追踪、跨境人口状况专项调查。本文的数据集仅指大调查,不包括追踪调查和跨境人口状况调查的数据。

1 数据采集

2018年全国流动人口卫生计生动态监测调查是由原国家卫生计生委员会(现国家卫生健康委员会)组织设计、抽样、调查实施的。调查方式主要包括利用纸质问卷或利用安装计算机辅助面访系统的智能手机或PAD开展面对面调查。所有的调查员都经过严格挑选和培训,以确保他们符合调查员的标准。对调查员的资格进行了评估,通过检查,证明他们对问卷能正确理解,且能够满足国家卫生健康委员会制定的数据采集标准。由经过统一培训的调查员直接访问被调查对象并填报个人问卷。调查是在受访者的家中进行的。每张问卷都取得了被访人的口头及书面知情同意。调查内容由各监测点通过流动人口动态监测系统填报上报。原国家卫生计生委员会(现国家卫生健康委员会)协调建立了严格的数据核查程序。计算机辅助调查系统(Computer Assisted Personal Interviewing,CAPI)会将调查情况识别反馈给调查员。完成的调查表由每一处的质量保证人员检查街道/乡镇或者区、县,省级或国家级的调查主管通过随机电话抽查,对返回的问卷进行额外的审查或现场走访核实。调查的更多细节可以在《2018年全国流动人口卫生计生动态监测调查技术文件》中找到。

2 处理方法

对数据的处理具有较为系统的设计和严谨的步骤:一是对数据进行系统的清理,进行相关补充调查和校正,例如,对奇异值部分进行电话回访等。二是开展清理评估,评价数据的一致性、合理性和有效性等,评估报告直接反馈给调查组织方,用以督促各地提高调查质量。三是加权处理,主要包括无回答权数、事后调整权数和标准化权数。当调查中发生样本替换或者调查对象不符合要求时,在数据清理阶段就进行清除,此时,在加权处理时进行了无回答处理;由于无法直接获得总体的性别年龄结构,拟用第三阶段抽样框作为一个近似总体,从中获得性别年龄结构,设定为样本的事后调整权数,就是事后调整权数处理。因为权数构成比较复杂,为了避免出现应用上的错误,提供数据时一般提供最终权数。

3 数据字典

根据流动人口卫生计生服务管理工作和政策研究的需要,2018年,原国家卫生计生委员会(现国家卫生健康委员会)流动人口司在全国组织开展了流入地监测调查(大调查),调查覆盖全国31个省(自治区、直辖市)和新疆生产建设兵团。2018年中国流动人口动态监测调查的内容主要包括家庭成员和收支情况、就业情况、健康与公共服务方面的问题,共计400余个调查指标(详见表1)。实际提交和公开的数据集中并不包含有可能涉及被访者隐私的指标,如现居住地址乡(镇、街道)、村(居)委会等信息,户籍地区县,避孕和计划生育信息。

表1 2018年中国流动人口动态监测调查数据主要维度及变量

特征分类	变量名称	变量标签
家庭成员与收支情况	c1	现居住地址省(自治区、直辖市)
	c2	现居住地址市(地区)
	c3	现居住地址区(市、县)
	c6	样本点编码
	c7	样本点类型
	c8	被访者编码
	q100	同住的家庭成员人数
	q101id1	成员序号
	q101a1	与被访者的关系
	q101b1	性别

续 表

特征分类	变量名称	变量标签
家庭成员与收支情况	q101cy1	出生年
	q101cm1	出生月
	q101d1	民族
	q101e1	受教育程度
	q101f1	户口性质
	q101g1	是否中共党员或共青团员
	q101h1	婚姻状况
	q101i1	是否本地户籍人口
	q101k1	现居住地
	q101l1	本次流动范围
	q101my1	本次流动年份
	q101mm1	本次流动月份
	q101n1	本次流动原因
	q101nx1	家属随迁原因
	q101id2	成员序号
	q101a2	与被访者的关系
	q101b2	性别
	q101cy2	出生年
	q101cm2	出生月
	q101d2	民族
	q101e2	受教育程度
	q101f2	户口性质
	q101g2	是否中共党员或共青团员
	q101h2	婚姻状况
	q101i2	是否本地户籍人口
	q101k2	现居住地

续 表

特征分类	变量名称	变量标签
家庭成员与收支情况	q101l2	本次流动范围
	q101my2	本次流动年份
	q101mm2	本次流动月份
	q101n2	本次流动原因
	q101nx2	家属随迁原因
	q101id3	成员序号
	q101a3	与被访者的关系
	q101b3	性别
	q101cy3	出生年
	q101cm3	出生月
	q101d3	民族
	q101e3	受教育程度
	q101f3	户口性质
	q101g3	是否中共党员或共青团员
	q101h3	婚姻状况
	q101i3	是否本地户籍人口
	q101k3	现居住地
	q101l3	本次流动范围
	q101my3	本次流动年份
	q101mm3	本次流动月份
	q101n3	本次流动原因
	q101nx3	家属随迁原因
	q101id4	成员序号
	q101a4	与被访者的关系
	q101b4	性别
	q101cy4	出生年

续 表

特征分类	变量名称	变 量 标 签
家庭成员与收支情况	q101cm4	出生月
	q101d4	民族
	q101e4	受教育程度
	q101f4	户口性质
	q101g4	是否中共党员或共青团员
	q101h4	婚姻状况
	q101i4	是否本地户籍人口
	q101k4	现居住地
	q101l4	本次流动范围
	q101my4	本次流动年份
	q101mm4	本次流动月份
	q101n4	本次流动原因
	q101nx4	家属随迁原因
	q101id5	成员序号
	q101a5	与被访者的关系
	q101b5	性别
	q101cy5	出生年
	q101cm5	出生月
	q101d5	民族
	q101e5	受教育程度
	q101f5	户口性质
	q101g5	是否中共党员或共青团员
	q101h5	婚姻状况
	q101i5	是否本地户籍人口
	q101k5	现居住地
	q101l5	本次流动范围

续 表

特征分类	变量名称	变 量 标 签
家庭成员与收支情况	q101my5	本次流动年份
	q101mm5	本次流动月份
	q101n5	本次流动原因
	q101nx5	家属随迁原因
	q101id6	成员序号
	q101a6	与被访者的关系
	q101b6	性别
	q101cy6	出生年
	q101cm6	出生月
	q101d6	民族
	q101e6	受教育程度
	q101f6	户口性质
	q101g6	是否中共党员或共青团员
	q101h6	婚姻状况
	q101i6	是否本地户籍人口
	q101k6	现居住地
	q101l6	本次流动范围
	q101my6	本次流动年份
	q101mm6	本次流动月份
	q101n6	本次流动原因
	q101nx6	家属随迁原因
	q101id7	成员序号
	q101a7	与被访者的关系
	q101b7	性别
	q101cy7	出生年
	q101cm7	出生月

续 表

特征分类	变量名称	变量标签
家庭成员与收支情况	q101d7	民族
	q101e7	受教育程度
	q101f7	户口性质
	q101g7	是否中共党员或共青团员
	q101h7	婚姻状况
	q101i7	是否本地户籍人口
	q101k7	现居住地
	q101l7	本次流动范围
	q101my7	本次流动年份
	q101mm7	本次流动月份
	q101n7	本次流动原因
	q101nx7	家属随迁原因
	q101id8	成员序号
	q101a8	与被访者的关系
	q101b8	性别
	q101cy8	出生年
	q101cm8	出生月
	q101d8	民族
	q101e8	受教育程度
	q101f8	户口性质
	q101g8	是否中共党员或共青团员
	q101h8	婚姻状况
	q101i8	是否本地户籍人口
	q101k8	现居住地
	q101l8	本次流动范围
	q101my8	本次流动年份

续 表

特征分类	变量名称	变量标签
家庭成员与收支情况	q101mm8	本次流动月份
	q101n8	本次流动原因
	q101nx8	家属随迁原因
	q101id9	成员序号
	q101a9	与被访者的关系
	q101b9	性别
	q101cy9	出生年
	q101cm9	出生月
	q101d9	民族
	q101e9	受教育程度
	q101f9	户口性质
	q101g9	是否中共党员或共青团员
	q101h9	婚姻状况
	q101i9	是否本地户籍人口
	q101k9	现居住地
	q101l9	本次流动范围
	q101my9	本次流动年份
	q101mm9	本次流动月份
	q101n9	本次流动原因
	q101nx9	家属随迁原因
	q101id10	成员序号
	q101a10	与被访者的关系
	q101b10	性别
	q101cy10	出生年
	q101cm10	出生月
	q101d10	民族

续 表

特征分类	变量名称	变量标签
家庭成员与收支情况	q101e10	受教育程度
	q101f10	户口性质
	q101g10	是否中共党员或共青团员
	q101h10	婚姻状况
	q101i10	是否本地户籍人口
	q101k10	现居住地
	q101l10	本次流动范围
	q101my10	本次流动年份
	q101mm10	本次流动月份
	q101n10	本次流动原因
	q101nx10	家属随迁原因
	q102	过去一年,您家在本地由就业单位(雇主)包吃或者包住的人口数
	q102a	就业单位每月包吃总共折算钱数
	q102b	就业单位每月包住总共折算钱数
	q103	过去一年,您家在本地平均每月住房支出(仅房租/房贷)
	q104	过去一年,您家在本地平均每月总支出
	q105	过去一年,您家平均每月总收入
就业情况	q201	您今年"五一"前一周是否做过一小时以上有收入的工作(包括家庭或个体经营)
	q201a	这周工作的小时数
	q202	您未工作的主要原因
	q203y	您失去上一份工作的年份
	q203m	您失去上一份工作的月份
	q204	您最近一个月是否找过工作
	q205	您现在的主要职业是什么
	q206	您现在的工作行业
	q207	您现在就业的单位性质

续 表

特征分类	变量名称	变量标签
就业情况	q208	您现在的就业身份
	q209	您个人上个月(或上次就业)收入为多少
	q210	今后一段时间,您是否打算继续留在本地
	q211	如果您打算留在本地,您预计自己将在本地留多久
健康与公共服务	q301	您的健康状况如何
	q302	您是否在本地建立了居民健康档案
	q303	目前,您跟本地家庭医生签约过吗
	q304a	过去一年,您在现居住社区/单位是否接受过职业病防治的健康教育
	q304b	过去一年,您在现居住社区/单位是否接受过传染病防治的健康教育
	q304c	过去一年,您在现居住社区/单位是否接受过生殖健康与妇幼健康的健康教育
	q304d	过去一年,您在现居住社区/单位是否接受过慢性病防治的健康教育
	q304e	过去一年,您在现居住社区/单位是否接受过心理健康的健康教育
	q304f	过去一年,您在现居住社区/单位是否接受过突发公共事件自救的健康教育
	q304g	过去一年,您在现居住社区/单位是否接受过其他方面的健康教育
	q305a	您在现居住社区/单位是以健康知识讲座的方式接受上述健康教育活动
	q305b	您在现居住社区/单位是以宣传资料的方式接受上述健康教育活动
	q305c	您在现居住社区/单位是以宣传栏的方式接受上述健康教育活动
	q305d	您在现居住社区/单位是以公众健康咨询活动的方式接受上述健康教育活动
	q305e	您在现居住社区/单位是以短信的方式接受上述健康教育活动
	q305f	您在现居住社区/单位是以个体化面对面咨询的方式接受上述健康教育活动
	q305g	您在现居住社区/单位是以其他方式接受上述健康教育活动
	q306a1	您是否参加城乡居民基本医疗保险
	q306a2	您在何处参保
	q306b1	您是否参加新型农村合作医疗

续表

特征分类	变量名称	变量标签
健康与公共服务	q306b2	您在何处参保
	q306c1	您是否参加城镇居民医疗保险
	q306c2	您在何处参保
	q306d1	您是否参加城镇职工医疗保险
	q306d2	您在何处参保
	q306e1	您是否参加公费医疗
	q306e2	您在何处参保
	q307	最近一年,您本人是否有患病(负伤)或身体不适的情况
	q308	最近一年,您本人是否住过院
	q309	最近一次,您在哪里住院
	q310a1	您的城乡居民基本医疗保险是否报销过
	q310a2	您在何处报销
	q310b1	您的新型农村合作医疗是否报销过
	q310b2	您在何处报销
	q310c1	您的城镇居民医疗保险是否报销过
	q310c2	您在何处报销
	q310d1	您的城镇职工医疗保险是否报销过
	q310d2	您在何处报销
	q310e1	您的公费医疗是否报销过
	q310e2	您在何处报销
	q311	您本次住院医药费用总共花费多少元
	q311a	其中,您自己支付了多少元(不包括报销及个人医疗账户支出的部分)
	q312y	您是什么时候和他(她)生活在一起的(年)
	q312m	您是什么时候和他(她)生活在一起的(月)
	q313	您本人有几个亲生子女
	q314id1	子女编号

续 表

特征分类	变量名称	变量标签
健康与公共服务	q314a1	性别
	q314by1	出生年
	q314bm1	出生月
	q314c1	子女户籍地
	q314d1	子女出生地
	q314e1	子女现居住地
	q314f1	是否接种目前年龄应该接种的所有国家规定的免费疫苗
	q314g1	是否建立《0—6岁儿童保健手册》
	q314h1	过去一年,是否接受过免费健康检查
	q314i1	母亲建立孕产妇档案的时间
	q314j1	接受了几次产前检查
	q314k1	产后28天内是否接受产后访视
	q314l1	产后42天内母亲是否接受健康检查
	q314id2	子女编号
	q314a2	性别
	q314by2	出生年
	q314bm2	出生月
	q314c2	子女户籍地
	q314d2	子女出生地
	q314e2	子女现居住地
	q314f2	是否接种目前年龄应该接种的所有国家规定的免费疫苗
	q314g2	是否建立《0—6岁儿童保健手册》
	q314h2	过去一年,是否接受过免费健康检查
	q314i2	母亲建立孕产妇档案的时间
	q314j2	接受了几次产前检查
	q314k2	产后28天内是否接受产后访视

续 表

特征分类	变量名称	变量标签
健康与公共服务	q314l2	产后42天内母亲是否接受健康检查
	q314id3	子女编号
	q314a3	性别
	q314by3	出生年
	q314bm3	出生月
	q314c3	子女户籍地
	q314d3	子女出生地
	q314e3	子女现居住地
	q314f3	是否接种目前年龄应该接种的所有国家规定的免费疫苗
	q314g3	是否建立《0—6岁儿童保健手册》
	q314h3	过去一年,是否接受过免费健康检查
	q314i3	母亲建立孕产妇档案的时间
	q314j3	接受了几次产前检查
	q314k3	产后28天内是否接受产后访视
	q314l3	产后42天内母亲是否接受健康检查
	q314id4	子女编号
	q314a4	性别
	q314by4	出生年
	q314bm4	出生月
	q314c4	子女户籍地
	q314d4	子女出生地
	q314e4	子女现居住地
	q314f4	是否接种目前年龄应该接种的所有国家规定的免费疫苗
	q314g4	是否建立《0—6岁儿童保健手册》
	q314h4	过去一年,是否接受过免费健康检查
	q314i4	母亲建立孕产妇档案的时间

续 表

特征分类	变量名称	变量标签
健康与公共服务	q314j4	接受了几次产前检查
	q314k4	产后 28 天内是否接受产后访视
	q314l4	产后 42 天内母亲是否接受健康检查
	q314id5	子女编号
	q314a5	性别
	q314by5	出生年
	q314bm5	出生月
	q314c5	子女户籍地
	q314d5	子女出生地
	q314e5	子女现居住地
	q314f5	是否接种目前年龄应该接种的所有国家规定的免费疫苗
	q314g5	是否建立《0—6 岁儿童保健手册》
	q314h5	过去一年,是否接受过免费健康检查
	q314i5	母亲建立孕产妇档案的时间
	q314j5	接受了几次产前检查
	q314k5	产后 28 天内是否接受产后访视
	q314l5	产后 42 天内母亲是否接受健康检查
	q314id6	子女编号
	q314a6	性别
	q314by6	出生年
	q314bm6	出生月
	q314c6	子女户籍地
	q314d6	子女出生地
	q314e6	子女现居住地
	q314f6	是否接种目前年龄应该接种的所有国家规定的免费疫苗
	q314g6	是否建立《0—6 岁儿童保健手册》

续 表

特征分类	变量名称	变量标签
健康与公共服务	q314h6	过去一年,是否接受过免费健康检查
	q314i6	母亲建立孕产妇档案的时间
	q314j6	接受了几次产前检查
	q314k6	产后28天内是否接受产后访视
	q314l6	产后42天内母亲是否接受健康检查
	q314id7	子女编号
	q314a7	性别
	q314by7	出生年
	q314bm7	出生月
	q314c7	子女户籍地
	q314d7	子女出生地
	q314e7	子女现居住地
	q314f7	是否接种目前年龄应该接种的所有国家规定的免费疫苗
	q314g7	是否建立《0—6岁儿童保健手册》
	q314h7	过去一年,是否接受过免费健康检查
	q314i7	母亲建立孕产妇档案的时间
	q314j7	接受了几次产前检查
	q314k7	产后28天内是否接受产后访视
	q314l7	产后42天内母亲是否接受健康检查
	q314id8	子女编号
	q314a8	性别
	q314by8	出生年
	q314bm8	出生月
	q314c8	子女户籍地
	q314d8	子女出生地
	q314e8	子女现居住地

续 表

特征分类	变量名称	变量标签
健康与公共服务	q314f8	是否接种目前年龄应该接种的所有国家规定的免费疫苗
	q314g8	是否建立《0—6岁儿童保健手册》
	q314h8	过去一年,是否接受过免费健康检查
	q314i8	母亲建立孕产妇档案的时间
	q314j8	接受了几次产前检查
	q314k8	产后28天内是否接受产后访视
	q314l8	产后42天内母亲是否接受健康检查
	q314id9	子女编号
	q314a9	性别
	q314by9	出生年
	q314bm9	出生月
	q314c9	子女户籍地
	q314d9	子女出生地
	q314e9	子女现居住地
	q314f9	是否接种目前年龄应该接种的所有国家规定的免费疫苗
	q314g9	是否建立《0—6岁儿童保健手册》
	q314h9	过去一年,是否接受过免费健康检查
	q314i9	母亲建立孕产妇档案的时间
	q314j9	接受了几次产前检查
	q314k9	产后28天内是否接受产后访视
	q314l9	产后42天内母亲是否接受健康检查
	q315	今明两年您是否有生育打算

4 数据样本

该调查以31个省(自治区、直辖市)和新疆生产建设兵团2017年全员流动人口年报数据为基础抽样框,采取分层、多阶段、与规模成比例的PPS方法进行抽样。抽样过程是：首先，将31个省（自治区、直辖市）和新疆生产建设兵团作为子总体，将省会城市、计划单列市以及个别重点城市等其他城市进行分层；然后，将乡（镇、街道）分层。第一阶段按PPS法抽选乡（镇、街道），第二阶段抽选村（居）委会，第三阶段抽取个人调查对象。在保持对全国、各省（自治区、直辖市）有代表性的基础上，兼顾对主要城市的代表性。省级样本量分8类，分别为10 000人、8 000人、7 000人、6 000人、5 000人、4 000人、3 000人、2 000人。调查的总样本量约为15.2万人，涉及流动人口家庭成员共计约48万人。目标总体为全国在调查前一个月来本地居住、非本区（县、市）户口且2018年5月年龄在15周岁及以上的流入人口。

5 数据质量控制

在项目数据调查和处理过程中，主要采取了以下五种质量控制措施：一是科学设计问卷，根据调查目的制定指标体系，设置调查问题，在广泛征询专家意见和试调查的基础上设计和完善调查问卷，并提供相关定义、说明和逻辑文件；二是规范师资培训，开发统一的培训手册，制定统一的培训内容和标准；三是严格选拔调查督导员和调查员，并进行集中培训，确保准确、统一地理解调查内容和调查问卷；四是在数据采集系统开发中增强逻辑校验功能，并对上报数据采取逻辑校验、电话回访等方式进行质量校核；五是根据抽样框质量、数据真实性和差错率、调查组织实施规范率等指标，开展调查质量评估。

6 数据价值

本数据集涉及样本范围广，数据代表性较高，数据处理严谨科学，质量较高。至少有如下研究价值：

本数据是目前国内调查范围最广、数据代表性较高的流动人口深度调查数据，可以为流动人口的流动特征、就业情况、社会保障情况、健康现状、就医行为现状、基本公共卫生服务利用情况及其影响因素分析、公平性研究等提供数据支撑。数据内容丰富，包含家庭成员与收支情况、就业情况、健康与公共服务等内容，可以用于流动人口以上方面的相关性研究。

本数据对全国和省级单位具有样本代表性，可以结合其他领域的数据开展人文地理空间研究，结合历年流动人口动态监测调查数据开展趋势研究和预测，在时空维度上进行动态分析。

对本数据进行科学研究，能够推动常住地基本卫生计生公共服务均等化，推动城市流动人口市民化，有助于改善民生，维护社会公平，促进社会和谐，对于落实新型城镇化战略、健康中国战略以及积极应对人口老龄化战略等具有重要的数据参考作用。

7 数据使用方法和建议

建议使用Stata 13、SPSS 25等版本或更高版本的软件进行数据处理。数据中的部分指标值采用了编码,结合《2018年全国流动人口卫生计生动态监测调查技术文件》可以查看具体的编码和值。

建议从以下三个方面对数据进行充分挖掘和利用:

(1) 结合历年中国流动人口动态监测调查数据、人口普查数据和其他调查数据开展流动人口空间聚集倾向及其影响因素、基本公共卫生服务均等化、流动人口家庭养育教育、流动人口就医状况及医疗保险参保情况、流动老人/妇女/儿童/青年生存现状、流动人口医疗服务等相关课题的研究。

(2) 开展相关数据的关联分析,对于与人口流动迁移、公共卫生、公共管理等有关的相关科研领域,深入进行跨学科的数据关联分析应用。

(3) 鼓励和引导企业和社会机构开展创新应用研究,深入发掘卫生计生公共服务数据,在城乡建设、人居环境、健康医疗、社会救助、养老服务、劳动就业、社会保障、质量安全、文化教育、交通旅游、消费维权、城乡服务等领域开展数据典型应用案例示范。

数据引用格式

中文表达方式:国家卫生健康委流动人口数据平台(www.chinaldrk.org.cn);

英文表达方式:National Migrant Population Data Resource Platform (http://www.chinaldrk.org.cn).

中文致谢方式:"感谢国家卫生健康委流动人口服务中心(http://www.chinaldrk.org.cn)提供数据支撑。"

英文致谢方式:Acknowledgement for the data support from "Migrant Population Service Center, National Health Commission, P. R. China"(http://www.chinaldrk.org.cn).

作者介绍和贡献说明

周芳 女,国家卫生健康委流动人口服务中心,助理研究员。研究方向:卫生统计研究。主要贡献:数据处理、分析与正文撰写。E-mail:912279070@qq.com。

陈晶 女,国家卫生健康委流动人口服务中心,副研究员。研究方向:社会人口研究。主要贡献:标准建设、数据管理、论文审核。

2022年1—3月运营商用户画像和轨迹行为统计数据集

段宇杰

［上海理想信息产业（集团）有限公司］

摘要：运营商用户画像和轨迹行为统计数据集采集于上海运营商用户画像数据和手机信令数据（2022年1月1日—2022年3月31日）。手机信令数据通过手机用户在基站之间的信息交换来确定用户的空间位置，能相对准确地记录人流的时空轨迹。本数据集将用户划分到网格层级和街道层级，按照用户每个小时的停留时长分层统计人数，同时，统计用户的性别、年龄、使用时长、来源地的属性标签数据，最终按照网格层级和街道层级提供运营商用户人数和属性的统计数据。结果共有统计数据263 428 295条。本数据集可应用于人口流动、交通、城市、地理等多个领域的研究。因此，具有较高的研究价值和实际应用价值。

关键词：运营商数据　手机信令数据　轨迹数据　人口流动

Dataset of the Operator Users Profile and Trajectory Behavior Statistics (January 1, 2022-March 31, 2022)

Duan Yujie

［Shanghai Ideal Information Industry（Group）Co.LTD］

Abstract：Dataset of the Operator Users Profile and Trajectory Behavior Statistics is collected from the Shanghai operator user's portrait data and mobile phone signaling data（January 1，2022-March 31，2022）. Mobile phones transmit signals between nearby base stations. Based on this，mobile phone signaling data can record the relatively accurate location information of users. The dataset includes the statistical data of operator users of a plot divided into grid level and street level，the number of people stratified according to the length of stay of users per hour，as well as their characteristics，such as gender，age，length of use and place of origin. Finally，the dataset provides statistical data on the number and attributes of operators users according to the grid level and street level. The dataset results show that there are 263,428,295 statistical data. This dataset can be widely used for studies in population mobility，transportation research， urban studies, geography and many other fields. Therefore, it has high research and practical application value.

Keywords: telecom operator data, mobile phone signaling data, trajectory data, population mobility

数据集基本信息

数据集中文名称	2022年1—3月运营商用户画像和轨迹行为统计数据集
数据集英文名称	Dataset of the Operator Users Profile and Trajectory Behavior Statistics (January 1, 2022-March 31, 2022)
数据作者	上海理想信息产业(集团)有限公司
通讯作者	段宇杰
作者单位	上海理想信息产业(集团)有限公司
版 本 号	V1.0
版本时间	20220516
国 家	中国
语 种	中文
数据覆盖时间范围	20220101—20220331
地理区域	上海
经 纬 度	北纬N31°13′2.35″,东经E121°54′2.42″
数据格式	.csv
数据体量	统计数据记录263 428 295条;2.01 GB
关 键 词	运营商数据;手机信令数据;轨迹数据;人口流动
主题分类	研究数据;科学数据;管理数据
全球唯一标识符	hdl:20.500.12291/10767
网 址	http://hdl.handle.net/20.500.12291/10767
数据集组成	共20个文件,包括2022年1—3月每月6份数据,其中包括地块划分到网格层级3份数据和划分到街道层级3份数据;以及1份网格对照表和1份数据概况和字段说明文档
使用条款	本数据集可以通过慧源科学数据平台注册登录申请获取,可以用于"慧源共享"全国高校开放数据创新研究大赛或其他科学研究和教学目的,使用时须标注引用信息,禁止二次分发和商业演绎

0 背景

该数据集基于运营商数据构建。数据集涵盖了手机信令数据和人口基本属性数据两个主要方面。用户在使用手机的过程中,会产生大量的手机信令数据,手机信令数据是通过手机用户在基站之间的信息交换而产生的,包括开关机行为、通话行为、短信行为、网络行为、位置更新和切换基站行为等。这些行为会记录用户接入基站时所在的位置,通过记录用户在不同基站之间的活动,从而相对准确地追踪用户的时空位置,以构建用户的移动轨迹。

1 数据采集和处理方法

本数据集中的数据是基于运营商数据构建的,包括手机信令数据和人口基本属性数据。手机信令数据通过手机用户在基站之间的信息交换来确定用户的空间位置,能相对准确地记录人流的时空轨迹。手机用户发生的开关机行为、通话行为、短信行为、网络行为、位置更新和切换基站行为都会被记录接入基站的经纬度,基站所在的经纬度即为统计经纬度。该数据能较为准确地反映在连续时间区段内,不同时间点手机用户所在的空间位置,为定量描述区域内人群流动轨迹提供了可能。

该数据集不涉及个体数据,数据集基于网格层级和街道层级输出统计数据。

2 数据质量控制

本数据集是基于运营商的手机信令数据集,由系统在进行业务处理时直接记录,确保了数据的质量、有效性和准确性。通过再加工,得到所需的统计数据。

3 数据字典

本数据集共有 6 类统计表。表 1 为网格人数统计表,将上海按照网格划分,统计每个网格每小时的停留人数;表 2 为街道人数统计表,将上海按照街道划分,统计每个街道日间/夜间的停留人数;表 3 为分归属地的网格人数统计表,在表 1 的基础上,细分归属地统计人数;表 4 为分归属地的街道人数统计表,在表 2 的基础上,粗分归属地统计人数;表 5 为网格人数分类统计表,对归属地为上海的用户,分别按性别、年龄和使用年限统计人数;表 6 为街道人数分类统计表,对归属地为上海的用户,分别按性别、年龄和使用年限统计人数。

数据字典包括字段名、字段名解释样例值和备注,详情如表 1 至表 6 说明所示。

表 1　网格人数统计表

序号	字 段 名	字段名解释	样 例 值	备 注
1	500id	网格编码	C10000	唯一编码
2	date	日期	20220101	
3	hour_dur	时间段	[0-1)	每小时为一个时间段
4	all_uv	总人数	60 000	
5	15_uv	停留15分钟以上的人数	3 000	

说明　时间段[0-1)：指凌晨0点—1点；[1-2)：指凌晨1点—2点；[2-3)：指凌晨2点—3点；[3-4)：指凌晨3点—4点；[4-5)：指凌晨4点—5点；[5-6)：指凌晨5点—6点；[6-7)：指6点—7点；[7-8)：指7点—8点；[8-9)：指8点—9点；[9-10)：指9点—10点；[10-11)：指10点—11点；[11-12)：指11点—12点；[12-13)：指12点—13点；[13-14)：指13点—14点；[14-15)：指14点—15点；[15-16)：指15点—16点；[16-17)：指16点—17点；[17-18)：指17点—18点；[18-19)：指18点—19点；[19-20)：指19点—20点；[20-21)：指20点—21点；[21-22)：指21点—22点；[22-23)：指22点—23点；[23-0)：指23点—0点。

表 2　街道人数统计表

序号	字 段 名	字段名解释	样 例 值	备 注
1	district	行政区	静安区	
2	street	街道	静安寺街道	
3	date	日期	20220101	
4	hour_dur	时间段	day	day 日间(8:00—20:00)，night 晚间(20:00—8:00)
5	stay_time	停留时长	(1-3]	15分钟以下，15分钟～1小时，1～3小时，3～6小时，6～9小时，9～12小时
6	uv	人数	3 000	

说明　停留时长15分钟以下：停留时长在15分钟及以下；(15分钟～1小时]：停留时长为15分钟～1小时；(1-3]：停留时长为1～3小时；(3-6]：停留时长为3～6小时；(6-9]：停留时长为6～9小时；(9-12]：停留时长为9～12小时。

表 3　网格人数统计表(分归属地)

序号	字 段 名	字段名解释	样 例 值	备 注
1	500id	网格编码	C10000	唯一编码
2	date	日期	20220101	

续 表

序号	字 段 名	字段名解释	样 例 值	备 注
3	hour_dur	时间段	[0-1)	每小时为一个时间段
4	上海	归属地是上海的人数	100	
5	陕西	归属地是陕西的人数	101	
6	山西	归属地是山西的人数	102	
7	湖南	归属地是湖南的人数	103	
8	北京	归属地是北京的人数	104	
9	江苏	归属地是江苏的人数	105	
10	吉林	归属地是吉林的人数	106	
11	安徽	归属地是安徽的人数	107	
12	湖北	归属地是湖北的人数	108	
13	辽宁	归属地是辽宁的人数	109	
14	福建	归属地是福建的人数	110	
15	重庆	归属地是重庆的人数	111	
16	云南	归属地是云南的人数	112	
17	江西	归属地是江西的人数	113	
18	四川	归属地是四川的人数	114	
19	广东	归属地是广东的人数	115	
20	西藏	归属地是西藏的人数	116	
21	贵州	归属地是贵州的人数	117	
22	新疆	归属地是新疆的人数	118	
23	青海	归属地是青海的人数	119	
24	山东	归属地是山东的人数	120	
25	天津	归属地是天津的人数	121	
26	海南	归属地是海南的人数	122	
27	内蒙古	归属地是内蒙古的人数	123	
28	河南	归属地是河南的人数	124	

续　表

序号	字段名	字段名解释	样例值	备注
29	甘肃	归属地是甘肃的人数	125	
30	宁夏	归属地是宁夏的人数	126	
31	河北	归属地是河北的人数	127	
32	浙江	归属地是浙江的人数	128	
33	广西	归属地是广西的人数	129	
34	黑龙江	归属地是黑龙江的人数	130	

表 4　街道人数统计表(分归属地)

序号	字段名	字段名解释	样例值	备注
1	district	行政区	静安区	
2	street	街道	静安寺街道	
3	date	日期	20220101	每小时为一个时间段
4	hour_dur	时间段	day	day 日间(8:00—20:00),night 晚间(20:00—8:00)
5	stay_time	停留时长	(1-3]	15 分钟以下,15 分钟～1 小时,1～3 小时,3～6 小时,6～9 小时,9～12 小时
6	sh	归属地是上海的人数	600	
7	csj	归属地是长三角的人数	300	长三角包括苏浙皖
8	other	归属地是其他地区的人数	100	

表 5　网格人数统计表(上海)

序号	字段名	字段名解释	样例值	备注
1	500id	网格编码	C10000	唯一编码
2	date	日期	20220101	
3	hour_dur	时间段	[0-1)	每小时为一个时间段
4	sex	性别	女	女、男、null

续　表

序号	字段名	字段名解释	样例值	备　注
5	in_duration	使用年限	[1-3)	1年以下,1～3年,3～5年,5～10年,10年及以上
6	[0-19]	年龄分层为[0-19]的人数	100	
7	[20-29]	年龄分层为[20-29]的人数	101	
8	[30-39]	年龄分层为[30-39]的人数	102	
9	[40-49]	年龄分层为[40-49]的人数	103	
10	[50-59]	年龄分层为[50-59]的人数	104	
11	[60-69]	年龄分层为[60-69]的人数	105	
12	[70-79]	年龄分层为[70-79]的人数	106	
13	80及以上	年龄分层为80及以上的人数	107	

说明　使用年限1年以下:在网时长在1年以下;[1-3):在网时长为1～3年;[3-5):在网时长为3～5年;[5-10):在网时长为5～10年;10年及以上:在网时长为10年以上;N:空值。

表6　街道人数统计表(上海)

序号	字段名	字段名解释	样例值	备　注
1	district	行政区	静安区	
2	street	街道	静安寺街道	
3	date	日期	20220101	
4	hour_dur	时间段	day	day 日间(8:00—20:00),night 晚间(20:00—8:00)
5	stay_time	停留时长	(1-3]	15分钟以下,15分钟～1小时,1～3小时,3～6小时,6～9小时,9～12小时
6	sex	性别	女	女、男、null
7	in_duration	使用年限	[1-3)	1年以下,1～3年,3～5年,5～10年,10年及以上
8	[0-19]	年龄分层为[0-19]的人数	100	
9	[20-29]	年龄分层为[20-29]的人数	101	
10	[30-39]	年龄分层为[30-39]的人数	102	

续 表

序号	字段名	字段名解释	样例值	备注
11	[40-49]	年龄分层为[40-49]的人数	103	
12	[50-59]	年龄分层为[50-59]的人数	104	
13	[60-69]	年龄分层为[60-69]的人数	105	
14	[70-79]	年龄分层为[70-79]的人数	106	
15	80及以上	年龄分层为80及以上的人数	107	

表7 网格对照表字段说明

序号	字段名	字段名解释	样例值	备注
1	500id	网格编码	C1152	唯一编码
2	center_lon	网格中心经度	121.478 648 190 737	
3	center_lat	网格中心纬度	31.272 142 877 079	
4	district	行政区	虹口区	
5	street	街道	广中路街道	

4 数据价值

本数据集覆盖了运营商用户2022年1月1日—2022年3月31日期间的统计数据,以及人口基本属性数据。基于此数据,可以进行人流监测、人群画像和轨迹分析,可应用于人口流动、交通、城市、地理等多个领域的研究,为政务管理、高校教育和商业贸易领域提供数字化赋能的服务,具有较高的研究价值和实际应用价值。

5 数据使用方法和建议

本数据集可以从多方面对数据进行充分挖掘和利用,如特定人群轨迹分析和人群画像、特定地点的人流监测和画像分析、城市人口职住特征分析研究、城市人口交通通行分析研究等,还可以进行各类研究课题的探索,如统计数据集在选址方面的作用和影响、基于统计数据集的城市规划设计分析、利用统计数据集发现人口流动的深度研究、探索统计数据集在交通规划上的深入研究等。

数据引用格式

上海理想信息产业(集团)有限公司.运营商用户轨迹统计数据集[DB/OL].[2022-05-16].http://hdl.handle.net/20.500.12291/10767 V1[Version].

作者介绍

段宇杰 女,上海理想信息产业(集团)有限公司。E-mail：duanyujie.sh@chinatelecom.cn。

京东读书专业版电子图书数据库读者阅读记录数据集

徐 琳 成伟华

（复旦大学图书馆）

摘要：复旦大学图书馆和东华大学图书馆是京东读书专业版的合作方，本数据集的内容为两所高校师生使用"京东读书"的过程中产生的电子书阅读行为数据。主要有复旦大学图书馆2020年10月至2022年3月的读者阅读记录244 255条，东华大学图书馆2021年度读者阅读记录65 535条，经过数据清洗，规范了数据集的格式。数据集包括12个字段，涉及用户ID、图书信息、阅读时间和时长等，能够完整地揭示两所高校用户使用"京东读书"阅读电子书的情况。对于研究高校图书馆用户的电子阅读行为习惯、阅读倾向、拓展服务体系、智能化建设等众多方向都具有价值。

关键词：京东读书　读者阅读记录　复旦大学　东华大学

Dataset of JD Reading Professional Edition E-book Database Reader Reading Records

Xu lin, Cheng Weihua

（Fudan University Library）

Abstract: Fudan University Library and Donghua University Library are partners of the JD Reading Professional Edition. The content of this dataset is the data of reading behavior of E-books generated by teachers and students using "JD Reading" from the two universities. There are 244,255 reader reading records from Fudan University Library from October 2020 to March 2022, and 65,535 reader reading records from Donghua University Library in 2021. After data cleaning, the dataset format has been standardized. The dataset includes 12 fields, related to user ID, book information, reading time, and duration, which can fully reveal the usage of "JD Reading" by users from two universities. It is valuable for studying the electronic reading behavior habits, reading tendencies, expanding service systems, and intelligent construction of university library users.

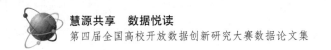

Keywords:JD Reading,reader reading records,Fudan University,Donghua University

数据库基本信息

数据集中文名称	京东读书专业版电子图书数据库读者阅读记录数据
数据集英文名称	Dataset of JD Reading Professional Edition E-book Database Reader Reading Records
数据作者	复旦大学图书馆、东华大学图书馆
通讯作者	徐琳
作者单位	复旦大学
版 本 号	V1.0
国 家	中国
语 种	中文
数据覆盖时间范围	20201003—20220330
地理区域	复旦大学
经 纬 度	北纬 N31°18′2.60″,东经 E121°29′56.60″
数据格式	.xlsx
数据体量	数据记录 309 790 条
关 键 词	京东读书;读者阅读记录;复旦大学;东华大学
主题分类	研究数据;阅读记录;图书情报学
全球唯一标识符	hdl:20.500.12291/10772
网 址	http://hdl.handle.net/20.500.12291/10772
数据集组成	包括3个数据表格文件和1份数据字段说明文档
使用条款	本数据集可以通过在网站注册登录获取,可以用于科学研究和教学目的,使用时须标注引用信息,禁止二次分发和商业演绎

0 背景

国际图联(IFLA)对电子书的定义为:电子书指的是以文本为基础的数字化出版物。《新闻出版总署关于发展电子书产业的意见》中将电子书界定为"新型出版物的主要形态",其定义是预装或下载文字、图片、影音等数字化内容出版物的手持阅读器的简称[1]。随着电子图书的持续繁荣,各类知名电商开始扩展到电子书领域,其中较为知名的有当当、亚马逊、京东等。近几年,京东阅读凭借其自身的优质资源、先进的硬件技术,和多所高校图书馆合作,在多所高校图书馆推出京东读书专业版阅读器外借服务,读者可以从图书馆外借京东阅读器,通过京东阅读器阅览平台提供的电子书。通过对读者阅读数据分析,可以有效地了解高校读者电子书的阅读习惯,改善用户体验,吸引更多的师生加入到数字阅读行列。此外,通过计算图书馆成本效益和分析用户使用数据,可以为电子书采购政策的具体实施提供实时的动态反馈指导[2]。

1 数据采集和处理方法

本数据集数据组成包括复旦大学和东华大学的京东读书专业版读者电子书阅读记录、数据样例和字段说明。复旦大学图书馆和东华大学图书馆是京东读书专业版的合作方,本数据集的内容为两所高校师生在使用"京东读书"阅读器的过程中产生的电子书阅读行为数据。数据的获取是通过两所高校图书馆授权,由"京东读书"数据工程师根据需求从后台数据库导出,属于原生数据,从而很好地保证了数据的质量以及完整性。

为实现敏感隐私数据的可靠保护,本数据集对读者信息(JD_PIN)进行了数据脱敏处理。脱敏方式是对该字段用 MD5 算法(Message-Digest Algorithm 5)进行了加密。MD5 是一种哈希函数,建立了从明文到密文的不可逆映射,属于不可逆加密。脱敏后,相同的读者仍然具有相同的用户唯一标识,保持了数据的一致性,不影响对该字段进行进一步的数据分析。

2 数据字典和数据样本

数据集包括字段名、对应名称、样例值和备注(如表 1 所示)。数据字典符合社会科学描述的元数据国际标准规范 DDI。

表 1 数据字典和数据样本

字段名	名称	样例值	备注
JD_PIN	用户唯一标识号	ghost_af6765edeb3bd6c3889367b5e47de83c	用户信息脱敏处理后的唯一标识ID,指向的是某一个人
BOOKID	书籍编码(SKU)	30421166	京东电子书唯一标识编码
BOOK_NAME	书名	大江大河四部曲	书籍名称
ISBN	ISBN	9787559620446	书籍出版书号,部分图书按套装提供使用,没有单一的 ISBN 号,该字段留空

续 表

字段名	名 称	样例值	备 注
AUTHOR	作者	阿耐	作者姓名
PUBLISHING_HOUSE	出版社	北京联合出版公司	出版社名称
First-level classification	一级类目	小说	书籍一级分类
Secondary classification	二级类目	当代小说	书籍二级分类
PUBLICATION_DATE	出版日期	2018-06-01	出版的日期(年/月/日)
START_TIME	开始阅读时间	2022-01-01 00:00:34.000	打开某本书开始阅读的时间点（年/月/日 小时：分钟：秒）
END_TIME	结束阅读时间	2022-01-01 00:04:07.000	关闭这本书停止阅读的时间点（年/月/日 小时：分钟：秒）
READ_TIME	阅读时长	213	当前时间段内的阅读时长（精确到JD_PIN+BOOKID,单位为秒）

3 数据质量控制

本数据集的数据源自"京东读书"数据工程师从后台数据库的导出,属于直接获取的原生数据,并非利用网络爬虫等工具从网页爬取的间接获取数据,因此,数据集中各字段的数据质量可以得到保证。此外,对于数据在时间维度上的完整性,我们对数据集包含的记录数量与"京东读书"的年度统计数据进行了一致性检验,确保了数据集在时间维度上是完整的。

4 数据价值

本数据集的主要内容有复旦大学图书馆2020年10月至2022年3月的读者阅读记录244 255条,东华大学图书馆2021年度读者阅读记录65 535条,经过数据清洗,规范了数据集的格式。数据集包括12个字段,涉及用户ID、图书信息、阅读时间和时长等,能够完整地揭示两所高校用户使用"京东读书"阅读电子书的情况。

本数据集对于研究高校图书馆用户的电子阅读行为习惯、阅读倾向、拓展服务体系、智能化建设等众多方向都具有价值。此外,本数据集还具有延续性,数据内容可以从时间上不断进行扩充,也可以加入更多的高校合作方数据,进而更加丰富数据的内容。

5 数据使用方法和建议

本数据集可以根据使用者的习惯转换成多种格式,用统计学软件(SPSS,Stata)、文献计量软件和社会网络分析软件等进行关联分析、社会网络分析等。

本数据集的关联分析建议如下:

(1) 根据读者借阅的电子书信息进行用户阅读内容偏好分析,探索读者的阅读倾向和阅读兴趣。

(2) 根据读者阅读时间和时长变化,可以进一步挖掘用户阅读频次和行为习惯等。

(3) 对不同高校图书馆读者间的电子书阅读行为进行比较研究。

(4) 结合读者的使用情况,研究图书馆电子书服务的相关政策制定,比如基于用户偏好的电子书采购模式。

参考文献

[1] 王芸.电子书阅读在图书馆的应用综述[J].晋图学刊,2017(6):63-69.
[2] 魏凌煦,傅文奇.美国高校图书馆电子书优先政策及启示[J].国家图书馆学刊,2021,30(4):23-38.

数据引用格式

复旦大学图书馆,东华大学图书馆.京东读书专业版电子图书数据库读者阅读记录数据[DB/OL].[2022-05-16].http://hdl.handle.net/20.500.12291/10767 V1[Version].

作者介绍和贡献说明

徐琳 女,复旦大学图书馆,馆员。研究方向:图书馆用户行为研究和服务实证分析。主要贡献:论文写作。E-mail:xulin@fudan.edu.cn。

成伟华 复旦大学图书馆,副研究馆员。研究方向:图书馆业务数据资源建设、数据科学。主要贡献:数据策划、沟通联络、数据审核。

PART 02

第二部分 优秀获奖论文

我国量子科技领域研究态势分析：成因、方向与未来——
  基于量子科技中国专利数据

基于深度语义匹配的个性化图书推荐系统

城乡医保统筹对农村流动人口贫困脆弱性的影响——
  基于中国流动人口动态监测调查数据的研究

基于结构方程模型的青少年健康影响因素模型的构建与
  实证研究

基于轨迹数据集的城市功能区分布分析

基于 GCNN-SAM 模型面向分级阅读的双通道文本分类
  研究

我国量子科技领域研究态势分析：
成因、方向与未来
——基于量子科技中国专利数据

田沛霖　张婉君　林昊天　伍章越　王　贺

（复旦大学）

摘要：[**目的/意义**]我国对量子科技领域的发展给予高度重视，揭示我国量子科技领域的研究态势能帮助研究人员加强理解、深化合作，为我国量子科技领域发展提供智力支持。[**方法/过程**]研究基于量子科技中国专利数据，利用描述性统计分析、复杂网络分析、文本分析、科学知识图谱和时序可视化等研究方法，挖掘我国量子科技领域的布局方向，梳理发展演进历程，揭示产学研合作网络的特征，推荐潜在专利合作者。[**结果/结论**]2011—2020年，我国量子科技领域研究范围不断扩张，新兴主题不断涌现；研究可分为新型材料制备、光电子器件研发、量子信息技术三个布局方向，新型材料制备和光电子器件研发是当前领域的核心，量子信息技术统一的理论框架仍有完善空间；研究主题演进脉络的持续性很好，存在交叉协同研究关系，但也有若干中断脉络和孤立主题；合作网络方面，高校和研究所占据量子科技领域产学研合作网络的核心地位并形成多中心合作子网络，国家电网公司作为龙头企业网络辐射力强大；基于社会合作网络的合作预测模型可以推荐潜在合作关系，以助力量子科技领域产学研的协同创新发展。

关键词：量子科技　布局方向　发展演进　专利计量　社会合作网络

Analysis of Chinese Research Trends in the Field of Quantum Science and Technology: Causes, Directions and Future — Based on Quantum Science and Technology Chinese Patent Data

Tian Peilin, Zhang Wanjun, Lin Haotian, Wu Zhangyue, Wang He
（Fudan University）

Abstract:[Purpose/significance] China attaches great importance to the development of the field of quantum science and technology, and revealing the research trends in the field of quantum science and technology in China can help researchers to strengthen understanding and deepen cooperation, and provide intellectual support for the development of the field of quantum science and technology in China. [Method/process] The study is based on quantum science and technology Chinese patent data, using descriptive statistical analysis, complex network analysis, text analysis, scientific knowledge mapping and temporal visualization and other research methods to explore the layout direction of China's quantum science and technology field, sort out the development and evolution history, reveal the characteristics of industry-academia-research cooperation network, and recommend potential patent collaborators. [Result/conclusion] During 2011-2020, the research scope of China's quantum science and technology field has been expanding, and new themes have been emerging. The research can be divided into three layout directions: new material preparation, optoelectronic device R&D, and quantum information technology. New material preparation and optoelectronic device R&D are the core of the current field, while quantum information technology still has room for improvement in unifying theoretical framework. There is a good continuity of research theme evolution, and demonstrating cross-collaborative research relationships, but there are also a number of interrupted veins and isolated themes, in terms of cooperation network, universities and research institutes occupy the core position of the industry-academia-research cooperation network in the field of quantum science and technology, and form a multi-center cooperation sub-network, with the State Grid Corporation of China as the leading enterprise network having a strong radiation. The cooperation prediction model based on social cooperation network can recommend potential cooperation relationships to help the development of collaborative innovation in the field of quantum science and technology between industry, academia and research.

Keywords: quantum technology, layout direction, development evolution, patent metrology, social cooperation network

1 研究背景

随着信息技术与基础科学的发展,量子物理的理论原理被广泛地应用于其他学科和相关产业,作为正反馈,这些应用又促进了量子研究的发展[1],使得其概念范畴逐步拓宽,脱离了物理学的学科边界束缚,延展成为新兴的交叉学科——量子科技。量子科技以微观世界的粒子为研究对象,通过量子叠加态、量子纠缠效应等物理现象开展目标领域的研究。

近年来,信息科学与量子科技融合而成的量子信息领域取得飞速进展,我国不仅重视量子信息领域的顶层设计与前瞻布局,还积极推动量子科技在其他惠民领域的扩展应用。"十二五""十三五"和"十四五"国家科技规划接连提及了国家对量子科技领域发展的规划部署:《国家"十二五"科学和技术发展规划》[2]指出:"加强顶层设计,完善管理机制,推动……量子调控研究……六个重大科学研究计划的实施,力争在未来五年内取得重大突破""突破光子信息处理、量子通信、量子计算……等核心关键技术";《"十三五"国家科技创新规划》[3]指出:"重点加强……量子计算……等技术研发及应用""重点开发……量子信息……等技术的发展""开展……量子导航……等核心关键技术研究及示范应用";《"十四五"国家科技创新规划》[4]指出:"聚焦量子信息……等重大创新领域组建一批国家实验室""瞄准……量子信息……等前沿领域,实施一批具有前瞻性、战略性的国家重大科技项目""在……量子信息……等前沿科技和产业变革领域,组织实施未来产业孵化与加速计划,谋划布局一批未来产业""深化军民科技协同创新,加强……量子科技等领域军民统筹发展"。从"十二五"到"十四五",国家规划中对量子研究学科范畴的规划,经历了从物理学到信息科学再到多学科交叉融合的"量子科技"的变革;对研究成果的预期,经历了从理论成果到研发与应用再到项目与产业的变革,体现了我国量子科技领域的卓越进展。

  以往分析我国量子科技及其相关领域布局方向与发展演进的研究,主要从文献和专利两方面开展。以量子科技相关科技文献开展的研究主要基于文献计量学方法,从文献数量、合作网络、共词网络等角度开展[5-7],田倩飞等[6]以 WoS 核心合集为数据源,从国家、机构合作网络和共词网络的角度分析了量子计算研究的国际发展态势,发现研究的全球竞争态势激烈,美国研究实力最强,中国的国际合作能力较强,但文献影响力与欧美国家仍有较大差距。以量子科技相关专利开展的研究主要基于专利计量学方法,从专利申请、地区分布、技术领域等角度开展[8-10],李英等[10]以智慧芽专利数据库为数据源,从专利申请年度和地域、高被引专利的角度分析了量子信息技术发展现状,发现量子保密通信和量子计算机是研究热点。

  上述研究在一定程度上对我国量子科技领域进行了梳理,但存在四个方面的不足:第一,量子科技作为一个与产业高度融合的交叉领域,许多研究是应用导向,其高水平成果并不都表现为科技文献形式,而这些科技文献的发表通常有对应专利的支撑,因此,文献计量学研究无法从整体上揭示领域的全貌,专利在范围涵盖上更具优势;第二,专利计量学研究中对技术领域的分析多基于国际专利分类号(IPC 分类号)开展,其作为一种描述性统计指标,内涵范畴固定统一,只能统计分析技术大类,不能从语义的角度揭示专利的具体内涵,研究深度受限;第三,研究多通过在数据库中检索,自行构建数据集,其内容未经权威的审查,数据质量无法保证;第四,研究多针对量子信息及其下位类领域开展分析,没有研究揭示作为上位类的量子科技领域的研究态势。

  综上,本研究基于量子科技中国专利数据,利用描述性统计分析、复杂网络分析、文本分析、科学知识图谱和时序可视化等研究方法,挖掘我国量子科技领域的布局方向,梳理发展演进历程,分析产学研合作网络,从而揭示我国量子科技领域的研究态势,以期帮助研究人员加深理解、寻求合作,为我国量子科技领域的发展提供智力支持。

2 研究设计

2.1 数据来源与预处理

  本研究使用的数据集为中国工程院中国工程科技知识中心 2022 年 9 月 29 日公开发

布的量子科技中国专利数据集（V2）[11]，数据集共抽取了我国2000年至2020年8月获得的量子科技有关专利数据。

为清晰地研判我国量子科技领域的布局方向与发展演进脉络，本研究对数据集进行如下预处理：首先，筛选"专利权人归属地"为中国，且"申请日"为2011—2020年的专利数据，并做去重处理，共获得27 199条专利数据作为分析的目标数据。"申请日"是专利的产出时间，比"公开日"更能从科学生产的客观规律角度反映该领域的实际情况。其次，提取"专利名称中文翻译""摘要中文翻译""申请日""专利类型""专利权人归属地"和"专利权人类型"六个字段构建初始数据集。"专利权人归属地"和"专利权人类型"代表了知识的流向，比"申请人归属地"和"申请人类型"更能反映中国专利的科学特征。最后，对初始数据集进行清洗，规范各字段的表达形式，构建数据集以供后续分析。为分析当前量子科技领域专利的产学研合作情况，将清洗规范后的数据集，抽取其中的"专利权人"主体数量大于2、"专利权"包含"大专院校""企事业单位""科研院所"两类样本，共有696条专利，用于量子专利产学研的社会合作网络分析与潜在合作预测。

2.2 研究框架

为全面系统地揭示我国量子科技领域的布局方向与发展演进，本研究建立了"数据预处理—字段抽取/主题词抽取—描述性统计分析/布局方向分析—发展演进分析"的研究框架，如图1所示。

第一，研究对"专利类型""专利权人类型""专利权人归属地""申请时间"四个字段进行描述性统计，考察我国量子科技领域的结构特征，从整体上总结归纳研究现状。

第二，使用Python的jieba库对"摘要中文翻译"字段进行分词，并过滤停用词；使用SATI[12]进行词频统计，结合词频的幂律分布规律[13]，保留词频总和占所有词频总和80%的词作为表征研究主题的主题词，构建主题词数据集。综合考虑普赖斯指数、词汇内涵范畴、专利数量与总词数，提取词频排序前150位的主题词作为研究的高频主题词，并依据各词在同一摘要中的共现关系，构建高频主题词共现网络，网络中的节点代表主题词，连线代表两端主题词间存在共现关系。研究使用Louvain算法[14]对网络进行社区划分，识别研究中关键的主题社区，并使用VOSviewer[15]对网络关联结构可视化，以揭示我国量子科技领域的布局方向。

第三，依据各布局方向密度和平均点度中心度，将其二维坐标化，并映射至发展态势战略图[16]，使用节点大小反映其研究规模，根据节点所在象限的不同，对比分析各布局方向的发展态势。同时，结合主题词数据集和申请时间字段，研究使用Louvain算法[14]划分各年份研究的主题社区，并采用Cortext[17]对各年份主题社区间的继承、融合与分化关系进行时序可视化，绘制研究主题演进脉络桑基图，以此综合研判我国量子科技领域的发展演进历程。

最后，通过社会网络分析探究量子科技专利产学研合作网络的相关指标，测度并分析网络中的重要节点，以揭示当前量子科技领域产学研专利的合作态势。同时，基于量子科技领域专利权人合作网络和专利主题信息，运用基于网络表示学习的专利潜在合作者推荐

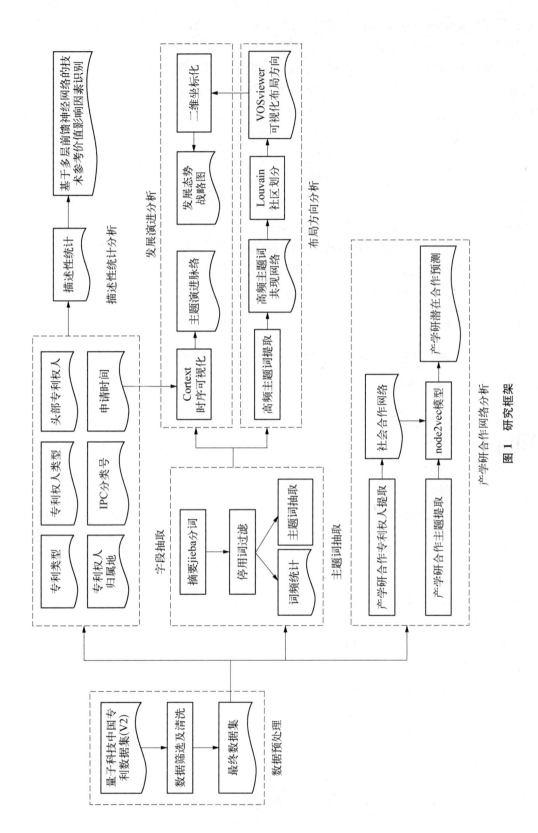

图 1 研究框架

模型,使用 node2vec[18]算法将学者合作网络的图信息转换为向量信息,设置最优融合参数和维度,并利用随机游走的方式建模了节点的相互关系,从而对图中可能存在的缺失边实现了较好的预测,即实现了潜在产学研合作关系的预测和推荐,以助力我国量子科技领域产学研的协同创新。

3 研究态势

3.1 描述性统计

3.1.1 申请时间

研究对 2011—2020 年量子科技领域中国专利的数量与包含的主题词数量(重复出现者按 1 次计)进行统计,结果如图 2 所示。自 2011 年《国家"十二五"科学和技术发展规划》提出以来,我国量子科技领域的专利及主题词数量总体上呈"先增后减"的态势,研究范围不断扩张:2011—2018 年,专利数量逐年增加,从 2011 年的 779 项增加至 2018 年的 4 924 项,增幅达 632%;增幅最大的是 2016 年,比上一年增加了 990 项,增幅达 147%,2016 年正值"十二五"的收官之年与"十三五"的开局之年,研究学科积极地从物理学向其他学科辐射,研究成果积极地从理论成果向研发应用转型,是研究进展最快的一年。2018—2020 年,专利数量略有下降,值得注意的是,主题词数量并未随专利数量发生大幅下降,而是以较小趋势缓慢收缩,说明虽然专利数量总体减少,但单项专利的研究广度有所增加,内涵范畴不断扩大。

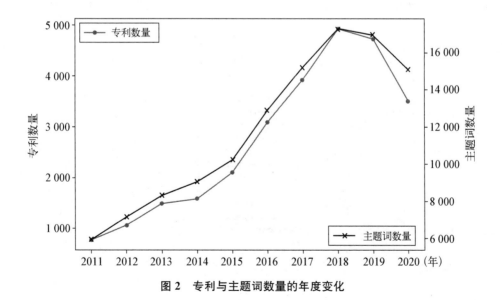

图 2 专利与主题词数量的年度变化

3.1.2 专利类型

发明专利最能反映研究的水平与能力;实用新型专利虽然技术水平和创新性较低,但实用价值较大;外观设计专利的技术水平、创新性和实用价值都较低[19]。图 3 展示了

图 3 专利类型分布

2011—2020年中国量子科技专利类型的分布情况,在27 199项专利中,发明专利的数量最多,为23 378项,占85.95%;实用新型专利也占有一定比例,为3 548项,占13.04%;外观设计专利数量最少,为273项,占1%。从数据上看,中国量子科技领域整体偏重学术研究,技术水平和创新性较高,但在产业转化方面相对薄弱,没有研发较多实用性强、实用价值大的装置设备。因此,我国量子科技研究应当发挥技术创新上的优势,与产业充分接轨,提高现有发明专利的应用水平,实现技术创新的链式发展。

3.1.3 头部专利权人

头部专利权人指在某个专业技术领域持有大量专利的主体,包括个人、公司或组织。这些头部专利权人通常拥有核心或关键技术的专利,从而在市场竞争中拥有较强的议价能力和竞争优势。图4统计了2011—2020年中国量子科技领域的头部专利权人分布情况,发现TCL集团股份有限公司拥有相关专利权人586个,占2.6%;京东方科技集团股份有限公司拥有专利权人350个,占1.6%;中国科学院半导体研究所拥有专利权人343个,占1.6%,三者较其他专利权人在拥有专利数量上有明显优势,具有较强的技术研究能力和研发实力,并有望在该领域中占据重要的市场地位。这些单位的专利数量和技术实力也可能吸引其他单位进行技术合作或专利授权,促进该领域的技术创新和发展。

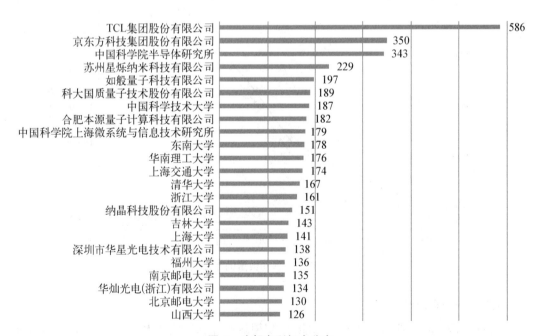

图 4 头部专利权人分布

3.1.4 专利权人类型

图5统计了2011—2020年中国量子科技领域27 199项专利的29 778个专利权人的类型比重分布情况,可以发现企事业单位和大专院校是大部分专利的知识流向地,分别为14 621个和11 184个,占49.1%和37.56%;科研院所和个人也在一定程度上参与了专利研发,分别为2 308个和1 420个,占7.75%和4.77%;机关团体的数量最少,仅为245个,占比不足1%,这与不同类型专利权人的性质、职能、专利申请意识、科研实力、资金实力和社会地位都有关系。

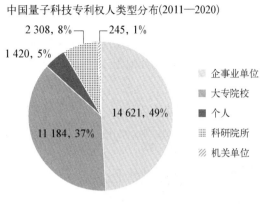

图5 专利权人的类型分布

3.1.5 专利权人归属地

从2011—2020年中国量子科技专利权人归属地的分布情况来看,专利权人的数量在地域上总体呈"东强西弱"的特点,东部省份专利权人的数量普遍多于西部,东部沿海省份的优势更大;归属地分布呈明显的集聚态势,珠三角、长三角和京津地区的研究规模最大;具体到省份而言,广东省的研究规模最大,拥有4 568项专利,占16.8%,其次是江苏省(3 899项,占14.3%)和北京市(3 076项,占11.3%),表明这三个省份是上述三个地区研究的龙头。值得注意的是,湖北(1 345项,占4.95%)、陕西(884项,占3.10%)和四川(779项,占2.83%)三个中西部经济高教强省在研究规模上也有不俗的表现。

至于地域分布差异的原因,一方面是东部地区信息技术产业发达,产业基础和研发实力雄厚,对量子科技的布局与应用的需求较大,因此,研究规模较大;另一方面,东部地区经济基础较好,经济发展水平普遍领先于西部地区,能动用更多的资源推动量子科技领域研究。

3.1.6 IPC分类号

IPC分类号是一种用于对专利文献进行分类和检索的国际标准体系,由字母和数字组成,用于描述专利文献所涉及的技术领域和具体技术特征。专利申请或授予可以分配多个IPC分类号,主IPC通常是最能代表专利技术主题或概念的分类码,既可以用于对该专利进行分类、检索和比较分析,也可以用于确定专利技术领域的范围和相关技术领域的竞争态势等信息。

研究依据量子科技专利申请数据集,绘制总频次大于800的主IPC分类号的频次随时间变化趋势图(如图6所示)。可以发现主分类号H01L33/00(光量子信号发射)的专利技术研究,自1989年开始呈持续稳定发展的状态,其他主分类号自2000年后才开始逐渐丰富并占据一定的比例。H04L9/08(量子信息通信的密钥分配技术)后来居上,在少量核心专利奠定的基础上(2003—2009年发表的相关专利),自2015年开始呈爆炸性增长的趋势并逐步成为技术核心。该领域的技术研究成果目前在金融、电力、互联网、政府和军事等领域均有商业化运用的尝试。

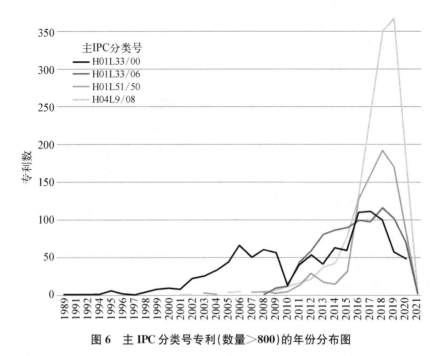

图 6 主 IPC 分类号专利(数量>800)的年份分布图

3.2 技术参考价值影响因素识别

尽管我国在量子科技领域专利申请数量上长期处于领先地位[20],但在部分创新与实践应用领域,与主要发达国家相比仍存在较大的差异,除缺乏技术储备和企业创新与实践能力不足外,另一主要原因是"唯专利论"导致大量低参考价值的专利充斥专利市场,专利价值判断难度大,造成"劣币驱逐良币"的现象。研究基于多层前馈神经网络,以专利价值为因变量判断专利参考价值,以期从技术上识别当前我国量子科技领域专利技术参考价值的影响因素。

通过一种用于解释机器学习模型预测结果的 SHAP 算法进行专利技术参考价值影响因素的识别。该方法基于博弈论中的 Shapley 值的概念,通过为每个特征分配一个值,表示该特征对于模型输出的贡献,其最大优势是能反映出每一个样本中的特征的影响力,而且还表现出影响的正负性。本研究的模型在 78% 的综合准确率上实现了对专利技术参考价值影响因素的有效识别,得到各变量对专利技术参考价值的影响程度(见图 7):在对专利被引用、授权等产生价值的影响因素中,专利权人和发明人合计拥有专利数量、专利存活期和总寿命、专利引用数量等因素均较高程度地影响专利技术参考价值的创造与发掘,而发明人和专利权人数量、文本长度等因素对专利技术参考价值的影响较小。

在量子科技领域,技术的进步需要深厚的技术积淀。头部企业和带头人拥有先发优势,因此,在我国的优势领域,应该制定并实施合理的专利布局战略,以将这些优势巩固并发展下去。例如,可以通过积极申请和维护专利,帮助企业保持竞争优势;在落后或尚未成熟的领域,应该加强专利权人间的合作,并匹配合适的研究方向,以提高合作效益,如积

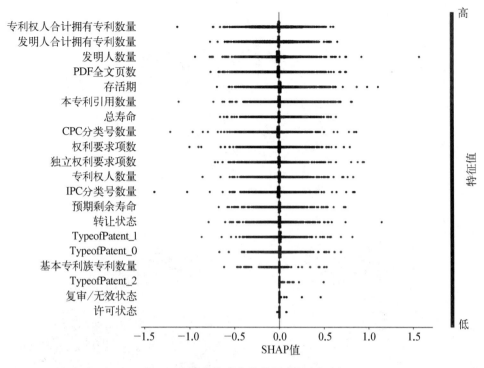

图7 专利技术参考价值影响因素识别

极建立合作伙伴关系、推动联合研究项目等,这些合作可以帮助企业在落后或尚未成熟的领域取得进展,同时也可以帮助企业在不同领域的专业知识上互相补充。

3.3 布局方向

根据对高频主题词共现网络进行社区划分和内容审查的结果,发现我国量子科技领域可分为新型材料制备、光电子器件研发、量子信息技术三个布局方向,其关联结构如图8所示(为清晰展示主题词间的共现关系,保留前20%权重值的连线)。

3.3.1 新型材料制备

该布局方向的高频主题词有制备、材料、荧光、纳米、溶液、石墨等,主要关注以量子点为低维结构材料的新型材料制备方法。三维受限的量子点由于其量子限制效应,在材料领域表现出许多独特的功能特性,成为研制新型材料的基础。相关研究一方面关注利用Ⅲ～Ⅴ族材料、Ⅱ～Ⅵ族材料制备各种量子点材料,如苗世顶等[21]发明了一种低成本磷化镉量子点材料的制备方法,通过控制反应温度、时间等因素,实现该材料从可见光到红外这一宽的区域内发光;另一方面,研究关注利用量子点优良的荧光特性,通过荧光定量检测技术为医疗、环境、生命科学等领域研发新型检测材料,如王东[22]发明了一种利用量子点多色标记定量检测多项心血管疾病标志物的方法,并用其研发了定量检测心肌钙蛋白Ⅰ/肌酸激酶同工酶/肌红蛋白的试剂盒,可广泛用于基层医院和诊所,为心脑血管疾病诊断提供参考。

3.3.2 光电子器件研发

该布局方向的高频主题词有发光、LED、GaN、衬底、器件、电极等,主要关注使用量子

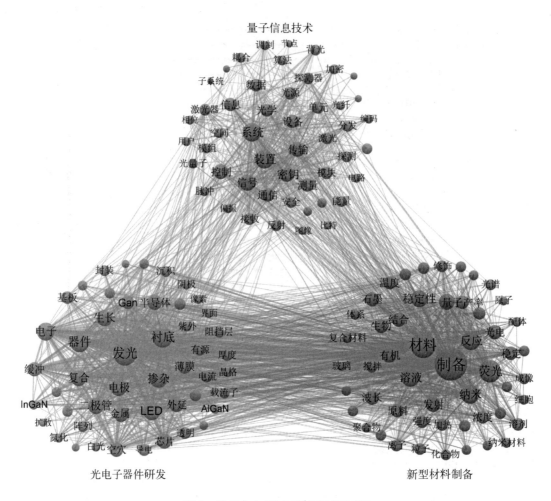

图 8　布局方向(前 20%权重值连线)

阱材料研制新一代固态量子器件,尤其是光电子器件。量子阱材料是基于先进的金属有机物化学气相沉淀生长技术的新一代材料,是新一代光电子器件研发的基础材料。量子阱材料的出现改变了光电子器件的设计思想和特性[7],其优越性使其在光电子器件研发领域受到广泛应用。代表性研究如钟建等[23]发明了一种以量子阱结构作发光层的有机电致发光器件,该器件克服了使用常规掺杂发光层结构的有机电致发光器件稳定性差且载流子传输不平衡的缺点,有效地提高了器件的发光效率并简化了制作工艺。此外,也有小部分研究关注使用量子点材料研发光电子器件,如刘应亮等[24]提出了一种双发射荧光材料及其制备方法和其在 LED 器件中的应用,该材料包含 10%～18%硅量子点和 82%～90%聚硅氧烷,其与 LED 芯片封装出的 LED 器件是理想的护眼光源,且能够商业化应用。

3.3.3　量子信息技术

该布局方向的高频主题词有密钥、系统、装置、信号、测量、通信等,主要关注量子科学理论在信息技术领域的应用,包括量子通信、量子测量和量子计算三大领域。量子加密是量子通信和量子计算领域的热点问题,其解决了传统密码技术存在的问题,研究范围从最初的量子密钥分发延伸至密码学的诸多领域,如加密算法、量子认证等,代表性研究如许丰[25]发明了一种虚拟量子加密系统,实现了点到点加密,并能抵抗量子攻击,适用于各种通信系统、云计算中心和物联网系统。其他研究主要关注三大领域的理论创新和系统、装置设计等应用研究,如薛潇博等[26]提出了一种激光功率的量子测量方法,其利用原子特性及原子频标系统,将对激光功率的直接测量转变成对原子跃迁频率的测量,提高了对激光功率的测量能力和光学计量能力。

3.4 发展演进

3.4.1 发展态势

图9展示了新型材料制备、光电子器件研发和量子信息技术三个布局方向在发展态势战略图中的相对位置,可以发现三个布局方向的发展态势对比鲜明:新型材料制备和光电子器件研发位于第一象限,密度和平均点度中心度处于领先位置,表明方向内部各主题研究的热度很高,受到领域内的广泛关注,这两个布局方向是当前领域内的研究核心,发展前景较好,研究框架也较为完备。量子信息技术位于第三象限,密度和平均点度中心度最低,表明方向内部各主题受到的关注较少,方向内统一的理论框架仍有进一步发展完善的空间。究其原因,可能是量子信息技术的内部细分方向较多,而各细分方向间的协同研究较少,且存在较多处于边缘位置的主题,降低了整体研究的成熟度与受关注水平。

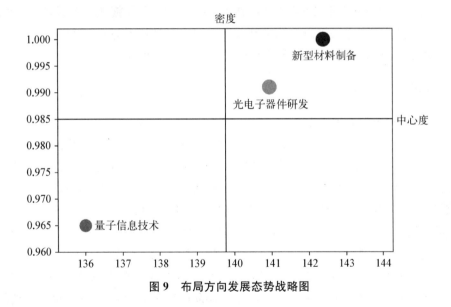

图9 布局方向发展态势战略图

3.4.2 主题演进的历程

图10展示了2011—2020年中国量子科技专利的主题演进历程。总体而言,10年间研究主题的持续性很好,电极、纳米材料、化合物、生长等新兴研究主题不断涌现。

演进历程中形成了"荧光&生物""系统&信号""衬底&二极管"和"电池&太阳能"四个持续性很好的主题演进脉络,且演进中发生了主题的融合与分化,例如,2017年的"衬底&生长"研究和"光线&蓝光"研究于2019年融合为"衬底&电极"研究;2015年的"衬

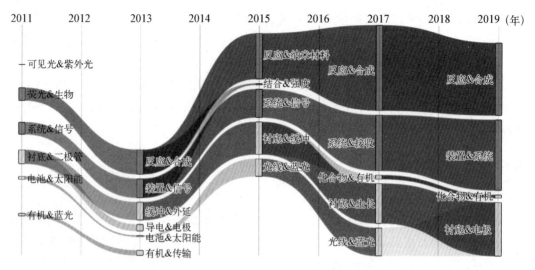

图 10 主题演进脉络的桑基图

底&缓冲"研究于 2017 年分化为"化合物&有机"研究和"衬底&生长"研究,体现了我国量子科技领域研究主题间的交叉协同关系。

最后,演进历程中也存在若干中断脉络和孤立主题,例如,2011 年的"衬底&二极管"研究的分化分支"导电&电极"研究于 2013 年终止了演进;2013 年的"反应&合成"研究和"装置&信号"研究融合形成的"结合&强度"研究于 2015 年终止了演进;2011 年的"可见光&紫外光"研究在之后年份并未受到关注。可能的原因是这些研究包含的主题不再是领域中的热点问题,或者研究的聚焦点受外界因素影响而分散。

3.5 合作网络

3.5.1 专利产学研合作网络

在量子科技领域专利产学研合作网络中,共有 664 个节点和 3 643 条关联边,共计 698 项合作发表的授权发明专利。产学研合作网络的网络直径为 9,平均路径长度为 3.305,即网络中任意两个节点 i,j 之间可以通过 3.305 个节点达到连通,满足平均路径长度远小于网络节点数的要求,符合小世界特性的要求之一;网络的聚类系数为 0.877,表明专利合作较为聚集。可以判断,量子科技领域的专利合作网络都具有小世界特性。总体而言,专利产学研合作网络的合作关系较稳定和可靠,量子科技领域的专利产学研合作网络如图 11 所示,为了清晰地展示重要节点的合作网络图,图 11 仅展现度数为前 20% 节点的合作网络。

在量子科技专利合作网络中,华中科技大学的节点最大,其次是浙江大学和纳晶科技有限公司,这三个机构之间的合作强度较大,所在的子合作网络中辐射节点数量众多,合作机构类型丰富,包括北京大学、中科院上海技术物理研究所、启正生命科学有限公司等多所高校、科研院所和企业。合作网络中,强度最强的合作关系是国家电网公司和中国电力科学研究院,其次是国家电网公司和北京邮电大学。国家电网公司作为关系国民经济命脉和国家能源安全的特大型国有独资公司,在产学研协同创新活动中具备开展广泛合作创新的优势,近年来与北京邮电大学、上海交通大学、华中科技大学、中国电力科学研究

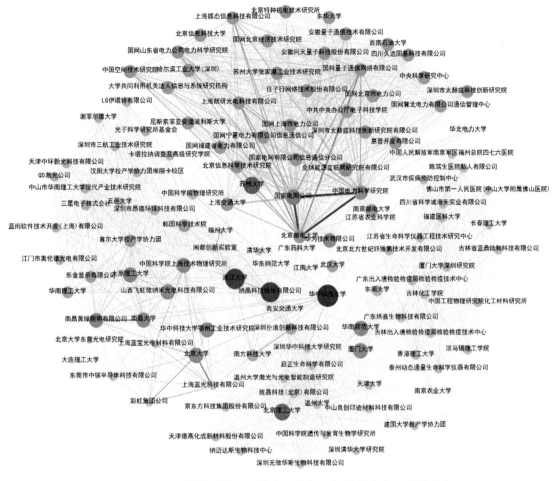

图 11　量子科技领域的专利产学研合作网络（度数为前 20％节点）

院、国科量子通信网络等机构在量子通信技术研发与实践中展开密切合作，以实现在信息安全保障体系方面的更大突破。通过产学研深度合作，目前，国家电网公司已将多个相关专利应用落地到多个电网项目，通过"量子加密"保障国家的信息安全。

总体上看，高校和研究所占据网络的核心地位并逐渐形成多中心合作子网络。其中，以华中科技大学、浙江大学、上海交通大学和北京邮电大学等高校为核心节点的子合作网络涵盖了众多科研院所和企业机构，中心度较高，在专利合作网络上具有强大的辐射能力，对推动量子领域的专利合作创新发展做出了重大贡献。企业方面，国家电网公司作为龙头企业，与各级地方电力研究所和企事业单位开展深度合作，带头产业技术发展卓有成效。但大部分企业存在合作强度较差的问题，需进一步加强与高校、研究所合作的广度和深度。

3.5.2　潜在合作预测模型

通过专利权人的产学研合作网络进行科研合作推荐，可以帮助量子科技领域从业者快速发现并了解相关领域的研究人员和研究内容，发现潜在的产学研合作关系，带来更好的知识和资源共享，推动技术应用落地，加快产业协同创新。因此，研究基于量子科技领域专利权人合作网络和专利主题信息，采用表示学习的方法，把产学研合作网络的图信息转换为向量信息,对专利权人产学研层面的潜在合作关系进行预测。将数据集按照8∶2划分为训练集和测试集,利用node2vec模型训练专利权人的合作数据,得到各专利权人在专利合作网络中的向量表示,设置最优融合参数和维度,并利用随机游走的方式建模了节点的相互关系,从而对图中可能存在的缺失边实现较好的预测。Python计算得到的推荐概率AUC值为0.949,表明上述的预测模型有效,即利用现有的合作网络节点和合作网络关系能够有效地挖掘出潜在的量子科技领域的产学研合作关系。筛选出其中合作可能性最高的前10位潜在合作关系,如表1所示。

表1 量子科技领域专利的潜在合作推荐预测(前10位)

序号	产学研潜在合作机构	推荐得分
1	中共中央办公厅电子科技学院+苏州大学张家港工业技术研究院	1.599 2
2	国网山东省电力公司电力科学研究院+苏州大学张家港工业技术研究院	1.356 9
3	山东日新复合材料有限公司+武汉纺织大学	0.996 6
4	江苏中科君芯科技有限公司+江苏物联网研究发展中心	0.996 3
5	广西科技大学+中国农业科学院植物保护研究所	0.994 8
6	汕头大学医学院+郑州大学第一附属医院	0.994 7
7	南京工大数控科技有限公司+西北工业大学	0.993 2
8	安徽理工大学环境友好材料与职业健康研究院(芜湖)+安徽理工大学	0.990 5
9	深圳先进技术研究院+暨南大学	0.990 4
10	暨南大学+厦门稀土材料研究所	0.990 3

模型结果表明,在量子科技领域最有潜力实现专利合作的是中共中央办公厅电子科技学院与苏州大学张家港工业技术研究院,其次为国网山东省电力公司电力科学研究院与苏州大学张家港工业技术研究院。苏州大学张家港工业技术研究院集中了苏州大学现有的国家级科研基地的资源和人才优势,在量子信息、光电子、微纳电子等领域具有较为领先的研究和技术实力,能够在量子科技领域的合作项目中提供专业高效的技术支持。此外,模型还能够预测并推荐非核心节点的潜在合作关系,以助力晚入局量子领域的企业加快技术进步,促进产学研协同创新。

4 结论与讨论

研究基于量子科技中国专利数据,利用描述性统计分析、复杂网络分析、文本分析、深度学习、科学知识图谱和时序可视化等研究方法,从成因、方向与未来三个角度揭示了我国量子科技领域的研究态势,得到如下结论:

总体而言,2011—2020年我国量子科技领域专利及主题词数量呈"先增后减"的态势;研究范围不断扩张,领域整体偏重学术研究,技术水平和创新性较高,但产业转化相对薄弱,没有研发较多实用性强、实用价值大的装置设备;TCL集团股份有限公司、京东方科技集团股份有限公司和中国科学院半导体研究所是处于头部位置的专利权人;企事业单位和大专院校是大部分专利的知识流向地;专利权人数量在地域上总体呈"东强西弱"的特点,珠三角、长三角和京津地区的研究规模最大;H01L33/00(光量子信号发射)的专利技术研究开始最早,且呈持续稳定发展的状态;H04L9/08(量子信息通信的密钥分配技术)后来居上,在少量核心专利奠定的基础上,自2015年开始呈爆炸性增长趋势并逐步成为技术核心;电极、纳米材料、化合物、生长等新兴的研究主题近年来不断涌现。

在技术成因上,专利权人和发明人合计拥有专利数量、专利存活期和总寿命、专利引用数量等因素均较高程度地影响专利技术参考价值的创造与发掘,而发明人和专利权人数量、文本长度等因素对专利技术参考价值的影响较小。

在布局方向上,我国量子科技领域可分为新型材料制备、光电子器件研发、量子信息技术三个布局方向,分别关注以量子点为低维结构材料的新型材料制备方法、使用量子材料研制新一代光电子器件、量子科学理论在信息技术领域的应用。

在产学研合作上,以华中科技大学、浙江大学等为核心节点的高校和科研院所在产学研合作网络中具有强大的辐射能力,对推动量子科技领域的专利合作创新发展做出了重大贡献。企业方面,国家电网公司作为龙头企业,带头各级地方电力研究所和企事业单位的产业技术发展卓有成效。但大部分企业存在校企合作强度较差的问题,仍需进一步加强与高校、研究所合作的广度和深度。

展望未来,新型材料制备和光电子器件研发是当前领域内的核心布局方向,具有良好的发展前景;量子信息技术布局方向内统一的理论框架仍有进一步发展完善的空间。主题演进历程中形成了"荧光&生物""系统&信号""衬底&二极管"和"电池&太阳能"四个持续性很好的主题演进脉络,其融合与分化体现了我国量子科技领域研究主题间的交叉协同关系;同时演进中也存在若干中断脉络和孤立主题。深化未来的发展,为持续推进产学研深度合作,基于社会合作网络的潜在合作预测模型可以对量子科技领域的潜在合作关系进行挖掘推荐。模型结果显示,中共中央办公厅电子科技学院与苏州大学张家港工业技术研究院在未来最有潜力实现专利合作。同时,模型可以预测并推荐非核心节点的潜在合作关系,以助力晚入局量子领域的企业加快技术进步,促进产学研的协同创新发展。

参考文献

[1] 程鹏,谭浩.我国量子科技产业的"负责任创新"[J].东北大学学报(社会科学版),2021,23(4):7-14.

[2] 科学技术部.关于印发国家十二五科学和技术发展规划的通知[EB/OL].[2011-07-13].https://www.most.gov.cn/xxgk/xinxifenlei/fdzdgknr/qtwj/qtwj2011/201107/

t20110713_88228.html.

[3] 国务院.国务院关于印发"十三五"国家科技创新规划的通知[EB/OL].[2016-08-10]. https://www.most.gov.cn/xxgk/xinxifenlei/fdzdgknr/gjkjgh/201608/t20160810_127174.html.

[4] 国家发展和改革委员会.中华人民共和国国民经济和社会发展第十四个五年规划和2035年远景目标纲要[EB/OL].[2021-03-11].https://www.ndrc.gov.cn/xxgk/zcfb/ghwb/202103/t20210323_1270124.html?code=&state=123.

[5] 张志强,陈云伟,陶诚,等.基于文献计量的量子信息研究国际竞争态势分析[J].世界科技研究与发展,2018,40(1):37-49.

[6] 田倩飞,王立娜,唐川,等.基于文献计量的量子计算研究国际发展态势分析[J].科学观察,2019,14(6):1-9.

[7] 刘小平,李泽霞.基于共词分析的量子信息学前沿热点分析[J].科学观察,2014,9(5):13-22.

[8] 肖玲玲,金成城.基于专利分析的量子通信技术发展研究[J].全球科技经济瞭望,2015,30(5):60-65.

[9] 周武源,张雅群,许丹海,等.全球量子计算专利态势分析[J].中国发明与专利,2021,18(7):35-43.

[10] 李英,刘建明.基于专利计量的量子信息技术发展现状[J].科技管理研究,2022,42(18):29-35.

[11] 中国工程院中国工程科技知识中心.量子科技中国专利数据集(V2)[DB/OL].[2022-09-29].http://hdl.handle.net/20.500.12291/10693.

[12] 刘启元,叶鹰.文献题录信息挖掘技术方法及其软件SATI的实现——以中外图书情报学为例[J].信息资源管理学报,2012,2(1):50-58.

[13] 赵蓉英,田沛霖,常茹茹.数据科学研究的主题关联结构与发展演化态势——共词网络视角[J].图书馆学研究,2021,42(11):2-12.

[14] Blondel V D, Guillaume J L, Lambiotte R, et al. Fast unfolding of communties in large networks[J]. *Journal of Statistical Mechanics: Theory and Experiment*, 2008, 8(10): P10008.

[15] Eck N J V, Waltman L. Software survey: VOSviewer, a computer program for bibliometric mapping[J]. *Scientometrics*, 2010, 84(2): 523-538.

[16] Stegmann J, Grohmann G. Hypothesis generation guided by co-word clustering [J]. *Scientometrics*, 2003, 56(1): 111-135.

[17] 田沛霖,赵蓉英.国际应急信息管理研究进展与趋势[J].图书馆学研究,2022,43(10):15-23.

[18] 林原,王凯巧,刘海峰,等.网络表示学习在学者科研合作预测中的应用研究[J].情报学报,2020,39(4):367-373.

[19] 王燕玲.基于专利分析的行业技术创新研究:分析框架[J].科学学研究,2009,27(4):

622-628+568.

[20] 李文清,齐晓曼,赵三珊.量子科技发展演进脉络与各国竞争态势分析[J].电力与能源,2021,42(6):619-621.

[21] 苗世顶,史蒂芬·黑格,亚历山大·阿基米勒.一种低成本磷化镉量子点材料的制备方法[P].安徽:CN102268253A,2011-12-07.

[22] 王东.一种定量检测肌钙蛋白Ⅰ/肌酸激酶同工酶/肌红蛋白的荧光免疫层析试剂盒[P].广东:CN102520192B,2014-08-13.

[23] 钟建,于军胜,高娟,等.一种以量子阱结构作发光层的有机电致发光器件[P].四川:CN102163696A,2011-08-24.

[24] 刘应亮,胡广齐.双发射荧光材料及其制备方法和其在LED器件中的应用[P].广东:CN110951478A,2020-04-03.

[25] 许丰.虚拟量子加密系统[P].北京:CN103840937A,2014-06-04.

[26] 薛潇博,杨仁福,张振伟,等.一种激光功率的量子测量方法[P].北京:CN108917922A,2018-11-30.

作者介绍和贡献说明

田沛霖 复旦大学文献信息中心,硕士研究生。主要贡献:主题选定、论文撰写。E-mail:22210830021@m.fudan.edu.cn。

张婉君 女,复旦大学文献信息中心,硕士研究生。主要贡献:数据可视化、论文撰写。

林昊天 复旦大学文献信息中心,硕士研究生。主要贡献:深度学习。

伍章越 女,复旦大学文献信息中心,硕士研究生。主要贡献:数据可视化、海报制作。

王贺 复旦大学文献信息中心,硕士研究生。主要贡献:文本数据分析。

基于深度语义匹配的个性化图书推荐系统

张 耀 许光骏

（浙江大学）

摘要：[背景]高校图书馆中藏书丰富，个性化图书推荐系统能够辅助用户发掘领域内有价值的书籍，提高图书馆资源的利用率。[目的]本文旨在使用深度学习方法，采用深度语义匹配推荐模型，结合图书资源以及主要借阅受众的特点，推出适合于大学图书馆的双塔图书推荐系统。[方法]本文使用的数据集为浙江大学图书馆2013—2019年的借阅数据，首先对数据集进行初步分析，提取其中的主要特征作为模型的基本数据。对于每一用户，提取其阅读的序列特征作为用户侧特征，训练后得到用户与物品对应的归一化embedding向量，通过Annoy近邻搜索快速为用户产生推荐结果，并将其展示在前端页面上。[成果]实现了双塔图书推荐系统的前后端部署，为用户提供个性化推荐。

关键词：图书推荐 深度语义匹配模型 深度学习

Book Recommendation System Based on Deep Structured Semantic Models

Zhang Yao, Xu Guangjun

(Zhejiang University)

Abstract:[Background] University libraries have rich collections, and the personalized book recommendation system can assist users to discover valuable books in the field and improve the utilization rate of library resources. [Objective] This paper aims to use deep learning method, adopt DSSM recommendation model, and combine the characteristics of book resources and main lending audiences to launch a two-tower book recommendation system suitable for university libraries. [Methods] The dataset used in this paper is the borrowed data of Zhejiang University Library from 2013 to 2019, and the main features are extracted as the basic data of the model. For each user, the sequence features read by them are extracted as user-side features. After training, the normalized embedding vector corresponding to the user and the item is obtained, and the recommendation results are quickly generated for users through Annoy, which was displayed on the web page. [Achievements] The front-end and back-end deployment of the two-tower book recommendation system has been realized, providing users with personalized recommendations.

Keywords: book recommendation, Deep Structured Semantic Models, deep learning

0 引言

近年来,随着深度学习技术的不断发展,深度学习在推荐系统中的应用越来越受到研究者的关注。深度学习技术可以从数据中学习到更高层次的特征表示,从而提高推荐的准确度和效率。下面主要从深度学习在推荐系统中的应用方向展开探讨,并结合近几年的研究成果进行分析和总结。

首先,深度学习在推荐系统中的应用主要分为两个方向,即基于内容的推荐和基于协同过滤的推荐。基于内容的推荐主要是利用物品自身的特征向量进行推荐,其中常用的深度学习模型包括卷积神经网络(Convolutional Neural Network,CNN)和循环神经网络(Recurrent Neural Network,RNN)。例如,He等人提出的DeepFM模型可以同时学习物品的低阶和高阶特征,融合了FM和深度学习的优点,并在多个数据集上取得了优秀的推荐效果[1]。基于协同过滤的推荐则是利用用户历史行为数据进行推荐,其中的深度学习模型主要包括基于自编码器的推荐模型和基于序列模型的推荐模型。例如,Wang等人提出的AutoRec模型通过自编码器学习用户的隐式反馈,取得了比传统协同过滤算法更好的推荐效果[2]。另外,基于序列模型的推荐算法也取得了很好的效果,例如,Hidasi等人提出的GRU4Rec模型在会话级别的推荐中取得了优秀的效果[3]。

其次,深度学习在推荐系统中的应用还需要结合实际应用场景进行研究。在实际应用中,推荐系统的效果不仅与算法的优劣相关,还与数据的质量、推荐系统的实际应用环境等因素有关。例如,在推荐系统中存在冷启动问题,即对于新用户或新物品缺乏足够的历史行为数据,导致推荐效果不佳。为了解决这个问题,研究者提出了多种方法,例如,利用社交网络信息进行推荐[4],或利用辅助信息(如物品的文本信息)来丰富物品特征表示[5]。

综上所述,深度学习技术在推荐系统中的应用前景广阔,不仅可以提高推荐的准确性和效率,还可以应用于推荐系统中的各种实际场景。未来的研究方向包括但不限于:进一步研究基于深度学习的推荐系统模型,发掘更多的物品和用户特征;提高推荐系统的实时性和可扩展性,满足大规模数据处理的需求;结合多个应用场景进行研究,解决推荐系统在现实中遇到的挑战和问题。

1 数据集简介

本文使用的数据集为浙江大学图书馆2013—2019年的借阅数据。数据集包含众多借阅记录,每条借阅记录包含借阅时间以及读者、图书的基本信息,如脱敏的读者ID、年级、院系、图书的唯一记录号、索书号、地理位置等，具体的字段说明仅包含本文中使用到的字段，如表1所示。

表1 数据集字段说明(本文使用的部分)

序号	字段名	字段名解释	样例值
1	PATRON_ID	读者ID	212253bfdcc5a0fc18452b4bd8bca66f
2	STUDENT_GRADE	学生年级	2013
3	PATRON_DEPT	读者院系	控制科学与工程学院
4	PATRON_TYPE	读者类型	全日制博士生
5	ITEM_ID	图书单册唯一记录号	001310571000020
6	SUBLIBRARY	图书所在馆藏地	BHB
7	ITEM_CALLNO	单册索书号	I565.44/BB1.22
8	PUBLISH_YEAR	出版年份	2010
9	AUTHOR	图书作者	欧阳修
10	TITLE	图书标题	自然辩证法原理
11	PRESS	图书出版社	天津人民出版社
12	LOAN_DATE	外借日期	20140604

本文将其中的 PATRON_ID 作为读者的唯一标识符，用于连接观看的图书序列，将 ITEM_ID 作为图书的唯一标识符，以此构建模型的基本框架。

原始的数据包含 2013—2018 年与 2019 年两个数据集，将两个数据集按对应字段合并后，初步统计数据的基本情况如表2所示。

表2 合并数据集的初步统计

借阅记录条数	2 260 649
用户人数	118 358
图书总数	701 192

2 图书推荐模型研究与设计

2.1 系统整体架构

本文首先对原图书馆的借阅数据进行初步分析、格式转换等预处理操作，便于后续的分析与建模，之后从数据中进行特征提取，如读者的年级、类型、观看序列以及图书的类别、作者、出版社等特征，将需要的特征列进行特征编码。其次，根据提取得到的特征构建深度语义匹配模型，训练后得到读者与物品各自对应的 embedding 向量，并将其传至网站服务器，基于此将读者与图书进行匹配，形成推荐列表，展示在网站的推荐结果中。整体的系统架构如图 1 所示。

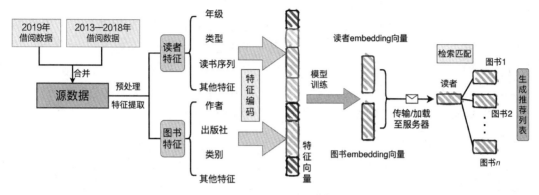

图 1　推荐系统的整体架构

原始数据集借阅条目总量大致为 200 多万，为中等规模数据集，本文在训练阶段使用单张 GPU 即可较快地完成，硬件要求至少 8 G 显存和 10 G 内存，训练完成后将数据传输至服务器即可。

2.2　数据预处理与特征提取

在预处理阶段，首先对提供的两个数据集进行合并，取出表 1 中的特征字段，对于原始数据中的空值，统一以字符串 na 填充，用以表征该特征为未知值。经过空值填充后，读者侧的特征有读者 ID、年级、学院以及读者类型，图书侧的特征有图书记录号、馆藏地、索书号、出版年份、作者、标题、出版社以及与每条记录对应的图书外借日期。

原始的数据集中虽然未直接提供图书的类别信息，但其可以从图书的索书号字段中提取得到，对于本数据集对应的浙江大学图书馆，其索书号按照中国国家图书分类法确定，例如，首字母 A 对应马列主义类图书，B 对应哲学、宗教类图书。因此，本文根据索书号进行拆分后取前两组大写字母得到图书对应的两个类别，具体实例如表 3 所示。进行拆分后，舍去索书号列，将得到的类别 1 和类别 2 作为两个分立特征进行处理。

表 3　索书号拆分实例

索　书　号	类别 1	类别 2
C913.3/CZ9	C	CZ
I565.447/CM2.10	I	CM
R329/CZ2-5/f	R	CZ

经过上述处理后,对除借阅时间外的分立特征进行特征编码,即将各个不同的分立值映射至整型变量,便于减少计算的内存开销,使数据格式统一,优化之后的分析处理过程,具体示例如图 2 所示。在特征编码处理之后,将读者 ID 与图书记录号对应的编码字典存储下来,便于召回时通过编码找到对应的原物品与读者。

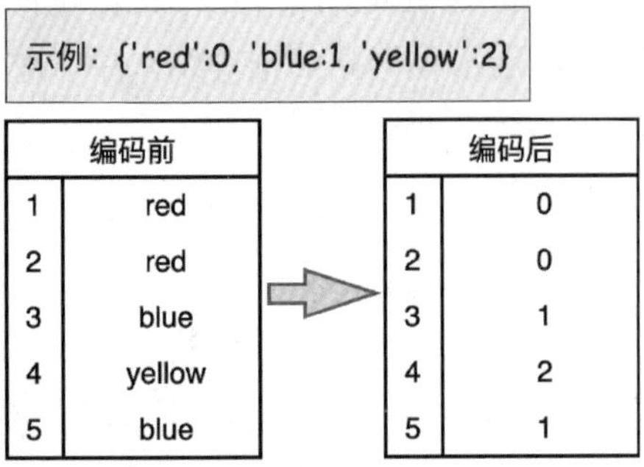

针对数据中的时间戳列,提取与读者对应的观看序列特征,按时间从远至近的顺序,将每一位读者之前的阅读书目聚合在一起,形成观看列表,将其转化为读者侧的序列特征作为模型的输入,具体示例如图 3 所示。

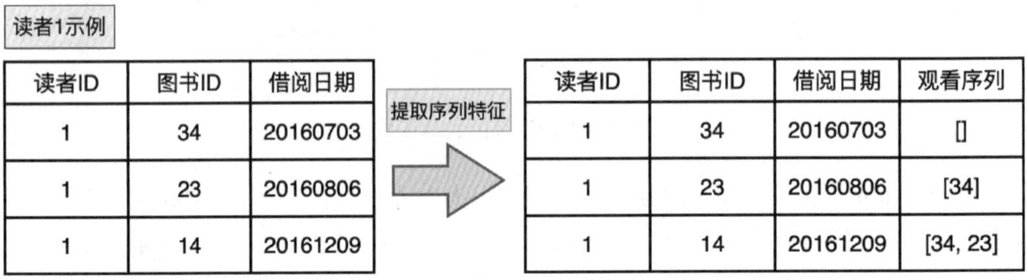

图 2　Label Encoder 特征编码示例

图 3　序列特征提取

至此,原始借阅记录经过特征编码与序列特征提取后,将数据集中的特征作为模型输入,归类后如图 4 所示。

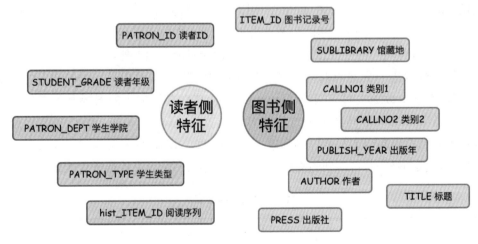

图 4　模型输入特征

2.3　模型介绍

深度语义匹配模型(Deep Structured Semantic Model,DSSM)原先是一种利用深度

学习技术进行自然语言处理中的文本匹配任务的模型[6]。它的目标是通过对输入的两个文本进行编码,并输出它们之间的相似度分数,以判断这两个文本是否相似或者相关。

在深度语义匹配模型中,通常会使用神经网络来学习文本的表示,其中的一种常见方式是使用 CNN 或 RNN 对文本进行编码[6][7]。模型通常会包括一个嵌入层(embedding layer)以及一个匹配层(matching layer)。前者用于将每个词转化为向量表示;后者用于将两个文本的编码进行比较,计算它们之间的相似度得分[6][8]。

传统的深度语义匹配模型在文本匹配任务中具有广泛的应用,如问答系统、信息检索、语义相似度计算、自然语言推理等[9]。常见的深度语义匹配模型包括 Siamese Network、Match Pyramid、ARC-I、ARC-II、DSSM、CDSSM 等[7][10][11]。

本文将深度语义匹配模型应用至图书推荐系统,使用其中的 DSSM 模型,包含输入层、表示层与匹配层。其中,输入层将读者和图书的特征向量输入到表示层,表示层将输入的特征向量转换为低维 embedding 向量,匹配层则将读者和图书的 embedding 向量作为输入,计算它们之间的相似度得分,从而产生推荐列表。双塔 DSSM 模型的输入包括图 4 中的读者侧特征与图书侧特征,输出为与读者、图书对应的低维 embedding 向量,通过计算读者与图书 embedding 向量的余弦相似度,不断优化深度神经网络中的权值矩阵,最终为读者产生推荐列表,具体的模型结构如图 5 所示,部分做同样处理的分立特征未画出。

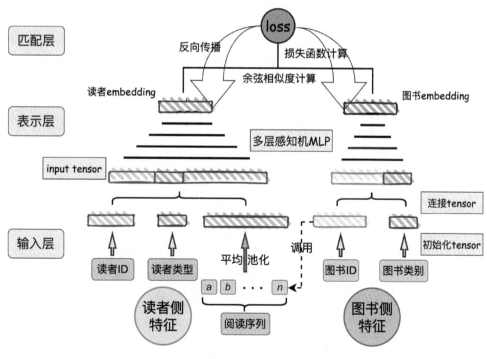

图 5　双塔 DSSM 推荐模型结构

本文与传统的双塔 DSSM 模型对比,在具体细节上做了如下优化。

(1) 初始化

对于深度学习模型来说,一组较好的初始化向量不仅能够加快模型的收敛速度,有时甚至能够决定模型是否能够收敛,本文对于每一个分立特征自动生成一个 n 维的向量,并且采用正态分布初始化,满足其均值为 0、方差为 10^{-4},对于具有 p 个实例的分立特征,n 由式①确定[12],其中,$[a]$ 表示对 a 做向下取整处理。采用根据实例数目自动计算特征对应的向量维度,有利于合理分配计算资源,对于含有较多实例的特征采用更高维度的向量进行计算。

$$n = \left[6 p^{\frac{1}{4}}\right]。 \qquad ①$$

(2)序列特征处理

对于读者侧的阅读序列特征,属于模型输入中的交互特征,能够在一定程度上提高模型的性能。本文中的具体处理步骤如图6所示,对于序列中的图书向量,调用图书 ID 中的初始化向量后进行平均池化处理,即将每个向量中相同位置元素求取均值后作为池化后的对应元素,其中,l 为阅读序列的长度。池化层在特征输入的过程中可以将原始输入进行降维处理,有效地避免了序列特征带来的维度过大问题,可以有效地降低模型的计算量以及处理所需要的内存,同时其含有部分模糊处理,可以防止网络过拟合。

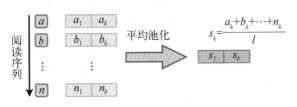

图6 平均池化处理

(3)MLP 神经网络

多层感知器(Multilayer Perceptron,MLP)是一种前馈神经网络,由多个神经元层组成,每个神经元层都与其前面和后面的层之间的神经元连接起来。它的基本结构包括输入层、隐藏层和输出层。在 MLP 中,每个神经元都具有多个输入和一个输出。输入通过带权重的连接进入神经元,这些权重被训练来调整神经元的行为。每个神经元还包括一个激活函数,用于计算输入的加权和并产生输出,其一个单元的结构如图 7 所示。其输入向量的维度为 m,输出向量的维度为 n。其中的 Dropout=0.2 表示连接的神经元有 20% 的概率会失活,将其添加在网络结构中可以防止过拟合。

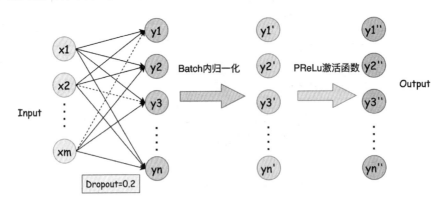

图7 多层感知器 MLP 单元

输入的 m 维向量在 MLP 单元中经过图 7 对应的变换后转化为 n 维向量输出,本文中的 MLP 网络构建时共有 5 组图 7 所示的单元,各层输入输出向量维度如下(其中,n_f

由式①确定,输入为对所有读者/图书特征字段求和):

$$\text{Input} = \sum_{f_{\text{user}}} n_f \longrightarrow 512 \longrightarrow 512 \longrightarrow 256 \longrightarrow 128 \longrightarrow 64,$$

$$\text{Input} = \sum_{f_{\text{book}}} n_f \longrightarrow 1\,024 \longrightarrow 512 \longrightarrow 256 \longrightarrow 128 \longrightarrow 64_{\circ}$$

本文使用的激活函数为 PReLu 激活函数,与 ReLu 函数类似,函数表达式为式②,其中,δ 是一个可学习的参数。

$$\sigma(x) = \begin{cases} -\delta x, & x < 0, \\ x, & x \geqslant 0_{\circ} \end{cases} \quad ②$$

(4) 温度系数

在计算读者 embedding 与图书 embedding 的余弦相似度时,使用归一化后计算点积的方式进行,即计算两向量夹角的余弦值,然而这导致了该值始终在(-1,1)之间,对比 sigmoid 函数的图像(如图8所示),在该区间内,sigmoid 函数的分类特征不明显,导致模型的收敛速度较慢。

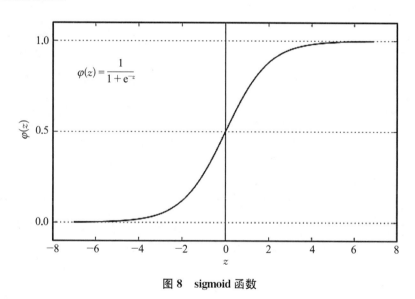

图8　**sigmoid 函数**

因此,双塔模型在处理时,将得到的余弦值除以一个小于1的常数,称为温度系数[13](temperature),将区间放大,增大 sigmoid 函数的分辨能力,加快模型的收敛。本文在训练时取 temperature=0.02,显著地加快了模型的收敛速度,降低了训练时间。

2.4　模型训练

由于原始借阅记录中不包含负样本,因此需要负采样。本文采用随机匹配的方式生成负样本集合,对于一组匹配的读者与图书,若其在借阅记录中出现,则将其划为正样本,标签为1;若未出现,则归为负样本,标签为0。本文训练时采用的负样本比率为3,即1个正样本对应3个负样本。之所以采用随机匹配的方式,是由于数据集中图书的总数有70多万,因此,对于单个读者而言,从中随机选取的图书大概率是其不喜欢的,可以划为负样本。

对于 200 多万条借阅条目,将负样本采样混合后打乱,总数据量大约为 900 万,划分其中的 72% 为训练集,18% 为验证集,10% 为测试集。训练过程中的模型参数如表 4 所示。

表 4 模型训练参数

代码参数名	含 义	值
neg_ratio	负采样倍率	3
min_item	最短阅读序列要求	5
seq_max_len	截断序列长度	20
batch_size	训练批次大小	1 024
user_params	读者塔 MLP 参数	[512,512,256,128,64]
item_params	图书塔 MLP 参数	[1 024,512,256,128,64]
temperature	温度系数	0.02
learning_rate	学习速率	10^{-4}
weight_decay	正则化系数	10^{-4}
optimizer_fn	优化器	Adam
epoch	训练的轮数	5
topk	推荐列表包含的商品个数	100

训练完成后,将生成的读者和图书对应的 embedding 向量部署在 CPU 服务器上,就可以在网页上浏览推荐结果,具体可参看第 3 部分模型的线上部署。

2.5 模型评估

对于得到的读者和图书 embedding 向量,倘若采用全量搜索匹配,要得到 topN 的推荐结果,其时间复杂度较高,为了实现模型的快速召回,本文采用了 Annoy 近邻搜索算法[14]。其基本原理如图 9 所示。

Annoy 算法的核心是在低维空间内构建一棵二叉树,该二叉树的每个节点对应于数据集中的一个数据点,每个叶子节点存储一个数据点的索引。在搜索时,Annoy 算法会遍历二叉树,通过计算查询点与每个节点的距离来确定搜索路径,从而找到最近邻。由于 Annoy 算法采用了分层的策略,将高维空间中的最近邻搜索转化为低维空间中的多次二叉树搜索,因此,它能够高效地处理高维数据集。同时,Annoy 算法也支持多种距离度量,如欧几里得距离、余弦距离等。

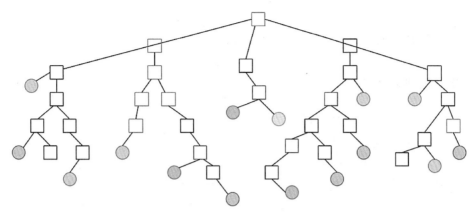

图 9　Annoy 搜索算法

本文使用 Annoy 搜索算法,虽然极大地加快了推荐速度,然而其会导致模型在实际部署过程中的召回率有一定程度的下滑。在训练结束后对模型进行评估,选取如下一些评估指标,模型的表现如表 5 所示。模型在测试集上的混淆矩阵如图 10 所示。可以看出模型的分类性能较好,召回率较高。

表 5　模型性能评估

指标名称	指　标　说　明	测试集表现
Precision	表示模型召回的结果中有多少是真正相关的。Precision＝TP/(TP＋FP),其中,TP 表示真正相关的数量,FP 表示误报的数量	73.64%
Recall	表示真正相关的样本有多少被成功召回。Recall＝TP/(TP＋FN),其中,TP 表示真正相关的数量,FN 表示漏报的数量	68.41%
AUC	ROC 曲线下的面积,AUC 越大,模型的分类性能越好	86.00%
F1-score	综合考虑 Precision 和 Recall,是 Precision 和 Recall 的调和平均数,F1-score＝2×Precision×Recall/(Precision＋Recall)	70.93%
Hit Rate	表示在推荐列表中,用户真实有兴趣的物品有多少被推荐给了用户。Hit Rate＝用户感兴趣的物品总数/所有推荐列表长度之和	23.88%

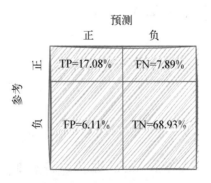

图 10　测试集混淆矩阵

3 双塔图书推荐系统的设计实现与部署

3.1 开发和部署环境

在前端设计中,采用了现代化的技术和工具,主要包括以下五个方面:

(1) Vue.js 2.0

——用于构建用户界面和单页应用程序。

——轻量级框架,支持数据绑定、组件化、路由管理等功能。

——采用 MVVM 模式,使代码组织更清晰。

(2) Element UI

——基于 Vue.js 的组件库,提供了美观、易用的 UI 组件。

——包括表单、表格、弹窗、导航等组件,有高度的可定制性。

——采用扁平化的设计语言,使用户界面清晰明了。

(3) Node.js

——服务器端运行环境,基于 V8 JavaScript 引擎构建。

——支持使用 JavaScript 编写服务器端代码,具有事件驱动和非阻塞 I/O 特性。

——可在多个平台上运行,具有高效的性能表现。

(4) MySQL

——客户端-服务器模型的数据库系统,具有高度可扩展性和灵活性。

——支持多用户、多线程和多数据库,可以与多种编程语言和 API 集成。

(5) B/S 架构

——Browser/Server 架构,也称为 Web 架构。

——将整个系统划分为客户端浏览器和服务端,通过 HTTP 协议进行通信。

在具体的开发和部署中,前端使用 Vue.js 作为框架,Element UI 作为 UI 设计,Vue-router 作为路由设计,通过 Axios 实现前后端交互。后端采用 Node.js 基础,使用 Express 框架搭建 API 服务,MySQL 作为数据库存储。推荐功能通过调用服务器 Python 脚本实现。

最终,通过 HTTP 和反向代理 Web 服务器 Nginx 将前端网页与后端 API 结合,实现了完整的网站功能。开发使用的浏览器为 Chrome 浏览器。

3.2 系统功能设计

需求分析:主要功能包括对给定 ID 的读者推荐与其兴趣相关的书籍,以及提供图书信息检索与展示功能。

功能实现:

(1) 登录注册功能

——后端通过 Express 框架中的 router 绑定接口,处理 post 请求,验证用户名、密码等情况。

——注册成功后，用户信息通过 SQL 语句注入数据库，密码进行哈希加密。

——登录成功返回加密的 token，实现登录和注册 API 搭建。

——前端使用 Vue.js 和 Element UI 搭建页面，通过 Axios 发送 http 请求至后端，实现登录和注册功能。

（2）图书信息展示与搜索

——后端绑定获取图书信息的 post 接口，通过 SQL 语句与数据库交互，返回图书数据。

——前端使用 Element UI 表单组件，通过 Axios 发送请求获取数据，实现分页和按类别展示功能。

——图书搜索功能通过后端处理来自前端的 post 请求，构建模糊查询 SQL 语句，返回检索到的图书数据。

（3）图书推荐

——后端绑定图书推荐的 post 接口，根据用户 ID 进行推荐操作。

——如果未推荐过，调用 Python 推荐脚本，将返回的图书序列号列表与数据库匹配，选取推荐书籍。

——如果已推荐过，根据用户 ID 查找缓存文件，实现冷启动。

——前端通过 Axios 发送 http 请求至后端，根据后端处理返回的推荐列表呈现于前端页面。

以上功能的具体实现涉及前后端的交互、数据库操作、用户认证等方面。整体架构清晰，通过各个组件的协同工作实现了网站的核心功能。

3.3 效果展示

如图 11 所示，在左侧导航栏点击"推荐列表"，在搜索框中输入数据库中读者的用户名后点击右侧的"推荐"，等待片刻，即可在下方得到模型的推荐结果。

图 11　图书推荐

4 总结与展望

本文使用浙江大学图书馆2013—2019年的借阅数据，通过双塔DSSM模型实现了基于深度学习的推荐系统，相对于其他常见的深度学习模型，该模型通过将用户与物品特征解耦实现快速召回推荐，显著地提升了部署效率与推荐速度。作为展示，本文在网站上实现了模型的线上部署，对各类读者进行个性化推荐。

本文构建的推荐系统存在一定的不足，主要表现在以下两个方面：对于推荐算法，本文在特征提取上对于读者与图书的交叉特征提取不足，也没有对模型的参数进行微调与优化；在前端部署上，页面的功能开发不够完善。

整体来看，本文构建的模型与系统有利于提高高校图书馆的图书利用率，使读者获得更好的阅读体验，激发读者的阅读兴趣。

参考文献

[1] He X, Liao L, Zhang H, et al. Neural collaborative filtering[C/OL]// *Proceedings of the 26th International Conference on World Wide Web*. Republic and Canton of Geneva, CHE: International World Wide Web Conferences Steering Committee, 2017: 173-182.[2023-03-03]. https://doi.org/10.1145/3038912.3052569.

[2] Wang T H, Hu X, Jin H, et al. AutoRec: An automated recommender system [C/OL]//*Proceedings of the 14th ACM Conference on Recommender Systems*. New York, NY, USA: Association for Computing Machinery, 2020: 582-584[2024-09-22]. https://dl.acm.org/doi/10.1145/3383313.3411529.

[3] Hidasi B, Karatzoglou A, Baltrunas L, et al. Session-based recommendations with recurrent neural networks[A/OL]. *arXiv*, 2016.[2024-09-26]. http://arxiv.org/abs/1511.06939.

[4] Zhang S, Yao L, Sun A, et al. Deep learning based recommender system: A survey and new perspectives[J]. *ACM Computing Surveys*, 2020, 52(1): 1-38.

[5] Arapakis I, Leiva L A. Predicting user engagement with direct displays using mouse cursor information[C/OL]//*Proceedings of the 39th International ACM SIGIR Conference on Research and Development in Information Retrieval*. New York, NY, USA: Association for Computing Machinery, 2016: 599-608.[2023-03-03].https://doi.org/10.1145/2911451.2911505.

[6] Hu B, Lu Z, Li H, et al. Convolutional neural network architectures for matching natural language sentences[C/OL]//*Advances in Neural Information Processing Systems*: Volume 27. Curran Associates, Inc. 2014.[2023-03-07].https://

papers.nips.cc/paper/2014/hash/b9d487a30398d42ecff55c228ed5652b-Abstract.html.

[7] Yin W, Schütze H, Xiang B, et al. ABCNN: Attention-based convolutional neural network for modeling sentence pairs[M/OL]. arXiv, 2018.[2023-03-07]. http://arxiv.org/abs/1512.05193.

[8] Pang L, Lan Y, Guo J, et al. Text matching as image recognition[J/OL]. *Proceedings of the AAAI Conference on Artificial Intelligence*, 2016, 30(1).[2023-03-07]. https://ojs.aaai.org/index.php/AAAI/article/view/10341.

[9] Shen Y, He X, Gao J, et al. Learning semantic representations using convolutional neural networks for web search[C/OL]//*Proceedings of the 23rd International Conference on World Wide Web*. New York, NY, USA: Association for Computing Machinery, 2014: 373-374.[2023-03-06].https://doi.org/10.1145/2567948.2577348.

[10] Huang P S, He X, Gao J, et al. Learning deep structured semantic models for web search using clickthrough data[C/OL]//*Proceedings of the 22nd ACM International Conference Information & Knowledge Management — CIKM'13*. San Francisco, California, USA: ACM Press, 2013: 2333-2338.[2023-03-07].http://dl.acm.org/citation.cfm?doid=2505515.2505665.

[11] Palangi H, Deng L, Shen Y, et al. Deep sentence embedding using long short-term memory networks: Analysis and application to information retrieval[J]. *IEEE/ACM Transactions on Audio, Speech, and Language Processing*, 2016, 24(4): 694-707.

[12] Wang R, Fu B, Fu G, et al. Deep & cross network for ad click predictions[M/OL]. arXiv, 2017.[2023-03-08].http://arxiv.org/abs/1708.05123.

[13] Yi X, Yang J, Hong L, et al. Sampling-bias-corrected neural modeling for large corpus item recommendations[C/OL]//*Proceedings of the 13th ACM Conference on Recommender Systems*. New York, NY, USA: Association for Computing Machinery, 2019: 269-277.[2023-03-07].https://doi.org/10.1145/3298689.3346996.

[14] Huang Q, Feng J, Zhang Y, et al. Query-aware locality-sensitive hashing for approximate nearest neighbor search[J]. *Proceedings of the VLDB Endowment*, 2015, 9(1): 1-12.

作者介绍和贡献说明

张耀 浙江大学物理学院,本科生。主要贡献:模型设计与搭建、算法实现、论文撰写、海报制作。E-mail:3200102225@zju.edu.cn。

许光骏 浙江大学动物科学学院,本科生。主要贡献:模型线上部署、论文撰写、海报制作。

城乡医保统筹对农村流动人口贫困脆弱性的影响

——基于中国流动人口动态监测调查数据的研究

饶 钊

（复旦大学）

摘要：在推动常态化贫困治理的历史时期，我们有必要关注长期贫困和隐性贫困的监测与防范。本文利用中国流动人口动态监测调查数据，通过三阶段可行广义最小二乘法（FGLS）测算家庭贫困脆弱性指标，并采取三重差分法（DDD）分析2016年城乡医保统筹政策对农村流动人口贫困脆弱性的影响。本文研究发现，城乡医保统筹政策对于解决相对较高消费标准下的贫困有着显著作用，对于缓解健康状况较差和社会融合程度较高的农村流动人口的贫困脆弱性有着突出效果，但会增进流动范围较广群体的贫困脆弱性，并据此提出提高城乡医保统筹政策助力减贫的战略地位、构建防止因病致贫返贫的精准识别监测机制和发挥大病保险补充作用等政策建议。

关键词：城乡医保统筹 农村流动人口 家庭贫困脆弱性

The Effects of the Integrated Urban-Rural Medical Insurance on the Poverty Vulnerability of Rural Migrants: Evidence from the China Migrants Dynamic Survey

Rao Zhao

(Fudan University)

Abstract: In an era of normalized poverty governance, it is necessary to pay attention to chronic poverty and invisible poverty. Based on the data from the China Migrants Dynamic Survey (CMDS), this study employs the three-stage feasible generalized least squares (FGLS) method to quantify the household poverty vulnerability index. Additionally, it utilizes the difference-in-difference (DDD) method to examine the impact of Integrated Urban-Rural Medical Insurance on the poverty vulnerability of rural migrants in 2016. The findings indicate that Integrated Urban-Rural Medical Insurance plays a significant role in addressing poverty under relatively high consumption standards and effectively alleviates poverty vulnerability among rural migrants with poor health conditions and strong social integration. However, it may increase the poverty vulnerability of those who move more widely. Consequently, this paper suggests enhancing the strategic position of Integrated Urban-Rural Medical Insurance to alleviate poverty, establishing an accurate identification and monitoring mechanism to prevent individuals from falling back into poverty due to illness, and leveraging Critical Illness Insurance as a complementary measure.

Keywords: the Integrated Urban-Rural Medical Insurance, rural migrants, the household poverty vulnerability

0 引言

2021年，我国政府宣布脱贫攻坚战取得全面胜利，区域性整体贫困得到解决，绝对贫困得到消除[1]。因此，如何实现常态化贫困治理和形成巩固拓展脱贫攻坚成果的长效机制，将成为一段时间内需要解决的重点问题。我们有必要更加关注长期贫困和隐性贫困，并从新的思路和角度来优化减贫政策，合理配置扶贫资源。2001年，世界银行正式提出贫困脆弱性（vulnerability to poverty）的概念，将其定义为在风险冲击下，个体或家庭未来的福利下降到某一社会公认水平之下的可能性[2]，该指标作为动态测度的前瞻性指标，有利于在不确定环境下衡量福利或经济状态的变化，体现了个体或家庭应对风险冲击的能力。在绝对贫困完全消除和长期贫困治理体系建立在即的背景下，贫困脆弱性指标能够更有针对性地擘画未来减贫脱贫事业的蓝图，制定预防贫困政策。

资源禀赋和风险冲击容易致使家庭陷入贫困，而负向健康冲击是家庭陷入贫困概率提高的主要诱因之一。疾病会对家庭带来沉重的经济负担，造成家庭劳动力供给减少，从而导致家庭收入降低，甚至陷入因病返贫的恶性循环[3]。而医疗保险是管理健康风险和缓解疾病冲击的重要手段之一[4]，为疾病发生及未来损失的不确定性提供了重要的避险机制，主要包括商业医疗保险、社会医疗保险和公共税收中用于医疗费用补偿的政府资金。其中，社会医疗保险常常通过雇主和雇员的强制缴费或缴税形成保险基金，为全体或特定范围内罹患疾病的国民提供基本医疗服务费用补偿，具有较强的互助共济作用和国民收入再分配功能。我国早已于1998年开始建立城镇职工基本医疗保险，2003年新型农村合作医疗制度建立，2007年城镇居民基本医疗保险开始试点，逐步建立覆盖城乡全体居民的基本医疗保障体系。

我国的城乡医疗保障制度长期呈现出嵌入二元经济社会结构的制度特征[5]，存在三大基本医疗保险制度①条块分割的问题，城乡居民在保障水平、缴费标准、报销政策和定点医院等方面存在较大的差异[6]，这造成了城乡居民医疗服务利用不均等、人员流动不

---

① 三大基本医疗保险制度是指城镇职工基本医疗保险（城职保）、城镇居民基本医疗保险（城居保）和新型农村合作医疗保险（新农合）。

便、医疗保险基金财务稳健性和可持续性受阻等问题。农村居民受益水平普遍低于城镇居民,容易出现因病致贫返贫的问题。在此背景下,2016 年 1 月,国务院发布了《关于整合城乡居民基本医疗保险制度的意见》,决定将新型农村合作医疗(简称新农合)与城镇居民基本医疗保险(简称城居保)整合为城乡居民基本医疗保险(简称城乡居民医保)[7],2019 年年底,实现两项制度并轨运行,向统一的城乡居民医保制度过渡[8]。相比于新农合,城乡居民医保不仅扩大了报销药品范围,为农村居民进一步减轻医疗费用负担,而且提高医疗机构的层次,大幅改善医疗条件。整合之后,原新农合参保人员筹资水平提高了 108.51%,报销药品数量增长了 163.63%,人均基金支出增加了 50.84%,定点医疗机构层次更高、范围更广,大幅提高了医保福利和健康水平[9]。

  农村流动人口是推动城镇化发展和支援国家建设的重要力量。根据国家统计局发布的《2022 年农民工监测调查报告》,外出农民工已达到 17 190 万人,其中,跨省流动 7 061 万人,省内流动 10 129 万人[10]。相较而言,农村流动人口一般从事技术含量较低的高强度劳动,工作环境相对较差,薪资与福利待遇也处于较低水平。在以往基本医保条块分割的情况下,农村流动人口在就医时,在覆盖范围、报销比例、定点机构等方面面临更严格的制度约束,并且异地参保和复杂烦琐的报销政策也阻碍了农村流动人口的医疗服务可及性,出现因病致贫返贫的情况更多。在城乡医保统筹政策发布之后,农村流动人口面临的医疗保障水平和补偿范围发生了显著变化,并且异地参保、报销和结算的政策也向更有利于农村流动人口的方向发展,但这一制度能否引起农村流动人口贫困脆弱性程度下降,仍有待进一步的实证检验。在这一背景下,本文试图通过三重差分法(DDD)等方法研究城乡医保统筹政策对农村流动人口贫困脆弱性的影响,以期从医疗保障的视角进一步改善农村流动人口的贫困现状,增进制度减贫效应。

  本文认为,城乡医保统筹政策至少具有两方面的减贫效应。首先,城乡医保统筹政策作为统一覆盖范围的基本医保整合衔接政策,要求各地原则上实行市级统筹,并鼓励有条件的地区实行省级统筹,医保权益便携程度提高,在一定程度上具有促进人口流动的效应,而农村流动人口从农业部门向工业部门的转变可能带来劳动收入的增加,陷入贫困的概率降低。其次,城乡医保统筹政策遵循"待遇就高、缴费就低、目录就宽"的原则,提高农村流动人口的医保待遇水平,降低医疗费用自付比例,对医疗费用有更强的补偿效果,能降低因病致贫返贫的概率。

  鉴于此,本文以城乡医保统筹为切入点,考察医保权益均等化对农村流动人口贫困脆弱性的影响。相较于已有研究,本文的创新之处在以下三个方面。首先,本文利用第四届"慧源共享"全国高校开放数据创新研究大赛(以下简称慧源数据大赛)提供的 2017 年中国流动人口动态监测调查数据和本文补充的 2015 年中国流动人口动态监测调查数据,从家庭消费、健康状况、社会融合和流动范围等角度,系统分析城乡医保统筹对缓解农村流动人口贫困脆弱性的影响,为加强农村流动人口贫困监测提供了新思路。其次,本文利用三重差分法获得初步结果,并在其基础上进行稳健性检验。最后,本文将从不同群体考察城乡医保统筹政策的减贫效应。本文拟进一步考察城乡医保统筹政策对不同群体的减贫效果,通过异质性检验来分析城乡医保统筹政策对不同年龄和不同收入群体的差异化影响,有利于推动精准化预防贫困政策的实施，为推进城乡社会保障体系深度融合提供经验参考。

1 文献综述

1.1 国外文献综述

国外文献中关于贫困脆弱性的研究始于20世纪90年代末和21世纪初，早期研究侧重于宏观经济冲击下家庭承受能力的异质性，将贫困脆弱性定义为家庭风险冲击暴露程度与社会经济地位的变化[11]，也有学者从生计前景和预期福利的角度研究贫困脆弱性随时间演变的特性[12]。总体而言，贫困脆弱性共有三种测度方式，首先是从风险暴露的视角衡量脆弱性，该方式通过消费方式选择使家庭效用最大化，进而衡量家庭面临风险冲击时当期消费水平下降的敏感程度[13]；其次是从期望效用的视角衡量脆弱性，该方式通过等价消费水平与消费预期效用之差来衡量贫困脆弱性[14]；最后是从期望贫困的视角衡量脆弱性，该方式用可观测变量和冲击因素对家庭人均消费进行回归分析，从而得到未来家庭人均预期消费低于某一数值的概率[12]。

在家庭贫困脆弱性产生根源方面，国外文献主要研究了健康风险冲击、社会和经济风险冲击、自然风险冲击、环境风险冲击对家庭贫困脆弱性的影响机制。健康风险冲击是造成家庭贫困概率增加的首要诱因，个体遭受的疾病和意外等健康风险冲击会导致家庭劳动供给的减少，收入水平相应下降。Novignon et al.(2012)利用第五轮加纳生活水平调查的截面数据，发现健康风险冲击会通过影响家庭教育支出和其他投资支出而降低家庭消费能力，增强贫困脆弱性[15]。Alam and Mahal(2014)发现，健康冲击会导致低收入和中等收入国家的家庭劳动力供应大幅减少，家庭（特别是低收入家庭）无法完全弥补中度和严重健康冲击造成的收入损失[16]。Barro(2022)通过对1918—1919年西班牙流感大流行的研究发现，非药物公共卫生干预措施虽然降低患病率和死亡率，但是对商品贸易和产业链带来严重冲击，产生严重的失业和贫困问题[17]。

此外，社会和经济风险冲击也会有较强的贫困诱导效应，经济危机、破产、犯罪、恐怖主义、战争等因素使得家庭风险暴露程度增加，当地风险分担网络为弱势群体及家庭提供保护的能力也下降，会导致家庭贫困脆弱性增加。Glewwe and Hall(1998)通过面板数据研究秘鲁经济危机背景下贫困脆弱性与家庭特征之间的关系，发现教育程度高、女性为户主、子女数量少的家庭更不易受到宏观经济风险的冲击。自然和环境风险的致贫返贫作用也较强，其会严重破坏家庭生产资料、灾区基础设施和公共服务设施等，生产性消费支出和人力资本投资支出降低，家庭陷入贫困的概率增加[11]。Baez et al.(2020)发现，飓风、洪涝和干旱等多重气候灾害冲击会导致人均粮食消费量下降，家庭采取的人力资本积累减少和资产出售策略虽然能在短期内增强家庭抵御能力，但是长期来看会使未来收入增长幅度降低[18]。Carter and Lybbert(2012)利用贫困陷阱模型重新评估跨期资产管理问题，发现家庭同时存在平滑消费和平滑资产两种行为机制，并通过西非家庭面板数据发现自然灾害冲击会使得农户减少生产性消费支出，可能会损害年轻家庭成员的人力资本积累,从而导致长期贫困[19]。

在应对风险冲击和降低贫困脆弱性的策略方面,社会保障制度、现金补贴机制、金融市场、社会网络、民间借贷和私人互助都会产生较强的减贫效应。社会保障制度具有较强的收入分配效应,通过不同年龄和不同收入群体之间的现金转移支付来重新分配收入和预防贫困,并且还具有风险分担效应,有利于家庭资产积累,降低家庭陷入贫困的概率。Finn and Leibbrandt(2017)利用南非国民收入动态研究数据发现,政府补助金是样本中约四分之一人口脱离贫困的主要因素[20];但Golan et al.(2017)通过中国家庭收入数据发现,虽然农村低保项目为农村人口提供较多的收入,但对整体贫困率的影响较小,因为直接现金补贴方式多为事后补偿,而非事前救助,并且容易降低劳动和投资意愿。金融市场也可以通过商业保险进行风险转移,并且可以通过缓解信贷约束增加家庭外部融资渠道,弥补家庭资金缺口[21]。Urrea and Maldonado(2011)通过哥伦比亚现金转移项目受益家庭数据发现,储蓄、信贷和保险都对应对系统性冲击和保护家庭免于严重贫困脆弱性有着积极作用[22];Swain and Floro(2012)利用倾向得分匹配法发现,印度小额贷款项目有利于显著降低参与者的贫困脆弱性[23]。社会网络也可以通过私人途径帮助家庭平滑消费和抵御风险,Cox et al.(1997)利用家庭预算调查发现,家庭社会网络中的私人转移机制有利于防止家庭陷入贫困[24]。此外,Pellegrina(2011)利用孟加拉国不同类型贷款机构调查数据,发现农业领域民间借贷有利于增加投资和家庭资本积累;Kimball(2022)发现,依靠血缘或友谊等关系形成的社会网络有助于风险共担和提高整体福利[25]。

在医疗保险减贫效应方面,国外文献通过医疗保险与健康状况、人力资本、家庭投资、劳动供给、灾难性卫生支出等关系角度分析医疗保险对贫困的抑制或增进作用。Fogel(1994)认为,医疗保险可以通过改善参保者的健康状况而防止贫困[26]。Ross and Mirowsky(2000)利用1995年和1998年的全国电话调查数据发现,公共医疗保险对于减缓因病致贫有积极作用[27]。Chen and Jin(2011)利用2006年中国农业普查数据,发现新型农村合作医疗制度有利于提高参保家庭的儿童入学率,降低幼儿死亡率和孕产妇死亡率,从而帮助家庭摆脱贫困[28]。Hamid et al.(2011)利用孟加拉国格莱珉银行的家庭原始数据发现,小额医疗保险有利于增加家庭收入及其稳定性,增强家庭非土地资产投资和降低贫困发生概率[29]。Garthwaite et al.(2014)利用美国大规模公共医疗保险退出案例来研究公共医疗保险对劳动力供给的影响,发现《平价医疗法案》可能会导致低收入成年人劳动力供给大幅减少[30]。Barcellos and Jacobson(2015)发现,医疗保险有着较强的减少医疗支出风险的作用,会使得自付医疗费用平均降低33%,并且会使得发生灾难性卫生支出家庭的自付医疗费用降低50%。但也有学者发现医疗保险难以缓解贫困问题[31]。Wagstaff and Lindelow(2007)利用中国健康与营养调查(CHNS)数据发现,中国医疗保险使得家庭灾难性医疗支出发生率提高15%到20%[32]。Lei and Lin(2009)利用CHNS数据,采取个体固定效应、工具变量法和PSM-DID方法,也发现中国新型农村合作医疗制度并未显著增加正规医疗服务利用或改善自评健康状况,并认为其原因可能是免赔额普遍较高、家庭医疗储蓄账户预算有限以及当地免费医疗预防服务对参保者的限制[33]。Karan et al.(2017)通过双重差分法检验印度健康保险计划的减贫效果,发现该计划并未使得自付医疗费用显著降低,反而使得家庭非医疗支出提升了5%[34]。

总体而言,国外文献对贫困脆弱性及医疗保险减贫效应关注较早,贫困脆弱性测度方式、产生根源和应对策略等方面的研究较完整,在医疗保险减贫效应方面也有诸多论述。大部分学者针对各国的实际情况,分析风险冲击下不同的财务支持措施为各类群体带来的影响,侧重于宏观经济冲击和环境灾害突发情境下家庭贫困演变过程的再现。国外学者对医疗保险减贫效应的研究集中在公共医疗保险或小额医疗保险对贫困的影响,在其影响方向和程度上尚无统一结论。大部分学者认为医疗保险减贫效应突出,但部分学者指出医疗保险并不能降低家庭医疗费用和缓解家庭贫困。医疗保险是否具有明确的减贫效应,若存在减贫效应,该效应是通过增进患者健康还是减少医疗费用而产生,医疗保险对于中国减贫实践是否真正有效,这些问题的解决都有赖于进一步的研究。

1.2 国内文献综述

在家庭贫困脆弱性产生根源方面,国内文献认为,资源禀赋与风险冲击是引致贫困的重要因素。首先,人力资本、物质资产、金融资产、自然资产、社会资本等的缺乏会加剧家庭的贫困脆弱性[35],贫困脆弱性较高的家庭往往具有较大的家庭规模、人力资本不足、病人数量多、抚养比高、资产价值少等家庭特征,且更可能分布在山区、革命老区县、陆地边境县和少数民族聚居村等特殊类型贫困地区[36]。其次,风险冲击是家庭陷入贫困概率增加的关键因素。例如,个体健康冲击会导致生产性支出与健康投资下降,原因是健康冲击严重影响个体的收入和财富约束,使得个体偏重当期消费[37];新冠疫情等群体性风险冲击也会诱发脆弱群体的密集返贫现象[38]。

在应对风险冲击和降低贫困脆弱性的策略方面,国内文献根据国情考察了公共转移支付、金融普惠、医疗保险、政府补助、普惠保险、社会资本、精准扶贫帮扶项目等对贫困脆弱性的影响,但并非均有减贫效应。樊丽明和解垩(2014)利用两轮微观调查数据发现,无论贫困线划在何处,公共转移支付对慢性贫困和暂时性贫困的脆弱性没有任何影响[39]。张栋浩和尹志超(2018)利用中国家庭金融调查2015年的数据,发现金融普惠有利于显著降低农村家庭贫困脆弱性[40]。郭劲光和孙浩(2019)利用中国综合社会调查(CFPS)2016年的数据,通过实证检验发现医疗保险与政府补助能显著降低贫困脆弱性,并且政府补助在降低城乡居民长期贫困与贫困低脆弱性方面起到决定性作用[41]。张栋浩和蒋佳融(2021)通过构建村庄普惠保险指数,利用四川等省份农村家庭的微观数据,发现普惠保险有助于降低我国农村家庭的贫困脆弱性,并且该影响不会随着普惠保险发展水平提高而减弱[42]。韦艳和汤宝民(2022)基于2018—2019年"精准减贫扶贫与人口发展"专项调查数据,发现健康冲击会显著增加贫困脆弱性,而社会资本不仅能直接降低贫困脆弱性,还能有效地抑制健康冲击对贫困脆弱性的促进作用[43]。刘慧迪等(2023)基于2014—2020年秦巴山区集中连片特困地区的建档立卡贫困户数据,发现有精准扶贫帮扶项目的农户家庭贫困脆弱性下降更快[44]。

在医疗保险减贫效应方面,国内文献考察了城乡居民医疗保险、商业医疗保险、倾斜性医疗保险扶贫政策、新农合大病保险、农村医疗保险对解决贫困的作用。黄薇(2017)

利用城镇居民基本医疗保险试点评估入户调查(URBMI)数据发现,城居保政策对低收入城镇家庭具有明显的扶贫效果,有利于显著缓解因病致贫和因病返贫问题[45]。刘子宁等(2019)利用中国健康与养老追踪调查(CHARLS)数据发现,医疗保险和提高医疗保险保障水平的减贫效果存在健康异质性,并对健康状况差的群体具有显著的减贫效果[4]。高健等(2019)利用中国劳动动态调查数据库发现,对于已经拥有城乡居民医保的家庭,拥有商业医疗保险家庭的致贫性卫生支出发生率和灾难性卫生支出发生率会显著降低[46]。刘汉成和陶建平(2020)通过2013—2017年国家统计局的"全国农村贫困监测调查"数据,利用固定效应模型实证检验了倾斜性医疗保险扶贫政策的减贫效应,发现提高财政保费补贴和住院报销比例对增加农村贫困人口收入和贫困户脱贫具有显著的正向影响[47]。高健和丁静(2021)利用 CHARLS 数据发现,在中国贫困线的标准下,实施新农合大病保险使农村家庭贫困脆弱性发生率显著降低[48]。丁静和徐英奇(2021)利用中国劳动力动态调查数据库发现,拥有商业补充医疗保险会使农村家庭贫困脆弱性发生率显著降低[49]。于雪等(2022)采用 CHARLS 的2018年横截面数据,通过工具变量法发现,城乡居民基本医疗保险显著降低了农村中老年群体贫困脆弱性,并且在老年群体、低收入群体和高医疗支出群体中更能发挥减贫作用[50]。于大川等(2022)利用2018年CFPS数据,通过倾向得分匹配和多元线性回归法,发现参加农村医疗保险和提高农村医疗保险的保障水平均有利于显著降低农民的贫困脆弱性,并且对降低弱势农民群体贫困脆弱性的作用更强[51]。徐超和李林木(2017)利用CFPS的2012年微观调查数据,实证考察了城乡低保对家庭贫困脆弱性的影响,发现低保制度并未对贫困脆弱性产生明显的改善效果,反而可能增加家庭陷入贫困的可能性。其原因可能是制度执行中存在瞄准偏差,低保挤出了参保家庭的私人转移支付,以及低保降低了居民的工作意愿[52]。

总体而言,国内文献基于我国实际情况,对家庭贫困脆弱性的产生根源、应对风险冲击和降低贫困脆弱性的策略、医疗保险减贫效应等方面的论述颇丰,并且医疗保障制度缓解贫困的效果也是近年来的热点话题,大部分学者认为我国多层次的医疗保障体系有着较强的减贫作用,但也有学者认为城乡低保这样的保障政策反而会加剧贫困。已有文献多从基本医疗保险与贫困脆弱性的关系、大病保险与灾难性卫生支出及致贫性卫生支出的关系来探讨医疗保障制度的减贫效果,较少探讨医保统筹政策与贫困脆弱性之间的关系。在巩固拓展脱贫攻坚成果和建立长期贫困治理体系的背景下,研究者有必要从贫困脆弱性这一前瞻性和事前性指标的视角来分析城乡医保统筹政策的减贫效应,从而在有效提高重特大疾病保障水平等方面实现政策创新。

2 理论分析与研究假设

福利经济学是社会保障制度建立的理论基础,是由英国经济学家霍布斯和庇古于20世纪20年代创立的研究社会经济福利的一种经济学理论体系。根据福利经济学的理论,收入再分配符合边际效用递减规律,由于低收入者从积累财富中获取的效用远远高于高收入者获得的效用,因此,财富由富人群体向穷人群体的转移有利于提高整个社会的福利水平。城乡医保统筹政策遵循"待遇就高不就低,范围就宽不就窄"的原则,通过增加基金收入来源和扩大受惠群体的范围,利用大数法则增强基金的抗风险能力,发挥互助共济和分散健康冲击风险的作用,有利于显著增强家庭抵御大病医疗服务支出风险的能力,具有较强的优化资源配置和收入再分配效应,从而提高农村居民福利待遇和有效缓解因病致贫返贫的问题。

从理论上来看,医保统筹对居民医疗费用和贫困程度存在如下影响:首先,从宏观的角度来看,根据贝努利大数法则,当社会保险覆盖的参保人员数量足够多时,其分散风险的能力越突出,越能降低保险制度运行的财务风险,实现整体制度的可持续性和提高被保险人的保障水平。城乡医保统筹有利于促进医疗保险基金在更大范围内互助共济,整合碎片化基金风险池(fragmented risk pool),进一步实现风险分散,有利于提高报销比例和待遇标准,并且基金池的扩大意味着医保经办能力提升和信息系统统一升级,对医保支付改革和药品谈判提供良好的制度环境[53],有利于减缓医疗供需双方的道德风险和降低医疗服务费用,从而降低因受到大病风险冲击使家庭陷入贫困的可能性。其次,从微观的角度来看,城乡医保统筹对城乡居民执行统一的缴费标准、药品目录、定点医院和报销政策[54],个体从参加新农合到城乡居民医保的转变,本身就意味着药品报销范围的扩大和定点医院质量的提升,对于尽早尽快地治愈疾病和改善患者健康有着较大的正向影响,从而对减缓家庭贫困有着突出作用。最后,从政府协作的角度来看,医保基金统筹层次的提高也符合委托代理理论所揭示的规律,即上级政府与地方政府的目标效用函数不一致,当基金管理权和财政补助权进一步上解,但征缴和偿付监管职责仍由地方政府承担时,拥有信息优势的地方政府就容易产生供方诱导需求的道德风险问题,因此,个体医疗费用可能进一步提高,普通农村居民的陷贫风险增大。

根据上述分析,城乡医保统筹政策会通过影响家庭医疗支出对家庭贫困脆弱性产生影响,而政策对医疗支出较高家庭的减贫效应也更明显。本次慧源数据大赛提供的问卷中并未涉及医疗支出问题,因此,本文提出如下假设。

H1:家庭消费支出越高,城乡医保统筹对减缓农村流动人口贫困脆弱性的作用越突出,并且城乡医保统筹通过改变家庭支出影响其贫困脆弱性。

城乡居民医保统筹政策也会提高农村流动人口的就医可及性,释放更多的医疗服务需求,有利于促进其健康水平提升,进而提高家庭抵御贫困风险的能力。对于健康状况更差的个体,城乡居民医保统筹政策对其家庭贫困脆弱性的缓解作用更显著。健康是一个多维度的综合性指标,从身心的角度可以划分为身体健康和心理健康,从主客观的角度可以划分为主观健康(自评健康)和客观健康。本文将采取主成分因子分析方法对各种指标进行降维处理,提取不可观测的综合变量(公因子)表示每组变量的基本结构,并得到健康因子综合得分,作为衡量被访者健康状况的总体指标。故提出如下假设。

H2:健康状况越差,城乡医保统筹对减轻农村流动人口贫困脆弱性的作用越明显。

根据可行能力贫困理论,阿马蒂亚·森认为权利贫困是发展能力贫困的根本原因,而这一切都与个体在社会经济中的等级地位以及该经济中的生产方式密切相关,并严重依赖于经济的、社会的政治安排,据此提出了五种基本的可行能力自由,即政治自由、经济条件、社会机会、透明性保证和防护性保障[55],国内学者分别将其操作化为:① 货币维度,如收入与消费支出;② 非货币维度,包括人口资源禀赋[56]、家庭生产资料[57]、公共资源[58]、发展机会[59],以及饮食和营养、健康和医疗、教育和知识、社会关系、心理状态等。农村流动人口群体在流入地的社会融合情况和流动范围对其家庭贫困也有着重要的影响。在本文拟选取的数据中,被访人的社会关系、流入地融合程度、是否曾提出政策建议、是否曾参加志愿活动等方面都体现着被访人的社会融合情况。被访人及其家庭在流入地的社会融合程度越高,家庭搜集信息的成本越低,就医匹配度和获取救助的可能性越高,并且社会融合程度高的被访人及其家庭会获得更多的情感支持和生活救济,陷入贫困的可能性越低。本文通过主成分因子分析的方法提取公因子,得到社会融合因子的综合得分。据此,本文提出如下假设。

H3：社会融合程度越高,城乡医保统筹政策对家庭贫困脆弱性的减缓作用越明显。

流动范围体现出被访人及其家庭与家乡的距离,但流动距离越远的家庭获得的社会资本等非正式支持机制越少,在亲友间信贷支持、转移支付以及情感慰藉较少的情况下,流动范围对家庭贫困脆弱性的影响与上述作用正好相反,因此,本文提出最后一个假设。

H4：流动范围越远,城乡医保统筹政策对家庭贫困脆弱性的抑制作用越低。

3 实证研究设计

3.1 数据来源与变量设置

本文的数据来源于慧源数据大赛提供的《2017年中国流动人口动态监测调查数据》和本文自行补充的《2015年中国流动人口动态监测调查数据》。因为城乡居民基本医疗保险统筹发生于2016年,本文旨在考察这一事件背景下城乡医保均等化对农村流动人口贫困脆弱性是否存在抑制作用,并采用三重差分法识别政策减贫效应,需要将城乡医保统筹前和统筹后的贫困脆弱性情况进行对比分析,所以,本文将医保统筹前已参加新农合的农村流动人口作为研究对象,选取医保统筹前一年(2015年)和后一年(2017年)的两期数据开展研究。实验组为医保统筹前一年(2015年)参加新农合且医保统筹后一年(2017年)就参加城乡医保的农村流动人口,对照组为医保统筹前一年(2015年)参加新农合且医保统筹后一年(2017年)未参加城乡医保的农村流动人口,以此分析医保统筹这一事件对农村流动人口贫困脆弱性产生的影响。

《中国流动人口动态监测调查数据》对于了解人口生存发展状况、流动迁移趋势和特点以及公共卫生服务利用、计划生育服务管理等情况有着重要的作用。其抽样方法为分层、多阶段、与规模成比例的PPS方法,范围为31个省级行政区和新疆生产建设兵团。根据研究需要,本文剔除了城市户籍数据,保留已经进行跨境、跨省、省内跨市或市内跨县流动且参加新型农村合作医疗保险的农村户籍人口,样本量为192 776条。

本文的变量设置情况如表1所示,被解释变量为分别以人均日消费1.9美元和3.1美元两个消费标准作为贫困线设定依据得到的家庭贫困脆弱性指标;核心解释变量为城乡医保统筹参与情况与政策实施时间的交互项、城乡医保统筹参与情况与政策影响群体的交互项,以及政策实施时间与政策影响群体的交互项;其余控制变量包括被访者的年龄、性别、婚姻状况、教育程度、工作状况、劳动年龄人口数、家庭抚养比、家庭人均年收入对数、家庭人均年支出对数、健康状况、社会融合、流动范围。

表1 变 量 设 置

变 量 名	变 量 定 义
被解释变量	
家庭贫困脆弱性	根据三阶段可行广义最小二乘法计算得到家庭贫困脆弱性,以2016年世界银行公布的人均日消费1.9美元和3.1美元两个消费标准作为贫困线设定依据,分为两种情况
解释变量	
城乡医保统筹参与情况	2015年参加新农合的农村流动人口,在2017年是否参加统筹后的城乡居民医保,是=1,否=0
城乡医保统筹实施时间	以2016年《关于整合城乡居民基本医疗保险制度的意见》为时间节点,2017年=1,2015年=0
参保*实施时间*政策影响群体	城乡医保统筹参与情况、实施时间与政策影响群体(消费支出、健康状况、社会融合、流动范围)的交互项
参保*实施时间	城乡医保统筹参与情况与实施时间的交互项
参保*政策影响群体	城乡医保统筹参与情况与政策影响群体(消费支出、健康状况、社会融合、流动范围)的交互项
实施时间*政策影响群体	实施时间与政策影响群体(消费支出、健康状况、社会融合、流动范围)的交互项
年龄	问卷调查年份减去被访者的出生年份
性别	男=1;女=0
婚姻状况	初婚、再婚、同居=1;未婚、离婚、丧偶=0
教育程度	被访者受教育年限,根据最高学历与每一阶段年份计算得到
工作状况	今年"五一"节前一周是否做过一小时以上有收入的工作(包括家庭或个体经营)
劳动年龄人口数	家庭中15~64周岁人口的数量
家庭抚养比	非劳动人口(小于15岁或大于64岁)与劳动人口(15岁到64岁)之比
家庭人均年收入对数	过去一年家庭平均每月总收入的12倍的对数
家庭人均年支出对数	过去一年家庭平均每月总支出的12倍的对数
健康状况	根据自评健康和疾病情况得到的健康因子综合得分

续 表

变 量 名	变 量 定 义
社会融合	根据社会关系、融入程度、政策建议、志愿活动等得到的社会融合因子综合得分
流动范围	市内跨县＝1;省内跨市＝2;跨省＝3;跨境＝4

3.2 识别策略与计量模型

3.2.1 三阶段可行广义最小二乘法

本文的被解释变量家庭贫困脆弱性指标,根据 Chaudhuri et al.(2002)的期望贫困脆弱性(Vulnerability as Expected Poverty,VEP)估计方法和 Ameniya(1977)提出的三阶段可行广义最小二乘法(FGLS)进行测量。VEP 方法将具有贫困脆弱性的家庭定义为未来发生贫困的概率超过设定脆弱线的家庭。VEP 的基本方法如下。

首先,在人均年消费额对数服从正态分布的假设下估计消费方程,并将回归后得到的残差平方取对数后作为消费波动进行 OLS 估计,估计方程如下:

$$\ln C_h = X_h \beta + e_h,$$
$$\ln \hat{e}_h = X_h \rho + \varepsilon_h。$$

其中,X_h 是一系列影响家庭人均消费的相关变量,包括被访者的特征:性别、年龄、年龄平方、婚姻状况、教育年限、工作情况、健康状况、医疗保险、养老保险、住房公积金;家庭特征:家庭抚养比、家庭人口规模、家庭人均收入;省份虚拟变量(是否位于东部省级行政区)。

其次,使用第一步得到的拟合值构建权重进行 FGLS 估计,得到对数消费的期望值 $\hat{E}(\ln C_h | X_h)$ 和消费波动 $\hat{V}(\ln C_h | X_h)$:

$$\hat{E}(\ln C_h | X_h) = X_h \hat{\beta}_{FGLS},$$
$$\hat{V}(\ln C_h | X_h) = \hat{\sigma}^2_{e,h} = X_h \hat{\beta}_{FGLS}。$$

最后,根据选定的贫困线来计算家庭 h 的贫困脆弱性:

$$\widehat{Vul}_h = \text{Prob}(\ln C_h < \ln \text{Poor} | X_h) = \Phi\left(\frac{\ln Z - X_h \hat{\beta}_{FGLS}}{\sqrt{X_h \hat{\rho}_{FGLS}}}\right)。$$

其中,$\widehat{Vul}_h$ 是估计出的家庭在未来发生贫困的概率,C_h 是农村家庭 h 的人均年消费额,lnPoor 是贫困线的对数,X_h 是农村家庭 h 的可观测特征变量。本文采用 2016 年世界银行公布的人均日消费 1.9 美元和 3.1 美元两个消费标准作为贫困线设定依据(Ferreira et al.,2016),并以 29% 的概率值来设定脆弱线,即当某家庭在未来发生贫困的概率大于29%时,就认为该家庭具有贫困脆弱性。

本文选择消费标准和 29% 贫困发生概率作为家庭贫困衡量标准的原因在于:首先,采用收入标准界定贫困将无法在回归模型中控制收入变量,而不控制收入变量会导致比较严重的内生性问题;其次,微观调查中收入数据往往存在较大的测量误差,而消费数据能够更准确地反映家庭福利状况(Deaton,1981)。脆弱线比较常见的设定依据是贫困发生率和50%的概率值,但是50%的概率值只能识别出长期贫困的农村家庭,而会遗漏暂时贫困的农村家庭[40],因此,近年来学界的常用做法是采取经期限折算的概率值作为脆弱线,一般将50%的概率值折算成家庭在未来两年内陷入贫困的概率值29%(Gunther and Harttgen,2009),本文也采取29%作为脆弱线。

3.2.2 三重差分法

本文通过构建三重差分估计模型进行实证分析。本文选取城乡居民医保统筹政策发布之前的2015年和发布后的2017年这两期数据。其中,本文的实验组是在2015年已经进行跨境、跨省、省内跨市或市内跨县流动且参加新型农村合作医疗保险的农村户籍人口,并且在2017年实验期参加城乡居民医保统筹政策实施后的城乡居民基本医疗保险;本文的对照组是在2015年已经进行跨境、跨省、省内跨市或市内跨县流动且参加新型农村合作医疗保险的农村户籍人口,并且在2017年没有参加城乡医保统筹后的城乡居民基本医疗保险。相比于将试点城市作为实验组而将未试点城市作为对照组的识别方式,本文采取直接识别参保个体的方式进行政策评估,更有利于精准地获取政策净效应。

三重差分法(the triple difference estimator,TD 或 DDD)目前已经得到较为广泛的应用,该方法是双重差分法的延伸,最早由 Gruber(1994)提出。DDD 可以被视为两个 DID 估计之间的差异,但不需要两个单独的平行趋势假设(parallel trend assumptions)。实际上,当两个 DID 估计间的偏差趋势相同(相平行)时,DDD 法的估计就将是无偏的。目前,DDD 方法也逐渐运用于政策处理效应评估。三重差分法的基本模型如下所示:

$$Y_{sit} = \beta_0 + \beta_1 T + \beta_2 B + \beta_3 \text{Post} + \beta_4 T \times B + \beta_5 T \times \text{Post} + \beta_6 B \times \text{Post} + \beta_7 T \times B \times \text{Post} + \varepsilon_{sit}。$$

虚拟变量 T 表示该地区是否受到政策冲击的实验组,虚拟变量 B 表示该群体是否政策受益群体,虚拟变量 Post 表示是否处于政策实施时间及之后。上式的条件均值函数为 $E(Y_{sit} \mid T, B, \text{Post})$,共有 8 种取值可能,可以得到 8 个期望值。而识别我们所关心的处理效果的 DDD 估计量为

$$\hat{\beta}_7 = [(\bar{Y}_{T=1, B=1, \text{Post}=1} - \bar{Y}_{T=1, B=1, \text{Post}=0}) - (\bar{Y}_{T=0, B=1, \text{Post}=1} - \bar{Y}_{T=0, B=1, \text{Post}=0})] \\ - [(\bar{Y}_{T=1, B=0, \text{Post}=1} - \bar{Y}_{T=1, B=0, \text{Post}=0}) - (\bar{Y}_{T=0, B=0, \text{Post}=1} - \bar{Y}_{T=0, B=0, \text{Post}=0})]。$$

本文选用 DDD 模型评估中国城乡医保统筹政策对农村流动人口贫困脆弱性的影响,提出四个 DDD 计量模型,如下所示:

$$\text{VUL}_h = \beta_0 + \beta_1 \text{treated}_h \times \text{time}_{h,t} + \beta_2 \text{treated}_h \times \text{lncon}_{h,t} + \beta_3 \text{time}_{h,t} \times \text{lncon}_{h,t} \\ + \beta_4 \text{treated}_h \times \text{time}_{h,t} \times \text{lncon}_{h,t} + \beta_5 X_{h,t} + \lambda_t + \mu_h + \varepsilon_{h,t} \text{。} \quad \text{①}$$

在第一个计量模型中,VUL_h 表示被解释变量家庭的贫困脆弱性;treated_h 表示家庭 h 的被访者是否参与城乡居民医疗保险;$\text{lncon}_{h,t}$ 表示家庭 h 在时期 t 的家庭总消费对

数；time$_{h,t}$表示家庭 h 参与城乡居民医疗保险统筹政策的时间前后；β_4 是 DDD 估计量，表示政策净效应，体现了城乡居民医疗保险统筹政策对农村流动人口家庭的减贫效果；$X_{h,t}$ 是家庭特征变量，λ_t 是时间固定效应，μ_h 是家庭个体固定效应，$\varepsilon_{h,t}$ 是随机误差项。其余三个计量模型如下：

$$\text{VUL}_h = \beta_0 + \beta_1 \text{treated}_h \times \text{time}_{h,t} + \beta_2 \text{treated}_h \times \text{health}_{h,t} + \beta_3 \text{time}_{h,t} \times \text{health}_{h,t}$$
$$+ \beta_4 \text{treated}_h \times \text{time}_{h,t} \times \text{health}_{h,t} + \beta_5 X_{h,t} + \lambda_t + \mu_h + \varepsilon_{h,t}\text{。} \quad ②$$

$$\text{VUL}_h = \beta_0 + \beta_1 \text{treated}_h \times \text{time}_{h,t} + \beta_2 \text{treated}_h \times \text{social}_{h,t} + \beta_3 \text{time}_{h,t} \times \text{social}_{h,t}$$
$$+ \beta_4 \text{treated}_h \times \text{time}_{h,t} \times \text{social}_{h,t} + \beta_5 X_{h,t} + \lambda_t + \mu_h + \varepsilon_{h,t}\text{。} \quad ③$$

$$\text{VUL}_h = \beta_0 + \beta_1 \text{treated}_h \times \text{time}_{h,t} + \beta_2 \text{treated}_h \times \text{floating}_{h,t} + \beta_3 \text{time}_{h,t} \times \text{floating}_{h,t}$$
$$+ \beta_4 \text{treated}_h \times \text{time}_{h,t} \times \text{floating}_{h,t} + \beta_5 X_{h,t} + \lambda_t + \mu_h + \varepsilon_{h,t}\text{。} \quad ④$$

上式中，health$_{h,t}$ 表示家庭 h 在时期 t 的被访人健康状况因子综合得分；social$_{h,t}$ 表示家庭 h 在时期 t 的被访人社会融合因子综合得分；floating$_{h,t}$ 表示家庭 h 在时期 t 的被访人流动范围（包括跨境、跨省、省内跨市或市内跨县流动）；β_4 仍是 DDD 估计量，表示政策净效应，体现了城乡居民医疗保险统筹政策对农村流动人口家庭的减贫效果；$X_{h,t}$ 是家庭特征变量，λ_t 是时间固定效应，μ_h 是家庭个体固定效应，$\varepsilon_{h,t}$ 是随机误差项。

3.3 描述性统计分析

表 2 报告了实验组和控制组分别在 2015 年城乡医保统筹政策实施之前和 2017 年城乡医保统筹政策实施之后的统计结果。在家庭贫困脆弱性指标方面，2015 年农村流动人口家庭贫困脆弱性的两种指标在实验组和控制组中均超过 99%，这说明 2015 年农村流动人口陷入贫困的概率极大，而 2017 年农村流动人口家庭贫困脆弱性降幅很大，实验组中以 1.9 美元计算的贫困脆弱性指标为 1.51%，以 3.1 美元计算的贫困脆弱性指标为 13.68%；控制组中以 1.9 美元计算的贫困脆弱性指标为 1.41%，以 3.1 美元计算的贫困脆弱性指标为 14.17%，这说明这两年间农村流动人口的减贫项目成效显著。无论是在 2015 年，还是在 2017 年，实验组和控制组的两种计算方式下的家庭贫困脆弱性均不存在显著性差异。

在其他控制变量方面，样本的年龄基本在 34~38 岁，这说明农村流动人口主要以中青年为主；教育程度主要为初中学历；劳动年龄人口数主要为 2~3 人；2015 年家庭抚养比在 14%~16%，2017 年家庭抚养比在 35%~38%，这在一定程度上说明农村流动人口家庭老龄化程度增加；家庭人均年收入和家庭人均年支出也随着时间增长而不断提高；健康状况、社会融合和流动范围基本上没有太大的变化。在 2015 年，年龄、性别、婚姻状况、教育年限和家庭人均年支出对数在实验组和控制组均没有显著差异，工作状况、家庭抚养比、家庭人均年收入对数、健康状况、社会融合和流动范围在实验组和控制组间存在 1% 水平上的显著差异，劳动年龄人口数在 10% 水平上存在显著差异，并且实验组样本在教

表 2 变量描述性统计结果

变量名称	2015 年 (time$_{h,t}$=0)			2017 年 (time$_{h,t}$=1)			2015 年和 2017 年	
	实验组	控制组	t 值	实验组	控制组	t 值	实验组	控制组
家庭贫困脆弱性(以 1.9 美元计算)	0.994 8 (0.071 8)	0.995 4 (0.067 9)	0.000 5	0.015 1 (0.122 1)	0.014 1 (0.117 8)	−0.001 1	0.520 1 (0.499 6)	0.512 2 (0.499 9)
家庭贫困脆弱性(以 3.1 美元计算)	0.998 3 (0.040 8)	0.998 0 (0.044 7)	−0.000 3	0.136 8 (0.343 7)	0.141 7 (0.348 7)	0.004 8	0.580 9 (0.493 4)	0.576 4 (0.494 1)
年龄	34.670 7 (9.608 3)	34.769 4 (9.648 6)	0.098 8	37.821 9 (11.579 5)	36.746 7 (11.020 1)	−1.075 1***	36.246 3 (10.755 2)	35.758 1 (10.404 1)
性别	0.513 7 (0.499 9)	0.522 2 (0.499 5)	0.008 5	0.480 5 (0.499 7)	0.516 9 (0.499 7)	0.036 4***	0.497 1 (0.500 0)	0.519 6 (0.499 6)
婚姻状况	0.818 2 (0.385 7)	0.813 3 (0.389 7)	−0.004 9	0.825 9 (0.379 3)	0.825 3 (0.379 7)	−0.000 5	0.822 0 (0.382 5)	0.819 3 (0.384 7)
教育程度	9.473 6 (2.588 2)	9.415 9 (2.536 2)	−0.057 7	10.150 3 (3.334 8)	10.088 4 (3.400 6)	−0.061 8	9.811 9 (3.003 9)	9.752 2 (3.018 5)
工作状况	0.855 2 (0.351 9)	0.839 1 (0.367 4)	−0.016 0***	0.785 2 (0.410 7)	0.822 2 (0.382 3)	0.037 0***	0.820 2 (0.384 0)	0.830 7 (0.375 0)
劳动年龄人口数	2.330 2 (0.871 8)	2.352 0 (0.884 1)	0.021 8*	2.418 6 (0.946 2)	2.317 3 (0.904 1)	−0.101 3***	2.374 4 (0.910 8)	2.334 6 (0.894 3)
家庭抚养比	0.142 3 (0.453 7)	0.159 3 (0.446 2)	0.017 0***	0.357 4 (0.406 2)	0.379 6 (0.408 3)	0.022 2***	0.249 2 (0.444 0)	0.268 9 (0.441 7)
家庭人均年收入对数	9.539 1 (0.566 9)	9.514 0 (0.548 9)	−0.025 2***	10.048 9 (0.774 2)	10.066 9 (0.908 1)	0.018 0	9.794 0 (0.724 8)	9.790 5 (0.799 6)

续 表

变量名称	2015年(time$_{h,t}$=0)			2017年(time$_{h,t}$=1)			2015年和2017年	
	实验组	控制组	t值	实验组	控制组	t值	实验组	控制组
家庭人均年支出对数	6.361 9 (3.239 4)	6.429 6 (3.179 2)	0.067 8	9.419 7 (0.623 6)	9.431 8 (0.650 9)	0.012 1	7.890 8 (2.789 0)	7.930 7 (2.742 1)
健康状况	0.056 8 (1.144 8)	0.008 0 (1.113 7)	−0.048 7***	0.056 8 (1.144 8)	0.008 0 (1.113 7)	−0.048 7***	0.056 8 (1.144 8)	0.008 0 (1.113 7)
社会融合	0.181 0 (1.104 3)	0.007 4 (1.124 5)	−0.173 5***	0.181 0 (1.104 3)	0.007 4 (1.124 5)	−0.173 5***	0.181 0 (1.104 3)	0.007 4 (1.124 5)
流动范围	2.178 7 (0.807 1)	2.298 1 (0.777 4)	0.119 5***	2.176 7 (0.746 2)	2.301 5 (0.759 4)	0.124 8***	2.177 7 (0.777 2)	2.299 8 (0.768 5)
观测值	5 490	100 529	—	5 490	100 529	—	192 776	201 058

注：① 表2报告了2015年和2017年的实验组和控制组中各变量的均值，括号中的数字为标准差；② *、**和***分别代表10%、5%和1%的统计显著水平，t检验表示各变量在每年实验组和控制组之间是否存在显著差异，如果带有星号，则表明变量存在显著差异。

年限、工作状况、家庭人均年收入、健康状况、社会融合和流动范围等方面有明显优势;在2017年,婚姻状况、教育年限、家庭人均年收入对数和家庭人均年支出对数在实验组和控制组中没有显著差异,而年龄、性别、工作状况、劳动年龄人口数、家庭抚养比、健康状况、社会融合和流动范围在实验组和控制组之间存在1%水平上的显著差异。除了家庭抚养比之外,其余在实验组和控制组中存在显著差异的变量均在城乡医保统筹政策实施前后没有明显变化,但本文也需要进一步在稳健性检验中控制不随时间变化的组间差异。

4 实证结果分析

4.1 基本回归结果分析

根据以上的理论分析、研究假设与实证策略,本文在表3和表4中汇报了分别按人均日消费1.9美元和3.1美元计算的家庭贫困脆弱性的影响因素。模型(1)至模型(4)分别对应上文所述的DDD计量模型①至模型④。

在表3的模型(1)中,城乡医保统筹政策使得人均年支出对数较高家庭的贫困脆弱性在1%水平上显著提高了8.12%,这可能与城乡医保统筹政策导致的医疗服务需求释放效应有关;在模型(2)中,城乡医保统筹政策使得健康状况较差家庭的贫困脆弱性显著降低,符合假设H2;在模型(3)中,城乡医保统筹政策使得社会融合程度高的家庭的贫困脆弱性程度在1%的水平上显著降低,符合假设H3;在模型(4)中,城乡医保统筹政策使得流动范围广的家庭的贫困脆弱性程度在1%的水平上显著增长,符合假设H4提出的"流动范围越广,减贫效应越弱"的假设。其他的控制变量基本上符合经济学理论的预期,总体而言,年龄越大,积累的财富越多,陷贫概率越低;教育程度越高,贫困脆弱性的水平越低;家庭劳动年龄人口数越多,贫困脆弱性程度越低;家庭人均收入和支出越高,陷入贫困的可能性越低;健康状况越差,医疗费用越高,陷贫概率越高。

表3 按人均日消费1.9美元计算的家庭贫困脆弱性影响因素

	模型(1)	模型(2)	模型(3)	模型(4)
	家庭人均年支出对数	健康状况	社会融合	流动范围
DDD	0.081 2*** (0.002 3)	−0.020 0*** (0.006 7)	−0.053 9*** (0.007 0)	0.284 8*** (0.004 2)
参保*实施时间	−0.776 0*** (0.021 6)	−0.297 9*** (0.005 6)	−0.298 4*** (0.005 7)	−0.797 4*** (0.009 2)
参保*政策影响群体	0.000 6*** (0.000 2)	0.017 4*** (0.004 6)	0.054 9*** (0.004 7)	0.028 9*** (0.001 3)

续 表

	模型(1) 家庭人均年支出对数	模型(2) 健康状况	模型(3) 社会融合	模型(4) 流动范围
实施时间 * 政策影响群体	−0.100 9*** (0.000 1)	0.007 4*** (0.001 1)	0.013 8*** (0.001 1)	−0.310 1*** (0.000 5)
年龄	0.000 2*** 0.000 0	−0.007 1*** (0.000 1)	−0.007 1*** (0.000 1)	−0.001 8*** (0.000 1)
性别	−0.000 4 (0.000 5)	0.013 8*** (0.001 8)	0.013 7*** (0.001 8)	0.011 5*** (0.001 0)
婚姻状况	−0.012 0*** (0.000 7)	0.139 8*** (0.002 7)	0.139 5*** (0.002 7)	0.024 9*** (0.001 5)
教育程度	0.001 6*** (0.000 1)	−0.008 0*** (0.000 3)	−0.008 1*** (0.000 3)	−0.006 0*** (0.000 2)
工作状况	−0.001 2* (0.000 6)	0.019 3*** (0.002 4)	0.019 2*** (0.002 4)	0.013 4*** (0.001 3)
劳动年龄人口数	−0.007 3*** (0.000 3)	−0.066 2*** (0.001 2)	−0.066 0*** (0.001 2)	−0.010 4*** (0.000 6)
家庭抚养比	−0.021 2*** (0.000 6)	−0.311 9*** (0.002 3)	−0.311 5*** (0.002 3)	−0.076 3*** (0.001 3)
家庭人均年收入对数	−0.033 8*** (0.000 3)	−0.211 5*** (0.001 3)	−0.211 5*** (0.001 3)	−0.069 8*** (0.000 7)
家庭人均年支出对数		−0.066 9*** (0.000 3)	−0.066 8*** (0.000 3)	−0.017 0*** (0.000 2)
健康状况	0.002 7*** (0.000 2)		0.004 8*** (0.000 8)	0.000 3 (0.000 4)
社会融合	0.002 9*** (0.000 2)	0.012 2*** (0.000 8)		−0.006 2*** (0.000 4)
流动范围	0.002 4*** (0.000 3)	0.006 1*** (0.001 1)	0.006 0*** (0.001 1)	
观测值	192 776	192 776	192 776	192 776
Wald 检验	4.98×10^{6}***	147 957.94***	147 987.46***	935 292.00***
R 方	0.962 7	0.434 3	0.434 3	0.829 1

注：① *、**和***分别代表10%、5%和1%的统计显著水平；② 表中汇报的是各变量的回归系数；③ 括号内是标准差。

在表4中,模型(1)表明,城乡医保统筹政策使得人均年支出对数较高的家庭的贫困脆弱性在1%的水平上显著降低,与表3形成鲜明对比,这可能与城乡医保统筹政策对较贫困家庭的减贫效应显著高于赤贫家庭有一定的关系;模型(2)没有显示城乡医保统筹政策与健康状况较差家庭的显著关系;模型(3)表明,受到城乡医保统筹政策冲击后,社会融合程度越高的家庭陷入贫困线以下的概率越低;模型(4)表明,城乡医保统筹政策对流动范围较广的家庭具有较弱的政策瞄准效应。其他控制变量的结果与表3类似。

表4 按人均日消费3.1美元计算的家庭贫困脆弱性影响因素

	模型(1)	模型(2)	模型(3)	模型(4)
	家庭人均年支出对数	健康状况	社会融合	流动范围
DDD	−0.042 6*** (0.005 0)	−0.008 7 (0.006 7)	−0.049 1*** (0.006 9)	0.240 7*** (0.005 4)
参保*实施时间	0.379 6*** (0.046 7)	−0.258 5*** (0.005 5)	−0.257 0*** (0.005 6)	−0.682 4*** (0.011 7)
参保*政策影响群体	0.001 3*** (0.000 4)	0.014 7*** (0.004 6)	0.046 0*** (0.004 7)	0.025 8*** (0.001 6)
实施时间*政策影响群体	−0.085 8*** (0.000 1)	0.013 2*** (0.001 1)	0.007 1*** (0.001 1)	−0.261 9*** (0.000 6)
年龄	0.000 3*** (0.000 1)	−0.005 9*** (0.000 1)	−0.005 9*** (0.000 1)	−0.001 4*** (0.000 1)
性别	0.005 4*** (0.001 0)	0.017 7*** (0.001 8)	0.017 6*** (0.001 8)	0.015 5*** (0.001 3)
婚姻状况	−0.068 3*** (0.001 5)	0.060 8*** (0.002 7)	0.060 7*** (0.002 7)	−0.036 6*** (0.001 9)
教育程度	−0.011 3*** (0.000 2)	−0.019 6*** (0.000 3)	−0.019 6*** (0.000 3)	−0.017 7*** (0.000 2)
工作状况	0.011 3*** (0.001 3)	0.029 1*** (0.002 4)	0.028 8*** (0.002 4)	0.023 7*** (0.001 7)
劳动年龄人口数	0.047 9*** (0.000 6)	−0.001 9 (0.001 2)	−0.001 7 (0.001 2)	0.045 3*** (0.000 8)
家庭抚养比	0.047 3*** (0.001 3)	−0.200 2*** (0.002 2)	−0.199 7*** (0.002 2)	−0.000 6 (0.001 6)
家庭人均年收入对数	−0.095 2*** (0.000 7)	−0.248 0*** (0.001 3)	−0.248 0*** (0.001 3)	−0.128 8*** (0.000 9)
家庭人均年支出对数		−0.056 3*** (0.000 3)	−0.056 3*** (0.000 3)	−0.014 2*** (0.000 3)

续 表

	模型(1)	模型(2)	模型(3)	模型(4)
	家庭人均年支出对数	健康状况	社会融合	流动范围
健康状况	0.005 9*** (0.000 4)		0.007 6*** (0.000 8)	0.003 9*** (0.000 5)
社会融合	0.000 1 (0.000 4)	0.008 0*** (0.000 8)		−0.007 4*** (0.000 5)
流动范围	−0.002 5*** (0.000 6)	0.000 5 (0.001 1)	0.000 4 (0.001 1)	
观测值	192 776	192 776	192 776	192 776
Wald 检验	883 968.41***	145 183.88***	145 113.06***	490 272.77***
R 方	0.821 0	0.429 6	0.429 5	0.717 8

注：① *、**和***分别代表10%、5%和1%的统计显著水平；② 表中汇报的是各变量的回归系数；③ 括号内是标准差。

4.2 中介效应检验

本文采用中介效应分析方法进行城乡医保统筹政策对农村流动人口贫困脆弱性影响的机制检验。根据理论分析，城乡医保统筹政策主要改变的是家庭医疗消费支出，通过提高待遇水平和报销标准，会出现医疗费用降低或医疗需求释放的效应，并且委托代理理论也揭示了城乡医保统筹政策对家庭医疗支出带来的不确定因素，因此，城乡医保统筹政策通过家庭医疗支出影响农村流动人口贫困脆弱性的具体机制尚未可知，需要进一步的中介效应检验。由于《全国流动人口卫生计生动态监测调查》未提供具体的家庭医疗支出数据，因此，本文采用家庭人均年支出对数作为中介变量进行机制检验。完整的中介效应模型如下：

$$VUL_h = \varphi_1 + \theta_1 treated_h \times time_{h,t} + \varepsilon_1,$$

$$lnpay_h = \varphi_2 + \theta_2 treated_h \times time_{h,t} + \varepsilon_2,$$

$$VUL_h = \varphi_3 + \theta_3 treated_h \times time_{h,t} + \theta_4 lnpay_h + \varepsilon_3。$$

其中，VUL_h 是本文的被解释变量家庭贫困脆弱性，$treated_h \times time_{h,t}$ 是双重差分估计量，$lnpay_h$ 是本文的中介变量，即家庭人均年支出对数。中介效应分析方法一般包括逐步检验回归系数法、系数乘积检验法、系数差异检验法等。逐步检验回归系数法是先检验自变量对因变量的总效应而后检验自变量对中介变量的效应，最后控制中介变量检验回归系数的方法；系数乘积检验法是直接针对假设 H0：$\theta_2 \theta_4 = 0$ 提出的检验方法，包括 Sobel 检验和 Bootstrap 检验两种计算方法；系数差异检验法是针对假设 H0：$\theta_1 - \theta_3 = 0$ 提出的检验方法。由于逐步检验回归系数法的检验效力较低，乘积系数法和系数差异法的检验效力基本相同，但系数差异检验法犯错的概率要高于系数乘积检验法，因此，本文选取系数乘积检验法中的 Bootstrap 检验法和 Sobel 检验法进行机制检验,检验结果如表 5 和表 6 所示。表 5 反映家庭人均年支出对数中介效应的 Bootstrap 检验,是在原有数据的基础上通过重复随机抽样的方法抽取 500 个 Bootstrap 样本并对生成的中介效应估计值进行大小排序得到的,由此获得 95% 的中介效应置信区间,如果中介效应的 95% 置信区间不包括 0,则说明中介效应显著。在城乡医保统筹政策对按人均日消费 1.9 美元计算的家庭贫困脆弱性的影响关系中,家庭人均年支出对数的中介效应在 1% 的水平上显著,间接效应值为 -0.0623 ($p=0.000$),95% 的置信区间为 $(-0.0652, -0.0594)$,不包括 0,因此,家庭人均年支出对数对按人均日消费 1.9 美元计算的家庭贫困脆弱性的中介效应显著,中介效应占总效应的 17.29%,城乡医保统筹政策通过减少家庭人均年支出而对家庭贫困脆弱性产生显著的抑制作用。如果按人均日消费 3.1 美元计算家庭贫困脆弱性,城乡医保统筹政策同样通过降低家庭人均年支出而产生显著的减贫效应($p=0.000$),中介效应占 16.89%。表 6 报告了家庭人均年支出对数中介效应的 Sobel 检验结果,城乡医保统筹政策对家庭贫困脆弱性具有显著的负向影响($p=0.000$),对家庭人均年支出具有显著的正向影响($p=0.000$),在第三步回归中,城乡医保统筹政策和家庭人均年支出均对家庭贫困脆弱性具有显著的负向影响,这在一定程度上反映了城乡医保统筹政策可以通过降低家庭人均年支出从而发挥减贫作用,表 5 和表 6 验证了假设 H1。

表 5 家庭人均年支出对数中介效应的 Bootstrap 检验

中 介 模 型	总效应	直接效应	间接效应[95% CI]
参保 * 实施时间→家庭人均年支出对数→家庭贫困脆弱性(按人均日消费 1.9 美元计算)	-0.3603	-0.2980^{***} (0.0030)	-0.0623^{***} [$-0.0652, -0.0594$] (0.0015)
参保 * 实施时间→家庭人均年支出对数→家庭贫困脆弱性(按人均日消费 3.1 美元计算)	-0.3102	-0.2578^{***} (0.0049)	-0.0524^{***} [$-0.0554, -0.0495$] (0.0015)

注:① *、** 和 *** 分别代表 10%、5% 和 1% 的统计显著水平;② 括号内是 Bootstrap 标准差。

表 6 家庭人均年支出对数中介效应的 Sobel 检验

变 量	按人均日消费 1.9 美元计算的家庭贫困脆弱性			按人均日消费 3.1 美元计算的家庭贫困脆弱性		
	(1) 家庭贫困脆弱性	(2) 家庭人均年支出对数	(3) 家庭贫困脆弱性	(1) 家庭贫困脆弱性	(2) 家庭人均年支出对数	(3) 家庭贫困脆弱性
参保 * 实施时间	-0.3603^{***} (0.0061)	0.9321^{***} (0.0366)	-0.2980^{***} (0.0056)	-0.3103^{***} (0.0059)	0.9321^{***} (0.0366)	-0.2578^{***} (0.0055)
家庭人均年支出对数			-0.0668^{***} (0.0003)			-0.0563^{***} (0.0003)

续表

变 量	按人均日消费1.9美元计算的家庭贫困脆弱性			按人均日消费3.1美元计算的家庭贫困脆弱性		
	(1)家庭贫困脆弱性	(2)家庭人均年支出对数	(3)家庭贫困脆弱性	(1)家庭贫困脆弱性	(2)家庭人均年支出对数	(3)家庭贫困脆弱性
控制变量	控制	控制	控制	控制	控制	控制
常数项	4.068 7***(0.013 9)	−7.968 1***(0.083 7)	3.536 1***(0.013 0)	4.277 4***(0.013 5)	−7.968 0***(0.083 7)	3.829 2***(0.012 9)
观测值	192 776	192 776	192 776	192 776	192 776	192 776
伪R2	0.324 2	0.193 1	0.434 2	0.349 8	0.193 1	0.429 4

注：① *、**和***分别代表10%、5%和1%的统计显著水平；② 括号内是标准差。

4.3 稳健性检验

4.3.1 替换核心自变量

本文采取农村流动人口参与城镇居民医保的情况作为核心解释变量的替换变量进行稳健性检验，从表7和表8中可以发现，城镇居民医保参保有利于显著降低农村流动人口家庭的贫困脆弱性，并且对于人均年支出较高的家庭也有明显的减贫效应，对于社会融合程度越高的家庭减贫效应也越明显。但是对于健康状况越差的农村流动人口，城镇医保反而会增加其家庭贫困脆弱性，这说明城镇居民医保应对大病健康冲击时的减贫效应较弱。与城乡医保统筹政策相反，城镇职工医保对流动范围较广的家庭的贫困脆弱性的抑制作用较强。城镇职工医保对人均年支出较高和社会融合程度较高家庭的影响与上述基本回归结果类似，在一定程度上证明了基本回归结论的稳健性。

表7 按人均日消费1.9美元计算的家庭贫困脆弱性影响因素(以城镇居保为核心自变量)

	基准模型	模型(1)家庭人均年支出对数	模型(2)健康状况	模型(3)社会融合	模型(4)流动范围
参加城镇居民医保情况	−0.271 2***(0.004 7)				
参保*政策影响群体		−0.034 9***(0.000 5)	0.012 1***(0.004 1)	−0.046 2***(0.004 0)	−0.104 0***(0.001 9)
控制变量	控制	控制	控制	控制	控制

续 表

	基准模型	模型(1) 家庭人均年支出对数	模型(2) 健康状况	模型(3) 社会融合	模型(4) 流动范围
观测值	192 776	192 776	192 776	192 776	192 776
Wald 检验	148 818.61***	93 527.77***	142 875.51***	142 765.45***	147 805.33***
R 方	0.435 7	0.326 7	0.425 7	0.425 5	0.434 0

注：① *、**和***分别代表10%、5%和1%的统计显著水平；② 表中汇报的是各变量的回归系数；③ 括号内是标准差。

表8 按人均日消费3.1美元计算的家庭贫困脆弱性影响因素（以城镇居保为核心自变量）

	基准模型	模型(1) 家庭人均年支出对数	模型(2) 健康状况	模型(3) 社会融合	模型(4) 流动范围
参加城镇居民医保情况	−0.263 4*** (0.004 6)				
参保 * 政策影响群体		−0.033 4*** (0.000 5)	0.019 9*** (0.004 1)	−0.046 6*** (0.004 0)	−0.100 7*** (0.001 9)
控制变量	控制	控制	控制	控制	控制
观测值	192 776	192 776	192 776	192 776	192 776
Wald 检验	146 918.38***	105 724.99***	141 171.17***	141 364.56***	146 005.17***
R 方	0.432 5	0.354 2	0.422 8	0.423 1	0.431 0

注：① *、**和***分别代表10%、5%和1%的统计显著水平；② 表中汇报的是各变量的回归系数；③ 括号内是标准差。

4.3.2 替换核心因变量

本文利用以50%的概率值计算的家庭贫困脆弱性来替换被解释变量。表9和表10分别报告了以人均日消费1.9美元和50%的概率值计算的家庭贫困脆弱性影响因素，以及以人均日消费3.1美元和50%的概率值计算的家庭贫困脆弱性影响因素。根据表9，城乡医保统筹政策对家庭人均年支出对数较高家庭的贫困脆弱性有促进作用，也会使得社会融合程度和流动范围评分较高家庭的贫困脆弱性增加。表9显示城乡医保统筹政策会使得家庭人均年支出对数较高的家庭的贫困脆弱性降低，而社会融合较好和流动范围较广的家庭，其贫困脆弱性会得到抑制。表9的模型(1)和表9、表10的模型(4)在一定程度上证明了基本回归结果的稳健性。

表 9　按人均日消费 1.9 美元和 50% 的概率值计算的家庭贫困脆弱性影响因素

	模型(1)	模型(2)	模型(3)	模型(4)
	家庭人均年支出对数	健康状况	社会融合	流动范围
DDD	0.082 8*** (0.007 7)	−0.002 2 (0.006 3)	0.010 9* (0.006 5)	0.129 7*** (0.006 8)
参保 * 实施时间	−1.099 5*** (0.072 6)	−0.438 0*** (0.005 2)	−0.442 2*** (0.005 3)	−0.666 1*** (0.014 8)
参保 * 政策影响群体	−0.001 (0.000 7)	0.004 8 (0.004 3)	0.022 5*** (0.004 4)	0.007 3*** (0.002 1)
实施时间 * 政策影响群体	−0.038 6*** (0.000 2)	−0.004 5*** (0.001 1)	−0.025 8*** (0.001 1)	−0.116 0*** (0.000 8)
控制变量	控制	控制	控制	控制
观测值	192 776	192 776	192 776	192 776
Wald 检验	215 307.80***	154 967.37***	155 699.67***	198 319.59***
R 方	0.527 6	0.445 7	0.446 8	0.507 1

注：① *、** 和 *** 分别代表 10%、5% 和 1% 的统计显著水平；② 表中汇报的是各变量的回归系数；③ 括号内是标准差。

表 10　按人均日消费 3.1 美元和 50% 的概率值计算的家庭贫困脆弱性影响因素

	模型(1)	模型(2)	模型(3)	模型(4)
	家庭人均年支出对数	健康状况	社会融合	流动范围
DDD	−0.159 8*** (0.007 2)	0.007 8 (0.005 7)	0.025 9*** (0.005 9)	0.063 5*** (0.006 4)
参保 * 实施时间	1.130 6*** (0.068 1)	−0.435 3*** (0.004 7)	−0.438 6*** (0.004 8)	−0.539 7*** (0.013 8)
参保 * 政策影响群体	0.001 1* (0.000 6)	0.005 5 (0.003 9)	0.013 5*** (0.004 0)	0.005 9*** (0.001 9)
实施时间 * 政策影响群体	−0.024 6*** (0.000 2)	−0.006 3*** (0.001 0)	−0.043 0*** (0.001 0)	−0.074 7*** (0.000 7)
控制变量	控制	控制	控制	控制
观测值	192 776	192 776	192 776	192 776

续 表

	模型(1) 家庭人均年支出对数	模型(2) 健康状况	模型(3) 社会融合	模型(4) 流动范围
Wald 检验	135 843.87***	109 503.17***	111 383.26***	127 222.54***
R 方	0.413 4	0.362 3	0.366 2	0.397 6

注：① *、**和***分别代表10%、5%和1%的统计显著水平；② 表中汇报的是各变量的回归系数；③ 括号内是标准差。

4.4 异质性分析

在异质性分析中，本文首先用家庭人均年收入衡量家庭的富裕程度，并将家庭人均年收入由低到高排序划分为四组，位于25%百分位以下的家庭为较贫穷家庭，位于25%～50%的家庭为中等富裕家庭，位于50%～75%的家庭为较高收入家庭，位于75%以上的家庭为最富裕家庭，之后本文据此来衡量不同收入水平下按人均日消费1.9美元和3.1美元计算的家庭贫困脆弱性的影响因素。表11显示，随着家庭人均年收入的增长，城乡医保统筹政策对家庭贫困脆弱性的促进作用愈发明显，这可能与人均年收入越高家庭的医疗服务费用也越高有关。但仅关注"参保*实施时间"的交互项，则可发现城乡医保统筹具有减贫效应愈发减弱的作用，这可能与医保统筹参保群体本身不富裕有关。因此，政策对中低等收入家庭的边际减贫效果较强，并且政策对较贫穷家庭的贫困脆弱性情况没有产生显著影响；表12报告了城乡医保统筹政策对较贫穷家庭显著的减贫效应，而对中等富裕家庭和最富裕家庭有着明显的促贫效应，"参保*实施时间"说明政策对较贫穷家庭的减贫作用有限，而对中等富裕以上家庭范围有较强的减贫效果。

表 11　不同收入水平下按人均日消费 1.9 美元计算的家庭贫困脆弱性影响因素

	≤25%	25%～50%	50%～75%	>75%
DDD	−0.012 1 (0.012 5)	0.109 9*** (0.002 8)	0.100 3*** (0.002 0)	0.086 2*** (0.004 8)
参保 * 实施时间	0.105 2 (0.108 4)	−0.992 8*** (0.025 8)	−0.941 6*** (0.018 3)	−0.869 0*** (0.046 9)
参保 * 家庭人均年支出对数	0.000 0 (0.000 5)	0.000 1 (0.000 1)	0.000 2 (0.000 1)	0.001 4** (0.000 6)
实施时间 * 家庭人均年支出对数	−0.103 2*** (0.000 2)	−0.110 3*** (0.000 0)	−0.106 4*** (0.000 0)	−0.093 4*** (0.000 1)

续 表

	≤25%	25%~50%	50%~75%	>75%
控制变量	控制	控制	控制	控制
观测值	42 247	49 482	55 338	45 709
Wald 检验	277 511.98***	9.37×10^6***	1.27×10^7***	539 970.87***
R 方	0.867 9	0.994 7	0.995 5	0.922 0

注：① *、**和***分别代表10%、5%和1%的统计显著水平；② 表中汇报的是各变量的回归系数；③ 括号内是标准差。

表12　不同收入水平下按人均日消费3.1美元计算的家庭贫困脆弱性影响因素

	≤25%	25%~50%	50%~75%	>75%
DDD	−0.077 4*** (0.012 2)	−0.002 5 (0.019 6)	0.087 5*** (0.006 3)	0.081 5*** (0.003 7)
参保*实施时间	0.669 1*** (0.106 1)	−0.008 7 (0.177 1)	−0.823 6*** (0.058 8)	−0.830 5*** (0.036 4)
参保*家庭人均年支出对数	−0.000 2 (0.000 5)	0.000 6 (0.000 9)	0.000 1 (0.000 4)	0.002 2*** (0.000 5)
实施时间*家庭人均年支出对数	−0.015 1*** (0.000 2)	−0.084 7*** (0.000 3)	−0.106 2*** (0.000 1)	−0.097 5*** (0.000 1)
控制变量	控制	控制	控制	控制
观测值	42 247	49 482	55 338	45 709
Wald 检验	7 882.14***	1.17×10^5***	1.19×10^6***	954 606.28***
R 方	0.157 3	0.703	0.954 5	0.954 3

注：① *、**和***分别代表10%、5%和1%的统计显著水平；② 表中汇报的是各变量的回归系数；③ 括号内是标准差。

本文还将所有样本按照年龄由低到高分为四组，表13和表14分别报告了不同年龄组按人均日消费1.9美元和3.1美元计算的家庭贫困脆弱性影响因素。从表13中可以发现，随着年龄的增长，城乡医保统筹对人均年支出较高家庭的贫困脆弱性的促进作用基本上呈现越来越强的趋势，而"参保*实施时间"交互项体现了城乡医保统筹政策的减贫效应在中年群体中更明显。表14说明，城乡医保统筹政策对年龄较大家庭的减贫效应更加明显。

表13 不同年龄组按人均日消费1.9美元计算的家庭贫困脆弱性影响因素

	≤25%	25%~50%	50%~75%	>75%
DDD	0.075 0*** (0.004 0)	0.067 2*** (0.004 8)	0.092 2*** (0.004 6)	0.090 9*** (0.005 0)
参保*实施时间	−0.725 0*** (0.037 6)	−0.653 3*** (0.045 3)	−0.870 3*** (0.043 4)	−0.859 0*** (0.046 3)
参保*家庭人均年支出对数	0.000 6* (0.000 3)	0.001 1*** (0.000 4)	0.000 0 (0.000 4)	0.000 7 (0.000 5)
实施时间*家庭人均年支出对数	−0.100 0*** (0.000 1)	−0.101 4*** (0.000 1)	−0.102 0*** (0.000 1)	−0.101 9*** (0.000 1)
控制变量	控制	控制	控制	控制
观测值	54 853	42 457	50 108	45 358
Wald检验	1.89×10^{6}***	1.28×10^{6}***	1.37×10^{6}***	833 102.85***
R方	0.971 3	0.967 9	0.964 7	0.947 6

注：① *、**和***分别代表10%、5%和1%的统计显著水平；② 表中汇报的是各变量的回归系数；③ 括号内是标准差。

表14 不同年龄组按人均日消费3.1美元计算的家庭贫困脆弱性影响因素

	≤25%	25%~50%	50%~75%	>75%
DDD	−0.035 8*** (0.007 8)	0.015 3 (0.009 8)	−0.045 0*** (0.010 9)	−0.075 9*** (0.010 8)
参保*实施时间	0.328 1*** (0.074 2)	−0.178 5* (0.092 6)	0.398 4*** (0.101 4)	0.691 0*** (0.100 6)
参保*家庭人均年支出对数	0.001 5** (0.000 6)	0.001 4* (0.000 8)	0.000 4 (0.000 9)	0.000 7 (0.001 1)
实施时间*家庭人均年支出对数	−0.089 9*** (0.000 2)	−0.090 2*** (0.000 2)	−0.084 7*** (0.000 3)	−0.081 4*** (0.000 3)
控制变量	控制	控制	控制	控制
观测值	54 853	42 457	50 108	45 358
Wald检验	425 718.21***	278 706.25***	201 730.54***	135 730.61***
R方	0.885 9	0.865 8	0.801 1	0.746 9

注：① *、**和***分别代表10%、5%和1%的统计显著水平；② 表中汇报的是各变量的回归系数；③ 括号内是标准差。

5　结论与政策建议

城乡医保统筹政策通过提高统筹层次和医保支付待遇,会对农村流动人口贫困脆弱性产生重要影响。本文基于此假设,对 2016 年的城乡医保统筹政策进行政策效应检验。通过将 2015 年参加新农合而 2017 年未参加城乡医保的农村流动人口划分为控制组,将 2015 年参加新农合而 2017 年参加城乡医保的农村流动人口设置为实验组,利用三重差分法等方法验证了城乡医保统筹政策对农村人口贫困脆弱性的作用机制。结果显示,城乡医保统筹政策对人均年支出较高家庭的贫困脆弱性同时具有医疗需求释放效应和减贫效应,如果按照人均日消费 1.9 美元计算家庭贫困脆弱性,则城乡医保统筹政策会使得人均年支出较高家庭陷入贫困的概率增加,但如果按照人均日消费 3.1 美元计算家庭贫困脆弱性,则城乡医保统筹政策会使得人均年支出较高家庭陷入贫困的概率显著降低,这在一定程度上说明了城乡医保统筹政策对解决相对较高消费标准下的贫困有着显著作用;城乡医保统筹政策对健康状况较差和社会融合程度较高家庭的贫困脆弱性也有较强的抑制作用,对流动范围较广的农村流动人口的家庭贫困脆弱性则有明显的促进作用,这与城镇医疗费用高涨和社会资本薄弱有一定的关系。本文的中介效应分析也验证了假设 H1,即城乡医保统筹政策是通过减少家庭支出的方式来缓解家庭贫困的。在稳健性检验中,本文也在一定程度上验证了基本回归结果的稳健性。本文通过异质性分析发现,城乡医保统筹政策对缓解中等富裕家庭陷入赤贫有着显著作用,但对较贫穷家庭和支出较多家庭反而产生促贫作用,对中等收入以上家庭的减贫作用也较强。此外,本文发现,城乡医保统筹政策的减贫效应在中年农村流动人口群体中最明显。据此,本文提出如下政策建议:

第一,提高城乡医保统筹政策助力减贫的战略地位,进一步完善医疗保险政策,稳步推进统筹层次的提高。本文的研究结论显示,城乡医保统筹政策对解决家庭支出较高和健康状况较差群体的贫困问题有着突出作用,未来,应稳步推进城乡居民医保的省级统筹,提高基金分散风险的能力,不断解决制度碎片化问题,发挥医保统筹层次提高带来的制度红利和减贫效应,当然,也要在厘清制度责任主体、地区发展均衡问题、市场经济内在要求和央地权责划分等的基础上,进一步解决好地方政府与上级政府的委托代理问题,实现激励相容。医保统筹层次的提高对于构建和完善全国统一的劳动力市场,实现劳动力基础成本趋向一致和劳动力自由流动,为市场经济发展提供公平竞争的土壤,有着非常突出的作用,在贫困治理常态化时期,城乡医保统筹更有利于解决长期贫困。

第二,针对农村流动人口群体实施更有针对性的医疗救助措施,增强对扶持对象的瞄准精准度,构建防止因病致贫返贫的精准识别监测机制。农村流动人口群体具有劳动环境较差、社会资本薄弱、居住地不固定等特征,要解决农村流动人口的贫困问题,需要多措并举。一方面,需要进一步加强基层公共卫生设施建设,推动医疗服务资源和财政资金向农村和中西部地区倾斜;另一方面,需要在城镇中建立农村流动人口返贫动态监测机制。目前,我国的贫困监测机制主要包括国家统计局全国农村贫困监测系统、全国扶贫开发信息系统、民政部全国低收入人口动态监测信息平台,这些监测系统主要针对全国所有贫困人口和低收入群体,但要做到精准监测,还需要地方政府有关部门对监测对象的识别纳入、返贫致贫风险、帮扶措施和风险消除等数据进行深入分析,对数据质量问题比较集中的地方开展实地核查,并且建立健全大数据驱动的返贫行为精准监测和防范系统,利用人工神经网络构建指标体系和建立预测模型,以及通过地理信息系统等技术手段进行高精度三维建模。

第三,发挥大病保险的补充作用。本文的研究结果说明,人均年支出越多的家庭陷入贫困的概率越高,而医疗支出是其中的大部分,城乡医保统筹后,我国的基本医疗保险体系包括城镇职工基本医疗保险和城乡居民基本医疗保险。但是这样的普惠政策必然存在因服务于大多数群体而无法顾及特定患者群体及其家庭的实际需求的现象,因此,未来需要进一步发挥大病保险对大病患者产生的高额医疗费用进行保障的制度优势,避免城乡居民产生家庭灾难性医疗支出。

本文仍然存在一些不足之处:① 受到问卷数据的限制,未对医疗费用在城乡医保统筹政策对家庭贫困脆弱性影响机制中的中介作用进行详细分析,也未利用家庭灾难性医疗支出等指标进行进一步的稳健性检验;② 家庭贫困脆弱性的降低是多政策共同作用的结果,个体经济行为决策也受到多种因素的影响,因此,难以分离出纯粹的政策净效应。这些都是下一步研究的重点。

参考文献

[1] 习近平.在全国脱贫攻坚总结表彰大会上的讲话[EB/OL].人民日报,2021-02-25[2023-01-10].http://politics.people.com.cn/n1/2021/0226/c1024-32037098.html.

[2] Grootaert C,Kwakwa V,Kanbur R,et al. *World Development Report 2000/2001:Attacking Poverty* [M]. World Bank Publications,2000,39(6):1145-1161.

[3] 罗浩,周延.城乡居民大病保险减贫效应研究[J].海南大学学报(人文社会科学版),2023,41(1):194-204.

[4] 刘子宁,郑伟,贾若,等.医疗保险、健康异质性与精准脱贫——基于贫困脆弱性的分析[J].金融研究,2019(5):56-75.

[5] 仇雨临,翟绍果,郝佳.城乡医疗保障的统筹发展研究:理论、实证与对策[J].中国软科学,2011(4):75-87.

[6] 郑超,王新军,孙强.城乡医保统筹政策、健康风险冲击与精准扶贫绩效研究[J].公共管理学报,2022,19(1):146-158.

[7] 国务院.关于整合城乡居民基本医疗保险制度的意见:国发〔2016〕3号[A/OL].(2016-01-12)[2021-01-10].https://www.gov.cn/zhengce/content/2016/01/12/content_10582.htm.

[8] 国家医疗保障局,财政部.关于做好2019年城乡居民基本医疗保障工作的通知:医

保发〔2019〕30号［A/OL］．（2019-04-26）［2021-01-10］．https://www.gov.cn/zhengce/zhengceku/2019-10/12/content_5438753.htm．

［9］封进，陈昕欣，胡博．效率与公平统一的医疗保险水平——来自城乡居民医疗保险制度整合的证据［J］．经济研究，2022，57(6)：154-172．

［10］国家统计局．2022年农民工监测调查报告［A/OL］．（2023-05-04）［2023-12-10］．http://www.zgxxb.com.cn/pc/attachment/202305/04/cd1bb1a4-42d9-455c-906a-982074a80cba.pdf．

［11］Glewwe P, Hall G. Are some groups more vulnerable to macroeconomic shocks than others? Hypothesis tests based on panel data from Peru［J］．*Journal of Development Economics*，1998，56(1)：181-206．

［12］Chaudhuri S, Jalan J, Suryahadi A. Assessing household vulnerability to poverty from cross-sectional data: A methodology and estimates from Indonesia［R］．*Columbia University Discussion Papers*，No. 0102-52，2002．

［13］Dercon S, Krishnan P. Vulnerability, seasonality and poverty in Ethiopia［J］．*The Journal of Development Studies*，2000，36(6)：25-53．

［14］Ligon E, Schechter L. Measuring vulnerability［J］．*The Economic Journal*，2003，113(486)：95-102．

［15］Novignon J, Nonvignon J, Mussa R, et al. Health and vulnerability to poverty in Ghana: Evidence from the Ghana living standards survey round 5［J］．*Health Economics Review*，2012，2：11．

［16］Alam K, Mahal A. Economic impacts of health shocks on households in low and middle income countries: A review of the literature［J］．*Global Health*，2014，10：21．

［17］Barro R J. Non-pharmaceutical interventions and mortality in U.S. cities during the great influenza pandemic, 1918-1919［J］．*Res Econ*，2022，76(2)：93-106．

［18］Baez J E, Caruso G, Niu C. Extreme weather and poverty risk: Evidence from multiple shocks in Mozambique［J］．*Economics of Disasters and Climate Change*，2020，4(1)：103-127．

［19］Carter M R, Lybbert T J. Consumption versus asset smoothing: Testing the implications of poverty trap theory in Burkina Faso［J］．*Journal of Development Economics*，2012，99(2)：255-264．

［20］Finn A J, Leibbrandt M. The dynamics of poverty in South Africa［R］．*Saldru Working Paper*，No. 174，2017．

［21］Golan J, Sicular T, Umapathi N. Unconditional cash transfers in China: Who benefits from the rural minimum living standard guarantee (dibao) program?［J］．*World Development*，2017，93：316-336．

［22］Alejandra Urrea M, Maldonado J H. Vulnerability and risk management: The importance of financial inclusion for beneficiaries of conditional transfers in Colombia[J]. *Canadian Journal of Development Studies-Revue Canadienne D Etudes Du Developpement*, 2011, 32(4): 381-398.

[23] Swain R B, Floro M. Assessing the effect of microfinance on vulnerability and poverty among low income households[J]. *Journal of Development Studies*, 2012, 48(5): 605-618.

[24] Cox D, Jimenez E, Okrasa W. Family safety nets and economic transition: A study of worker households in Poland[J]. *Review of Income and Wealth*, 1997(2): 191-209.

[25] Kimball M S. Farmers' cooperatives as behavior toward risk[J]. *The American Economic Review*, 1988, 78(1): 224-232.

[26] Fogel R W. Economic growth, population theory, and physiology: The bearing of long-term processes on the making of economic policy[J]. *The American Economic Review*, 1994, 84(3): 369-395.

[27] Ross C E, Mirowsky J. Does medical insurance contribute to socioeconomic differentials in health? [J]. *Milbank Quarterly*, 2000, 78(2): 291-321, 151-152.

[28] Chen Y, Jin G Z. Does health insurance coverage lead to better health and educational outcomes? Evidence from rural China[J]. *Journal of Health Economics*, 2012, 31(1): 1-14.

[29] Hamid S A, Roberts J, Mosley P. Can micro health insurance reduce poverty? Evidence from Bangladesh[J]. *The Journal of Risk and Insurance*, 2011, 78(1): 57-82.

[30] Garthwaite C, Gross T, Notowidigdo M J. Public health insurance, labor supply, and employment lock[J]. *Quarterly Journal of Economics*, 2014, 129(2): 653-696.

[31] Barcellos S H, Jacobson M. The effects of medicare on medical expenditure risk and financial strain[J]. *Am Econ J Econ Policy*, 2015, 7(4): 41-70.

[32] Wagstaff A, Lindelow M, Gao J, et al. Extending health insurance to the rural population: An impact evaluation of China's new cooperative medical scheme[J]. *Journal of Health Economics*, 2009, 28(1): 1-19.

[33] Lei X, Lin W. The new cooperative medical scheme in rural China: Does more coverage mean more service and better health? [J]. *Health Economics*, 2009, 18 Suppl 2: S25-S46.

[34] Karan A, Yip W, Mahal A. Extending health insurance to the poor in India: An impact evaluation of rashtriya swasthya bima yojana on out of pocket spending for healthcare[J]. *Social Science & Medicine*, 2017, 181: 83-92.

[35] 梁凡,朱玉春.农户贫困脆弱性与人力资本特征[J].华南农业大学学报(社会科学

版),2018,17(2):95-106.

[36] 杨龙,汪三贵.贫困地区农户脆弱性及其影响因素分析[J].中国人口·资源与环境,2015,25(10):150-156.

[37] 方迎风,邹薇.能力投资、健康冲击与贫困脆弱性[J].经济学动态,2013(7):36-50.

[38] 贺立龙,张衔.世纪疫情冲击、全球规模性返贫与中国应对[J].上海经济研究,2022(7):84-102.

[39] 樊丽明,解垩.公共转移支付减少了贫困脆弱性吗?[J].经济研究,2014,49(8):67-78.

[40] 张栋浩,尹志超.金融普惠、风险应对与农村家庭贫困脆弱性[J].中国农村经济,2018(4):54-73.

[41] 郭劲光,孙浩.社会保障是否有助于未来减贫?——基于贫困脆弱性视角的检验[J].学习与实践,2019(12):105-117.

[42] 张栋浩,蒋佳融.普惠保险如何作用于农村反贫困长效机制建设?——基于贫困脆弱性的研究[J].保险研究,2021(4):24-42.

[43] 韦艳,汤宝民.健康冲击、社会资本与农村家庭贫困脆弱性[J].统计与信息论坛,2022,37(10):103-116.

[44] 刘慧迪,苏岚岚,易红梅.精准扶贫帮扶项目的减贫成效及其对后扶贫时代贫困治理的启示——基于贫困脆弱性视角[J].农业技术经济,2023(9):105-125.

[45] 黄薇.医保政策精准扶贫效果研究——基于URBMI试点评估入户调查数据[J].经济研究,2017,52(9):117-132.

[46] 高健,李华,徐英奇.商业医疗保险能缓解城乡居民医保家庭"因病致贫"吗?——大病冲击下的经验证据[J].江西财经大学学报,2019(5):81-91.

[47] 刘汉成,陶建平.倾斜性医疗保险扶贫政策的减贫效应与路径优化[J].社会保障研究,2020(4):10-20.

[48] 高健,丁静.新农合大病保险能缓解农村长期贫困吗?——来自贫困脆弱性视角的检验[J].兰州学刊,2021(4):170-181.

[49] 丁静,徐英奇.商业补充医疗保险对农村家庭贫困脆弱性的影响[J].中国卫生政策研究,2021,14(6):37-44.

[50] 于雪,邓晶,刘俐,等.城乡居民基本医疗保险的减贫效应研究——基于贫困脆弱性视角的实证分析[J].卫生经济研究,2022,39(6):51-54.

[51] 于大川,李嘉欣,蒋帆.农村医疗保险能否巩固脱贫攻坚成果——基于贫困脆弱性视角的检验[J].金融经济学研究,2022,37(2):122-133.

[52] 徐超,李林木.城乡低保是否有助于未来减贫——基于贫困脆弱性的实证分析[J].财贸经济,2017,38(5):5-19+146.

[53] 申宇鹏.医保统筹层次、医疗服务利用与健康福利——兼论省级统筹下医疗费用上涨的中介机制[J].社会保障评论,2022,6(4):83-101.

[54] 马万超,李辉.从新型农村合作医疗到城乡居民基本医疗保险:城乡医保统筹的政策

效应分析[J].中国经济问题,2021(4):146-157.
[55] 阿马蒂亚·森.以自由看待发展[M].任颐,于真,译.北京:中国人民大学出版社,2002.
[56] 李冰.农村贫困治理:可行能力、内生动力与伦理支持[J].齐鲁学刊,2019(3):84-91.
[57] 田朝晖,解安.可行能力视阈下的三江源生态移民贫困治理研究[J].科学·经济·社会,2012,30(4):19-23.
[58] 郭晓娜.教育阻隔代际贫困传递的价值和机制研究——基于可行能力理论的分析框架[J].西南民族大学学报(人文社科版),2017,38(3):6-12.
[59] 叶清莉.从供给的角度分析"可行能力"理论对中国的启示[J].时代金融,2014,(24):38.

作者介绍

饶钏　女,复旦大学社会发展与公共政策学院2021级硕士研究生。E-mail:21210730165@m.fudan.edu.cn。

基于结构方程模型的青少年健康影响因素模型的构建与实证研究

王佳盈　李扬慧

（复旦大学）

摘要：青少年的身心健康和他们的生活经历、所处的社会环境以及青少年对自身的认知都有着密切的关联，其中，社会环境包含许多方面，如社会道德的水平、社会提供给青少年的就业环境等。本文基于《2014年中国都市青少年发展报告》调查问卷数据，探索青少年健康可能的影响因素，设立社会适应性、网络依赖性、社会道德环境、社会就业环境、自我认知五个主要研究变量，并通过构建结构方程模型（SEM）进一步分析。研究结果显示，社会适应性、网络依赖性、自我认知对青少年的健康状况有显著的正向影响，而社会道德环境和社会就业环境对青少年的健康有显著的负向影响。

关键词：结构方程模型　都市青少年　健康状况　影响因素

The Construction and Empirical Study of Adolescent Health Influencing Factors Model Based on SEM

Wang Jiaying, Li Yanghui

(Fudan University)

Abstract: The physical and mental health of adolescents is closely related to their life experience, social environment, and adolescents' cognition of themselves. The social environment includes many aspects, such as the level of social morality, the employment environment provided by society to adolescents, and so on. Based on the survey data of the 2014 China Urban Youth Development Report, this paper explores the possible influencing factors of adolescent health, sets up five main research variables: social adaptability, network dependence, social morality environment, social employment environment, and self-concept, and further analyzes them by constructing a structural equation model (SEM). The results show that social adaptability, network dependence and self-concept have a significant positive impact on the health of adolescents, while social moral environment and social employment environment have a significant negative impact on the health of adolescents.

Keywords：SEM，urban adolescents，health condition，influencing factor

1 绪论

1.1 研究目的与意义

青少年的身心健康和他们的生活经历、所处的社会环境以及青少年对自身的认知都有着密切的关联,其中,社会环境包含许多方面,如社会道德水平、社会提供给青少年的就业环境等。因此,本文希望通过已有的《2014年中国都市青少年发展报告》调查问卷,来探索中国都市青少年的身心健康可能的影响因素,为都市青少年的身心健康成长提供一定的数据参考。

1.2 文献研究综述

关于"健康"这一主题的研究已有长久的发展历史,从古至今,人类对"健康"的定义从简单的体格强健开始,不断地拓展其内涵。1948年,世界卫生组织(WHO)成立之时,其章程就给出了健康的明确定义：健康不仅是没有疾病、残疾或虚弱,而且还是一种身体、精神与社会的良好状态。1979年,安东诺夫斯基提出了复合健康的概念,即"一体两面"：一面是健康,一面是幸福。1984年,WHO又扩展了健康的内涵,认为健康需包含身体、心理、社会适应能力和道德情操四个维度[1]。对于健康的影响因素的研究,有助于人们从学校、家庭、社会等多个维度发现青少年发展过程中的问题,提升青少年的健康程度,也有助于进一步促进青少年的未来发展。

本研究从WHO对于健康四维度的定义出发,即身体健康、心理健康、社会适应能力和道德情操四个方面,对现有的研究进行汇总发现,许多学者在研究健康的影响因素时,并没有严格地只研究四维度的单个方面,社会适应能力及道德情操通常作为心理健康的内涵被提及和研究,也有许多研究关注了身体健康和心理健康的相互影响程度,因此,本研究将从青少年的身体健康和广义上的心理健康两个维度的影响因素及其相关模型进行文献调研。

1.3 青少年健康影响因素研究

1.3.1 身体健康维度的影响因素研究

许多学者对于身体健康影响因素的研究中,研究对象往往聚焦于未成年儿童、老年人或不同职业人群等特定群体,对于整体青少年群体的研究较少。张元阳等人[2]通过问卷调查法对我国青少年健康的影响因素进行了研究,认为父母离异、教育不当、不良习气、体质下降等是影响我国青少年身体健康的重要因素。朱玉芳[3]认为教育观念、学习压力、不良的饮食习惯等是影响学生体质健康的主要因素。王胜超[4]从体育的角度分析了影响大学生身体健康的因素,指出缺乏睡眠和休息、生活无规律及缺乏体育锻炼是主要因素,同时,自身对健康的重视程度也会对其身体健康产生影响。许传新[5]对西部农村留守妇女的调查数据进行分析研究发现，家庭压力、社会支持网络、外部医疗卫生状况等对其身心健康有不同程度的影响。

1.3.2 心理健康维度的影响因素研究

冯晓黎等人[6]分析了初中生心理健康状况及其家庭影响因素的关系，认为家庭的经济条件、内部关系及家庭教育等都会对初中生的心理健康水平产生影响。王玮等人[7]通过访谈法，基于扎根理论，对青少年心理健康影响因素进行了定性研究，认为个人因素、学校、家庭、社会环境和早期预警这五方面都是其重要影响因素。姚斌等人[8]对大学生的心理健康影响因素进行研究分析，发现专业满意度、学业压力、社交压力及家庭状况等是主要影响因素。刘为等人[9]以广州市和深圳市的城市流动人口为研究对象进行研究，发现工作环境特征、社会交往特征及社会人口特征均会对流动人口的心理健康产生影响。

1.4 研究内容与研究方法

本文主要通过结构方程模型建立关于都市青少年健康状况的影响因素的模型，数据的处理和分析过程使用了 SPSS 20.0 和 AMOS 26.0 软件。首先，结合调查问卷的题项，建立最初的理论模型，再通过因子分析来检验建立模型形成的问卷测量项是否能通过信效度的检验。在剔除不符合检验的测量项后，确定模型及所需的问卷测量项，并使用验证性因子分析来检验模型拟合度优劣。

2 理论基础

结构方程模型是因子模型和因果模型的组合，它主要由探索性因子分析和验证性因子分析两部分组成。探索性因子分析旨在通过观测变量分析出其可能存在的潜变量；验证性因子分析则是在探索性因子分析的基础上，用以验证观测变量是否能够代表潜变量。结构方程模型通过一系列的因子分析，能够较为科学地验证调查问卷的信度和效度，以及能够更直观地观测到潜变量和观测变量之间的关系、潜变量和潜变量之间的关系，从而进一步深化对它们之间可能存在的因果关系的探讨。已有部分学者选择使用结构方程模型来验证和观察身心健康的影响因素，例如，陈可心等[10]利用结构方程模型分析居家养老人群健康行为能力的影响因素作用，秦杨芬等[11]使用结构方程模型的方法以了解大学生躯体亚健康的相关影响因素。

3 研究设计

3.1 研究情境与对象

研究基于《2014 年中国都市青少年发展报告》的调查问卷数据进行展开，该问卷从家庭状况、社会道德感、公益组织活动、教育公平、就业创业环境、身体锻炼、"低头"现象等角度对中国都市青少年的发展状况进行了较为详细的调研，并且囊括了在校学生、社会青年及在职青年三种类型的调研对象,本研究主要是基于整体的调查问卷数据进行模型建立并论证。

3.2 理论模型构建

青少年健康的影响因素主要依据WHO于1984年对健康的定义与内涵,分为四个维度:身体健康、心理健康、社会适应能力与道德健康,结合调查问卷的已有题项,构建模型并设置初始研究变量,最后提出研究假设。

在选择调查问卷题项时,一方面,考虑到后续的模型建构需要三份调查问卷中共同包含的题项,这会导致筛选掉部分的问题;另一方面,根据调查问卷自身对问题的分类,再次对剩余题项进行筛选,并进行变量的定义。例如,调查问卷中的H类问题是关于青少年对于网络的使用行为调查,因此,选择其中的定量数据的三个题项,共同归类定义为网络依赖性。

本研究构建的模型包含8个研究变量,其中包含1个因变量,即健康;7个自变量,分别为身体锻炼、家庭背景、社会适应性、网络依赖性、社会道德环境、社会就业环境、自我认知。

3.3 变量操作定义

本研究根据设定的理论模型,选择《2014年中国都市青年发展报告》的部分题项作为研究变量的测度项。综合在校青少年、在职青年及社会青年三部分的调查问卷,得到各研究潜变量及其测量测度项如表1所示。

表1 主要研究潜变量及其测量测度项映射表

潜变量	题项数	编号	测度项
健康	2	heal_1	我认为我的身体很健康
		heal_2	我认为我的心理很健康
身体锻炼	1	phys_1	我认为我的身体锻炼适度
家庭背景	1	fami_bg_1	我认为我家庭的社会经济状况很好
社会适应性	3	soci_adap_1	我认为老人跌倒需要去主动搀扶
		soci_adap_2	我认为打官司应公平公正
		soci_adap_3	我认为日常应节省用水用电
网络依赖性	3	net_dep_1	我认为手机(或iPad等)的使用会增加与亲友等的相处时间
		net_dep_2	我更愿意使用手机(或iPad等)
		net_dep_3	我认为长时间使用手机(或iPad等)对人际交往有正面影响

续 表

潜变量	题项数	编 号	测 度 项
社会道德环境	15	soci_moral_1	我认为社会上大多数人是善良的
		soci_moral_2	我认为当前的执法与司法透明度还是较高的
		soci_moral_3	我认为社会上大多数人是讲诚信的
		soci_moral_4	我认为社会上讲诚信的人会获利
		soci_moral_5	我认为政府是讲诚信的
		soci_moral_6	我认为商家能诚信盈利
		soci_moral_7	捐款是一件很有意义的事情,无论捐多少
		soci_moral_8	我为人人,人人为我
		soci_moral_9	我相信大多数公益活动的真实性
		soci_moral_10	只要有机会,我都愿意参与公益活动
		soci_moral_11	我以后想将公益当作职业乃至事业
		soci_moral_12	我为自己是中国人感到自豪
		soci_moral_13	保护环境要从自己做起
		soci_moral_14	诚信是我做人的原则
		soci_moral_15	一旦签订合同,就要遵照执行
社会就业环境	7	soci_empl_1	我了解政府推出的就业政策
		soci_empl_2	政府提供的就业服务是令人满意的
		soci_empl_3	我了解政府出台的创业扶持、优惠政策
		soci_empl_4	政府提供的创业支持还是不错的
		soci_empl_5	我所在的城市,就业是公平的
		soci_empl_6	年轻人在就业市场上占优势
		soci_empl_7	年轻人在城市中创业,发展前景乐观
自我认知	3	self_cog_1	我能对朋友实现承诺
		self_cog_2	我能对陌生人实现承诺
		self_cog_3	我能对师长实现承诺

3.4 主要研究变量假设

健康的内涵是一个较大的范畴,周围环境背景和自我认知都会对个体的健康产生一定的影响,因此,本研究提出以下假设(见图1)。

H1:身体锻炼对青少年健康有显著的正向影响,即青少年进行适度的身体锻炼,青少年越健康。

H2:家庭背景对青少年健康有显著的正向影响,即家庭的经济条件及环境氛围越好,青少年越健康。

H3:社会适应性对青少年健康有显著的正向影响,即青少年对社会的融合度和适应程度越高,青少年越健康。

H4a:青少年的网络依赖性对青少年健康有显著的正向影响,即青少年对网络的依赖性越强,青少年越健康。

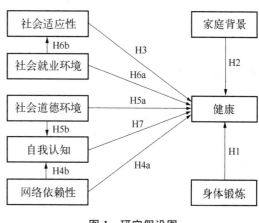

图 1 研究假设图

H4b:青少年的网络依赖性对青少年的自我认知水平有显著的正向影响,即青少年对网络的依赖性越强,青少年对自身的道德水平认知越强。

H5a:社会道德环境对青少年健康有显著的正向影响,即社会整体的道德水平越高,道德环境越好,青少年越健康。

H5b:社会道德环境对青少年的自我认知有显著的正向影响,即社会整体的道德水平越高,青少年对自身的道德水平认知越强。

H6a:社会就业环境对青少年健康有显著的正向影响,即社会整体对青少年的就业越宽容,青少年易就业创业,其压力小,青少年越健康。

H6b:社会就业环境对社会适应性有显著的正向影响,即社会整体对青少年的就业越宽容,青少年易就业创业,其压力小,青少年对社会的适应性越强。

H7:青少年的自我认知对青少年健康有显著的正向影响,即青少年对自我的认知水平越高,青少年越健康。

4 数据分析

4.1 数据预处理

研究基于《2014年中国都市青少年发展报告》问卷回收的数据进行了分析,问卷的调查对象包括在校学生、在职青年以及社会青年。共回收在校学生问卷4 831份,在职青年问卷3 531份,社会青年问卷1 306份,共计9 668份。

本研究对于原始问卷的量表题进行了一定的修正,统一其格式,即题项按照正向描述,计分方式采用Likert5点量表进行:1=非常不同意,2=不同意,3=不确定,4=同意,

5＝非常同意。然后，对于变量中的缺失值，采取以该变量的中位数代替缺失值的方法进行处理，再根据构建的理论模型及定义的变量，将三份调查问卷进行合并。最后，根据调节变量"性别"为空值，剔除明显不符合要求的问卷后，剩余有效问卷共计9 629份。

4.2 研究变量测量问卷信效度检验

4.2.1 效度分析

本研究使用SPSS 20.0软件，并通过主成分分析方法对问卷的建构效度进行测试。在进行因子分析之前，需要先对问卷数据实行KMO测量和Barlett球体检验，以测试样本数据是否符合进行因子分析的要求。该检验标准在本研究中被设置为：KMO值大于0.6，Barlett球体检验P值小于0.05。

此外，本研究对因子分析的考量标准参考国内外学者较常用的方法，主要包含三个方面：① 同一构念下，因子载荷量应大于0.5，以确保有较好的聚合效度；② 不同构念下，因子载荷量应小于0.4，以确保有较好的区别效度；③ 因子的解释变异量应大于50%。若同时满足以上三点，则表示建构效度达标。

首先，整体量表的KMO值达到0.95，Barlett球体检验的P值小于0.05，表明整体的测试量表适合进行因子分析，因此，继续对整体量表进行主成分分析。主成分分析共提取6个主成分，解释变异量达到63.546%。其中，fami_bg_1、phys_1、soci_empl_6测量项，在6个主成分下的因子载荷量均小于0.4，又因为"家庭背景"只有fami_bg_1一个测量项，"身体锻炼"只有phys_1一个测量项，所以，剔除"家庭背景"及"身体锻炼"变量，且剔除soci_empl_6测量项。soci_empl_4测量项在构念"社会适应性"及"社会就业环境"下的因子载荷量分别为0.411和0.743，违反了区别效度的标准，因此，剔除soci_empl_4测量项。同理，剔除soci_empl_7及soci_moral_11两个测量项。其他的题项均符合区别效度和聚合效度的标准，予以保留。问卷整体因子分析结果如表2所示。

表2 问卷整体因子分析结果表

潜变量	题项	成分					
		1	2	3	4	5	6
健康	heal_1	−0.059	−0.032	0.027	0.070	−0.004	0.873
	heal_2	−0.076	−0.076	0.030	0.101	0.041	0.865
身体锻炼	phys_1	0.064	−0.021	−0.042	0.173	−0.046	0.089
家庭背景	fami_bg_1	−0.314	0.009	0.002	0.080	0.091	−0.025
社会适应性	soci_adap_1	−0.108	−0.048	0.159	0.761	0.027	0.038
	soci_adap_2	−0.151	−0.026	0.134	0.763	0.044	−0.011
	soci_adap_3	−0.038	0.004	0.211	0.728	0.097	0.013

续　表

潜变量	题　项	成　分					
		1	2	3	4	5	6
网络依赖性	net_dep_1	−0.015	−0.012	0.052	0.090	0.839	0.044
	net_dep_2	0.010	0.035	0.072	0.080	0.820	0.000
	net_dep_3	−0.044	−0.017	−0.003	−0.108	0.594	0.016
社会道德环境	soci_moral_1	0.870	0.210	−0.031	−0.011	−0.008	−0.037
	soci_moral_2	0.620	0.394	−0.019	−0.099	0.013	−0.049
	soci_moral_3	0.833	0.253	−0.034	−0.037	−0.006	−0.028
	soci_moral_4	0.581	0.103	0.007	0.122	0.071	0.045
	soci_moral_5	0.752	0.344	−0.033	−0.083	−0.007	−0.029
	soci_moral_6	0.744	0.282	−0.044	−0.041	0.011	−0.015
	soci_moral_7	0.877	0.203	−0.019	−0.003	−0.044	−0.019
	soci_moral_8	0.815	0.251	−0.022	−0.034	−0.034	−0.017
	soci_moral_9	0.682	0.389	−0.014	−0.087	0.030	−0.044
	soci_moral_10	0.818	0.265	−0.029	−0.049	−0.024	−0.045
	soci_moral_11	0.532	0.412	−0.009	−0.110	0.080	−0.054
	soci_moral_12	0.898	0.211	−0.030	−0.032	−0.055	−0.025
	soci_moral_13	0.922	0.154	−0.036	−0.003	−0.063	−0.016
	soci_moral_14	0.923	0.164	−0.037	−0.001	−0.051	−0.019
	soci_moral_15	0.916	0.163	−0.044	0.009	−0.048	−0.011
社会就业环境	soci_empl_1	0.355	0.744	0.015	−0.002	0.012	−0.006
	soci_empl_2	0.305	0.808	0.000	−0.028	0.017	−0.018
	soci_empl_3	0.349	0.778	−0.003	−0.023	0.000	−0.023
	soci_empl_4	0.413	0.732	−0.005	−0.036	−0.039	−0.021
	soci_empl_5	0.314	0.709	0.021	−0.034	0.047	−0.061
	soci_empl_6	−0.109	0.254	0.087	0.124	0.264	−0.147
	soci_empl_7	0.436	0.602	0.018	−0.034	−0.023	−0.020

续 表

潜变量	题项	成分					
		1	2	3	4	5	6
自我认知	self_cog_1	−0.028	0.049	0.836	0.138	0.079	0.035
	self_cog_2	−0.039	−0.014	0.755	0.069	0.005	−0.043
	self_cog_3	−0.044	0.011	0.817	0.188	0.073	0.059

剔除不符合标准的题项和变量后,对保留下来的变量重复上述步骤,此次问卷各维度的测量量表均通过了 KMO 和 Barlett 球检验,且在进行因子分析后发现,问卷各维度下的题项因子载荷量大部分大于 0.8,少量题项也达到了 0.5 的标准,并且每个题项对于该维度的解释变异量都大于 50%,说明剩余题项所测度的内容具有效度。问卷各维度的因子分析结果如表 3 所示。

表 3 问卷分维度因子分析结果表

潜变量	题项	KMO	Barlett 检验显著性	因子载荷量	解释变异量
健康	heal_1	0.500	<0.005	0.885	78.306
	heal_2			0.885	
社会适应性	soci_adap_1	0.672	<0.005	0.797	62.508
	soci_adap_2			0.801	
	soci_adap_3			0.774	
网络依赖性	net_dep_1	0.582	<0.005	0.857	59.510
	net_dep_2			0.836	
	net_dep_3			0.593	
社会道德环境	soci_moral_1	0.968	<0.005	0.897	71.809
	soci_moral_2			0.722	
	soci_moral_3			0.876	
	soci_moral_4			0.573	
	soci_moral_5			0.831	
	soci_moral_6			0.802	

续 表

潜变量	题 项	KMO	Barlett检验显著性	因子载荷量	解释变异量
社会道德环境	soci_moral_7	0.968	<0.005	0.898	71.809
	soci_moral_8			0.854	
	soci_moral_9			0.772	
	soci_moral_10			0.860	
	soci_moral_12			0.923	
	soci_moral_13			0.927	
	soci_moral_14			0.930	
	soci_moral_15			0.923	
社会就业环境	soci_empl_1	0.824	<0.005	0.867	72.729
	soci_empl_2			0.876	
	soci_empl_3			0.875	
	soci_empl_5			0.790	
自我认知	self_cog_1	0.662	<0.005	0.733	67.023
	self_cog_2			0.554	
	self_cog_3			0.724	

4.2.2 信度分析

本研究对于信度分析的要求为：每个潜变量的内部一致性 α 系数需大于 0.6，整体量表的内部已执行 α 系数需大于 0.8。分别对问卷整体和分维度进行信度检验。首先，问卷整体的内部一致性 Cronbach's Alpha 值为 0.879，证明整体量表的可靠性较好。其次，问卷各个维度的可靠性结果如表 4 所示，各维度的 Cronbach's Alpha 值均大于 0.8，表明每个维度的测量量表具有一致性，问卷通过信度分析，保留所有题项进入下一步分析。

表 4　问卷整体可靠性分析结果

潜变量	题 项	项已删除的刻度均值	项已删除的刻度方差	校正的项总计相关性	项已删除的Cronbach's Alpha 值	Cronbach's Alpha 值
健康	heal_1	4.33	0.868	0.566	—	0.722
	heal_2	4.30	0.776	0.566	—	

续　表

潜变量	题项	项已删除的刻度均值	项已删除的刻度方差	校正的项总计相关性	项已删除的Cronbach's Alpha 值	Cronbach's Alpha 值
社会适应性	soci_adap_1	7.42	3.918	0.525	0.588	0.696
	soci_adap_2	7.59	3.375	0.530	0.590	
	soci_adap_3	7.23	4.410	0.496	0.630	
网络依赖性	net_dep_1	5.77	3.605	0.567	0.399	0.649
	net_dep_2	5.59	3.683	0.523	0.462	
	net_dep_3	6.27	4.619	0.308	0.744	
社会道德环境	soci_moral_1	35.59	217.295	0.876	0.966	0.969
	soci_moral_2	35.43	230.758	0.680	0.969	
	soci_moral_3	35.57	221.186	0.851	0.966	
	soci_moral_4	35.39	235.382	0.535	0.971	
	soci_moral_5	35.56	223.318	0.798	0.967	
	soci_moral_6	35.48	224.523	0.767	0.968	
	soci_moral_7	35.69	210.307	0.881	0.965	
	soci_moral_8	35.60	216.494	0.830	0.966	
	soci_moral_9	35.44	224.366	0.735	0.968	
	soci_moral_10	35.56	218.188	0.837	0.966	
	soci_moral_12	35.74	211.066	0.909	0.965	
	soci_moral_13	35.81	205.484	0.916	0.965	
	soci_moral_14	35.76	207.943	0.920	0.965	
	soci_moral_15	35.78	208.527	0.911	0.965	
社会就业环境	soci_empl_1	9.58	6.910	0.749	0.830	0.873
	soci_empl_2	9.51	6.966	0.766	0.824	
	soci_empl_3	9.58	6.931	0.761	0.825	
	soci_empl_5	9.46	7.201	0.645	0.872	

续 表

潜变量	题项	项已删除的刻度均值	项已删除的刻度方差	校正的项总计相关性	项已删除的Cronbach's Alpha 值	Cronbach's Alpha 值
自我认知	self_cog_1	5.64	1.765	0.630	0.605	0.749
	self_cog_2	6.06	1.850	0.489	0.770	
	self_cog_3	5.58	1.767	0.619	0.616	

4.3 主要研究变量描述性统计分析

除两个调节变量之外,我们也需要对主要的研究变量进行描述性统计,观察并分析样本的主要分布情况。各变量统计量的相关信息如表 5 所示,数据符合正态分布。表 6 则记录了主要研究变量之间的相关系数,数据显示变量之间具有显著的相关性。

表 5 研究变量描述性统计分析结果

变量	题项	题项均值	维度均值	题项标准差	偏度		峰度	
					统计量	标准误	统计量	标准误
健康	heal_1	4.30	4.315	0.881	−1.621	0.025	3.501	0.050
	heal_2	4.33		0.932	−1.838	0.025	4.009	0.050
社会适应性	soci_adap_1	3.70	3.71	1.148	−0.816	0.025	−0.158	0.050
	soci_adap_2	3.53		1.305	−0.478	0.025	−0.957	0.050
	soci_adap_3	3.89		1.031	−1.034	0.025	0.704	0.050
网络依赖性	net_dep_1	3.05	2.94	1.193	−0.054	0.025	−1.010	0.050
	net_dep_2	3.22		1.215	−0.179	0.025	−0.939	0.050
	net_dep_3	2.54		1.187	0.436	0.025	−0.736	0.050
社会道德环境	soci_moral_1	2.75	2.74	1.297	0.278	0.025	−1.150	0.050
	soci_moral_2	2.91		1.002	−0.155	0.025	−0.531	0.050
	soci_moral_3	2.77		1.181	0.215	0.025	−0.972	0.050
	soci_moral_4	2.95		0.981	−0.089	0.025	0.300	0.050
	soci_moral_5	2.78		1.165	0.069	0.025	−0.957	0.050
	soci_moral_6	2.86		1.157	0.044	0.025	−0.869	0.050

续表

变量	题项	题项均值	维度均值	题项标准差	偏度统计量	偏度标准误	峰度统计量	峰度标准误
社会道德环境	soci_moral_7	2.65	2.74	1.555	0.380	0.025	−1.414	0.050
	soci_moral_8	2.74		1.394	0.226	0.025	−1.257	0.050
	soci_moral_9	2.90		1.210	0.042	0.025	−0.941	0.050
	soci_moral_10	2.78		1.316	0.191	0.025	−1.164	0.050
	soci_moral_12	2.60		1.484	0.393	0.025	−1.337	0.050
	soci_moral_13	2.53		1.682	0.488	0.025	−1.507	0.050
	soci_moral_14	2.58		1.583	0.457	0.025	−1.416	0.050
	soci_moral_15	2.56		1.575	0.458	0.025	−1.407	0.050
社会就业环境	soci_empl_1	3.13	3.18	1.016	−0.136	0.025	−0.207	0.050
	soci_empl_2	3.20		0.989	−0.212	0.025	−0.252	0.050
	soci_empl_3	3.13		1.001	−0.138	0.025	−0.236	0.050
	soci_empl_5	3.25		1.051	−0.227	0.025	−0.368	0.050
自我认知	self_cog_1	3.00	2.88	0.751	−0.635	0.025	0.464	0.050
	self_cog_2	2.58		0.811	−0.175	0.025	−0.452	0.050
	self_cog_3	3.06		0.757	−0.671	0.025	0.440	0.050

表6 研究变量相关性分析结果

	健康	社会适应性	网络依赖性	社会道德环境	社会就业环境	自我认知
健康	1					
社会适应性	0.132**	1				
网络依赖性	0.039**	0.121**	1			
社会道德环境	−0.117**	−0.170**	−0.050**	1		
社会就业环境	−0.128**	−0.105**	0.027**	0.617**	1	
自我认知	0.066**	0.364**	0.125**	−0.078**	0.008**	1

注：** 表示显著性 P 值小于 0.01。

4.4 性别与青少年身心健康的差异性分析

由于调查样本的个体特征不同,因此,进行在线学习满意度影响因素模型检验之前,本研究希望探究不同个体特征下青少年的身心健康是否具有显著差异。本研究选择方差分析来帮助判断实验组与对照组之间是否存在差异以及差异是否显著。具体选择性别作为样本特征,即对性别进行方差分析,来判别样本在身心健康上是否存在差异。因此,本研究对不同性别在身心健康上的差异性进行了独立样本 t 检验,分析结果如表 7 所示。结果表明,男生和女生的身心健康均值几乎相同,从显著性水平来看,不同性别的青少年身心健康状况没有明显区别。

表 7 性别与青少年身心健康的方差分析

性 别	N	均 值	标准差	t 值	显著性
男	4 832	4.313	0.83	−0.212	0.832
女	4 777	4.317	0.78		

4.5 结构方程模型分析

4.5.1 模型构建

之前已经对数据进行了预处理,并且构建模型,对数据进行了信效度的检验,筛选出合适的测量题项,接下来需要对结构方程模型的测量模型和结构模型进行效度分析。结构模型的效度分析即为模型拟合度分析,通过不同的拟合度指标来判断模型拟合的优劣。同时,本研究使用多群组分析进行调节变量作用的检验,最后对研究假设进行检验。

本研究采用 AMOS 26.0 软件来完成结构方程模型的构建与分析。模型共有 67 个变量,可分为 29 个观测变量和 38 个潜变量,其中,观测变量即问卷中的测量项,潜变量包括 6 个构建的变量、29 个观测变量的测量误差项,以及 3 个内因观测变量的残差项,所建立的结构方程模型如图 2 所示。

4.5.2 测量模型效度检验

在检验结构模型的拟合度指标之前,需要先对测量模型进行效度检验,本研究使用验证性因子分析来进行。测量模型的效度评估指标有三个:每个测量题项的因子载荷量、每个潜变量的组合效度(CR)以及平均方差萃取量(AVE)。其中,因子载荷量要求不低于 0.6,最低可放宽至 0.5;CR 值和 AVE 值越高,表示测量模型内部一致性越好,CR 值一般要求在 0.7 以上,AVE 值一般不应低于 0.5。经由 AMOS 26.0 软件的验证性因子分析,发现 net_dep_3 测量项因子载荷量过低,因此,将其剔除后再进行效度检验,结果如表 8 所示。

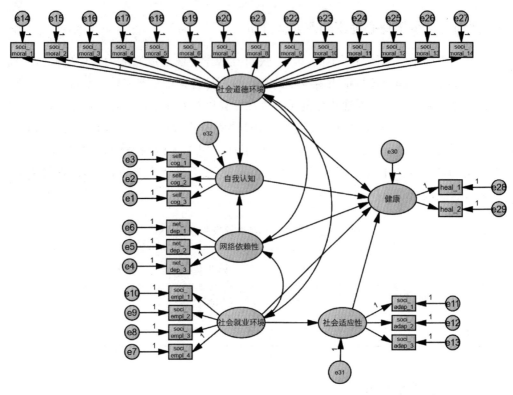

图 2 结构方程模型图

表 8 测量模型效度检验表

潜变量	观测变量	std.	S.E.	P	CR	AVE
自我认知	self_cog_3	0.784	—	—	0.761 3	0.521 3
	self_cog_2	0.556	0.016	***		
	self_cog_1	0.800	0.020	***		
网络依赖性	net_dep_2	0.780	—	—	0.743 9	0.592 2
	net_dep_1	0.759	0.056	***		
社会就业环境	soci_empl_5	0.697	—	—	0.640 3	0.876 2
	soci_empl_3	0.844	0.015	***		
	soci_empl_2	0.823	0.015	***		
	soci_empl_1	0.828	0.016	***		
社会适应性	soci_adap_3	0.681	—	—	0.438 4	0.700 3
	soci_adap_2	0.687	0.028	***		
	soci_adap_1	0.616	0.020	***		

续　表

潜变量	观测变量	std.	S.E.	P	CR	AVE
社会道德环境	soci_moral_1	0.882	—	—	0.700	0.969
	soci_moral_2	0.667	0.007	***		
	soci_moral_3	0.849	0.007	***		
	soci_moral_4	0.555	0.008	***		
	soci_moral_5	0.792	0.008	***		
	soci_moral_6	0.765	0.008	***		
	soci_moral_7	0.894	0.009	***		
	soci_moral_8	0.833	0.009	***		
	soci_moral_9	0.720	0.009	***		
	soci_moral_10	0.838	0.008	***		
	soci_moral_11	0.928	0.008	***		
	soci_moral_12	0.947	0.009	***		
	soci_moral_13	0.949	0.009	***		
	soci_moral_14	0.940	0.009	***		
健　康	heal_1	0.647	—	—	0.600	0.738 2
	heal_2	0.873	0.095	***		

注：*** 表示显著性 P 值小于 0.001。

4.5.3　模型拟合度检验

如图 3 所示，为模型标准化估计值的因果模型图。在参数估计时，本研究采用了极大似然法，结果如表 9 所示，表明通过拟合指标检验。

表 9　模型拟合指标表

指　标	统计检验量	适配的标准或临界值	检验结果数据	模型适配判断
绝对指标	RMR	<0.05，上限<0.1	0.073	是
	RMSEA	<0.08，上限<0.1	0.780	是
相对指标	NFI	>0.9	0.904	是
	IFI	>0.9	0.906	是
	CFI	>0.9	0.906	是

续 表

指 标	统计检验量	适配的标准或临界值	检验结果数据	模型适配判断
简约指标	PNFI	>0.5	0.811	是
	PCFI	>0.5	0.812	是

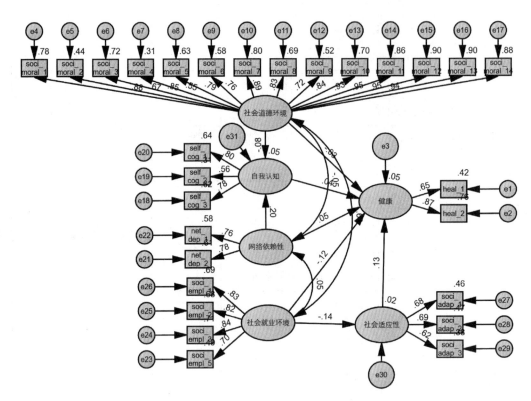

图 3　标准化估计值的因果模型图

4.5.4　路径系数分析

模型的路径系数如表 10 所示。结果表明网络依赖、自我认知对于青少年的健康有显著的正向影响，而社会就业环境和社会道德环境对青少年的健康有较显著的负向影响，并且社会道德环境对青少年的自我认知有显著的负向影响，社会就业环境对青少年的社会适应性有显著的负向影响，网络依赖性对青少年自我认知有显著的正向影响。

表 10　模型的路径系数表

路　　径			Std.	S.E.	C.R.	P
自我认知	←	社会道德环境	−0.078	0.006	−6.815	***
自我认知	←	网络依赖性	0.197	0.009	13.449	***

续　表

路　　径			Std.	S.E.	C.R.	P
社会适应性	←	社会就业环境	−0.145	0.014	−11.123	***
健康	←	社会道德环境	−0.029	0.008	−1.870	0.061
健康	←	网络依赖性	0.048	0.008	3.458	***
健康	←	自我认知	0.040	0.013	2.996	0.003
健康	←	社会就业环境	−0.118	0.014	−6.704	***

5　研究结论

综合上述一系列的数据分析过程，可以得出以下结论。

首先，毫无疑问，"家庭背景"和"身体锻炼"两个维度必定会对青少年的身心健康有较大的影响，本研究中，鉴于问卷本身题项中关于这两方面的定量题项较少，大部分是开放性问题，导致在主成分分析时就已经剔除了这两个维度对青少年身心健康的影响，因此，这两个维度的影响程度在后续研究中可以继续探讨。

除此之外，从剩余数据的描述性统计分析结果来看，"健康"维度的均值是4.315，表明青少年认为自身的身体健康和心理健康状况处于优秀的水平，而模型假设的五个维度的均值都没有超过"健康"维度的均值。其中，"社会适应性"及"社会就业环境"两个维度的均值分别为3.71和3.18，但已经在除了"健康"之外是均值较高的两个维度。从具体的测量项来看也没有特别突出，即没有均值过高或过低的测量题项，表明青少年认为自身的社会适应性良好，和他们认为自身身心非常健康是匹配的，并且青少年认为2014年时的社会对青少年的就业环境一般，处于不高不低的水平。其中，soci_empl_5测量项，即"我认为我所在的城市就业是公平的"，在"社会就业环境"维度中的均值是最高的，为3.25，表明青少年在就业过程中一般能够被公平对待，但真实的就业环境还有提升的空间。除此之外，"网络依赖性""社会道德环境"及"自我认知"三个维度的均值都没有到3，即"一般"这个水平，甚至"社会道德环境"的均值是最低的，只有2.74，其中，soci_moral_3测量项"我认为社会上大多数人是讲诚信的"及soci_moral_14测量项"诚信是我做人的原则"的均值分别为2.77和2.58，这表明大多数青少年对于社会道德环境是不那么满意的，并且对自身的道德水平也并非持有积极的心态，这也侧面说明了青少年不仅对他人缺乏信任，对自己同样缺少信任度。同时，从性别在身心健康上的差异性分析结果来看，不同性别的青少年身心健康状况没有明显区别。

最后，从结构方程模型分析的结果来看，假设H3、H4a、H4b和H7经验证后成立，假设H5a、H5b、H6a及H6b在该结构模型下未成立，即青少年的网络依赖性对其身心健康的自我认知有显著的正向影响，网络依赖性、青少年的自我认知及其社会适应性对于青少年的健康状况有显著的正向影响,而社会道德环境对青少年的自我认知有显著的负向影响,社会就业环境对青少年的社会适应性有显著的负向影响,社会道德环境和社会就业环境对青少年的健康状况有显著的负向影响。结合数据的描述性分析来看,社会道德环境和社会就业环境对青少年群体的个体状态(主要是心理状态)的影响,总体而言是负面的,推测主要的原因可能是样本中的学生和未工作的社会青年两类群体占比较大,有稳定工作的在职青年占比较少,而前两者的健康状况比起后者更容易受到周围环境的影响,因此,如果社会整体道德环境和就业环境不够良好,青少年的健康状况就会随之降低。

6 总结与展望

本文尝试性地使用了结构方程模型对青少年的健康状况的影响因素进行模型建立并证明其合理性,过程中使用了探索性因子分析、可靠性分析等方法,从整体和部分出发,均验证了调查问卷的信度和效度,继而构建了相应的结构方程模型并进行了拟合指标检验,模型通过检验。研究结论表明,一方面,社会整体需要创造良好的道德氛围环境,减缓青少年的就业压力,这样可以促进人与人之间的信任,从而促进青少年的健康状况;另一方面,要从青少年自身入手,定期举办一些身体锻炼的活动、心理咨询等,有助于促进青少年的健康状况。

本研究还有许多不足之处,例如,仅仅对性别特征进行了差异性分析,缺少其他特征项的差异性分析,如青少年类型特征;又如,对于在校学生、在职青年和社会青年这三类群体,在问卷题项选择上选择了相同的部分,还有很多侧重点不同的题项并没有选入模型中,在之后的研究中可以进行更深入的探讨。

参考文献

[1] 卞金有,杨城.WHO对健康、疾病及残疾的定义及发展概况[J].现代口腔医学杂志,2022,36(3):145-147.

[2] 张元阳,黄玉全.影响我国青少年身体健康若干因素的调查分析[J].北京体育大学学报,2006(1):39-41.

[3] 朱玉芳.学生体质健康的影响因素与学校体育的应对[J].体育学刊,2006(3):141-144.

[4] 王胜超.从体育的角度分析影响大学生身体健康的因素[J].西安石油大学学报(社会科学版),2011,20(4):100-108.

[5] 许传新.西部农村留守妇女的身心健康及其影响因素——来自四川农村的报告[J].南方人口,2009,24(2):49-56.

[6] 冯晓黎,梅松丽,李晶华,等.初中生心理健康状况及家庭影响因素分析[J].中国公共卫生,2007(11):1342-1343.

[7] 王玮,车世琨,郑红丽.青少年心理健康影响因素的定性研究[J].预防青少年犯罪研

究,2022(4):77-85.
[8] 姚斌,汪勇,王挺.大学生心理健康状况及影响因素的比较分析[J].西安交通大学学报(医学版),2004(2):201-204.
[9] 刘为,罗梓文,欧阳桢,等.城市流动人口心理健康的影响因素——以广州市和深圳市为例[J].热带地理,2022,42(12):2042-2051.
[10] 陈可心,郭浩乾,宁艳花,等.基于结构方程模型的居家养老人群健康行为能力影响因素分析[J].现代预防医学,2021,48(14):2510-2514.
[11] 秦杨芬,席俊彦,洪依婷,等.基于结构方程模型的大学生躯体亚健康的影响因素分析[J].湘南学院学报(医学版),2021,23(2):11-16.

作者介绍和贡献说明

王佳盈 女,复旦大学文献信息中心研究生,研究方向为数据管理与应用。主要贡献:研究选题、研究设计、数据分析与解释、论文撰写等。E-mail:1127792944@qq.com。

李扬慧 女,复旦大学文献信息中心研究生,研究方向为数据管理与应用。主要贡献:数据整理、论文修改与润色等。

基于轨迹数据集的城市功能区分布分析

谭伟豪　宋曰龙　陈　俊　朱晨光

（中国矿业大学）

摘要：本文提出了一种利用运营商手机信令数据进行城市功能区划分的方法。首先，通过对信令数据进行处理，得出网格平均人流量热力图，反映了不同区域的人流量密度。然后，利用 sklearn 对多幅热力图进行特征提取，得到每个区域的特征向量。最后，利用 K-means 聚类算法对特征向量进行聚类，得到城市不同的功能区划分。通过验证，我们的方法能够有效地进行功能区划分。我们还将该方法应用于实际的城市规划中，成功地划分出不同的功能区域，并为城市规划提供了有力的支持。本文的方法不仅具有较高的准确性和可靠性，还可以在大规模数据下高效处理。因此，我们相信该方法能够在城市规划、交通管理等领域得到广泛应用。

关键词：城市规划实施评估　数据可视化　热力图　scikit-learn　K-means 算法

Analysis of Urban Functional Areas Distribution Based on Trajectory Dataset

Tan Weihao, Song Yuelong, Chen Jun, Zhu Chenguang

(China University of Mining and Technology)

Abstract: This paper proposes a method for dividing urban functional areas by using operator mobile phone signaling data. We first processed the signaling data to obtain a grid average people flow heat map, which reflects the density of people flow in different areas. Then, we use sklearn to extract the features of multiple heat maps and obtain the feature vectors of each region. Finally, we use the K-means clustering algorithm to cluster the feature vectors to obtain the division of different functional areas of the city. By validating, our approach enables efficient functional area division. We also apply this method to actual urban planning, successfully dividing different functional areas and providing strong support for urban planning. The method in this article not only has high accuracy and reliability, but also can be efficiently processed under large-scale data. Therefore, we believe that this method can be widely used in urban planning, traffic management and other fields.

Keywords: evaluation of urban planning implementation, data visualization, heat map, scikit-learn, K-means algorithm

0 引言

城市规划设计是指对城市的规划、建设和发展进行综合性研究和设计的过程。它是城市发展过程中不可缺少的一个环节,具有非常重要的意义。它可以帮助城市制定发展规划和目标,并为城市的发展提供科学的依据和方向。同时,城市规划设计还可以帮助城市合理地利用资源,提高城市的效率和生产力。此外,城市规划设计还可以促进城市的经济发展和社会进步。

基于轨迹数据集的城市规划设计分析是一种新兴的研究方法,它利用轨迹数据集来研究城市规划设计问题。轨迹数据集是指通过收集城市居民或游客的行踪数据,来研究城市人流量、商业活动、交通流量等问题的数据集。

近年来,随着科技的发展,轨迹数据集得到了广泛应用。轨迹数据集可以提供丰富的信息,为研究城市规划设计问题提供有力的支持。因此,基于轨迹数据集的城市规划设计分析成为当前研究的热点。

通过基于轨迹数据集的城市规划设计分析,可以对城市的人流量、商业活动、交通流量等进行研究,为城市规划设计提供科学依据。此外,基于轨迹数据集的城市规划设计分析还可以帮助城市制定合理的发展规划和目标,改善城市的生活环境和居民的生活质量。

1 研究数据

运营商用户统计轨迹数据集是指利用运营商的用户数据(如手机数据),获取用户在某一时间段内的位置轨迹信息。这些轨迹信息可以通过手机的定位功能获得,包括用户的经纬度信息、通信时间、通信地点等。运营商用户统计轨迹数据集的优势在于数据规模大,可以覆盖大量的用户,能够提供全面、精细的城市规划设计分析。在研究中,运营商用户统计轨迹数据集被广泛应用于城市人流量、商业活动、交通流量等方面的研究。例如,可以通过分析用户的位置轨迹信息,统计出城市人流量的时空特征[1]、人流密度分布、人流流向和人流演变规律等信息;可以通过分析用户的通信时间、通信地点等信息,统计出城市商业活动的时空特征、商业流量分布、商业消费行为等信息;可以通过分析用户的位置轨迹信息,统计出城市交通流量的时空特征、交通流量分布、交通流量演变规律等信息。

2 研究方法

本项研究的技术路线图如图 1 所示。

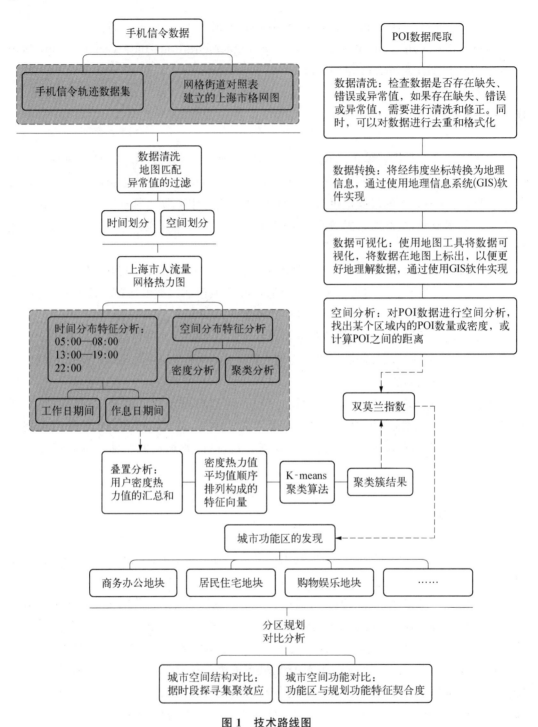

图 1 技术路线图

2.1 数据的处理

2.1.1 数据清洗和预处理

首先，对运营商用户统计轨迹数据集进行清洗和预处理，去除噪声、误差和异常值，保证数据的质量[2]。

其次，为了研究上海市不同时间段运营商用户的分布情况，需要对上海市进行网格化处理，并生成多个时间段的热力图。可以通过网格街道对照表将上海市划分成网格[3]（图2）。

具体地，我们通过对上海市民的出行时间进行查询，发现每天的 5:00、8:00、13:00、19:00、22:00 时间段[4]，对于展现城市中人流量变化最为明显。5:00 是早晨，人们通常会起床、洗漱、出门上班或上学，因此，这个时间段内的人流量通常会比较高；8:00 是上班、上学的高峰时间段；13:00 是午餐时间，此时，许多人会到餐馆或自助餐厅就餐；19:00 是下班时间，许多人会从办公区域或学校回家，导致人流量相对较高；22:00 是晚上较晚的时间段，人

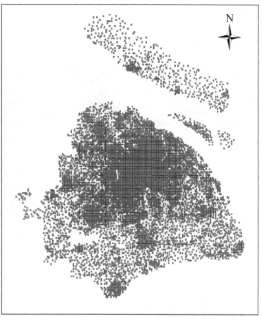

图 2　研究区位置

们通常会在家休息或外出娱乐，因此，这个时间段内的人流量通常相对较低。这五个时间段大致概括了城市一天内的人流量聚集特征，于是，我们将三个月中该时间段内的人流量数据进行合并，将这些数据进行加和，得到该时间段的总人流量。通过这样的方式，我们可以得到三个月内每个时间段的人流量分布数据。

在研究中，大赛给出了一份包含运营商用户手机信令数据的 Excel 文件，由于该文件的大小关系，无法直接打开所有数据。因此，我们采用 Excel 数据透视表的方法，将数据进行整理和筛选，以便得到我们需要的独立数据。

首先，我们将 Excel 文件导入到 Excel 软件中。然后，我们使用数据透视表工具对数据进行处理。数据透视表是一种方便的数据分析工具，它可以帮助我们对大量数据进行快速分析和筛选。通过数据透视表，我们将数据按照日期和时间进行分组，得出每个时间段内的总人流值，即人流量数据。最后，我们将这些数据导出为各个独立的 Excel 文件，以便后续的分析和处理。

2.1.2　数据描述和可视化

使用 ArcGIS 软件将上述预处理得到的各个时段的数据导入，并将每个时间段生成特定时间段的热力图。为了得到总的热力图，可以将不同日期相同时间段的热力图进行叠置分析[5]。

在得到总的热力图后，可以进一步计算每个网格的平均热力值，以反映整体的用户密度情况。通过这幅平均热力图，可以直观地看出上海市不同时间段的人口分布情况，以及繁华商业区、居民区和工业区等地区的人口密度差异。

进行进一步的分析时，计算每个网格在休息日的不同时刻的用户密度热力值的平均

值,以得到更详细的人口分布情况。这个过程可以通过对原始数据进行筛选、分类和统计等操作来实现。最终,可以得到第 k 个网格在休息日第 t 个时刻的运营商用户密度热力值的平均值,从而更加准确地描述该网格的人口密度情况(见图3)。

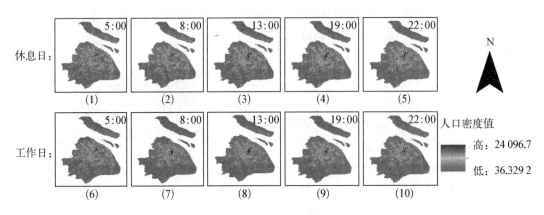

图3 人口密度热力值

2.2 热力图的处理

2.2.1 K-means 聚类算法

K-means 算法是一种经典的聚类算法[6],其主要目标是将数据集划分为 k 个不同的类别(或簇),其中,每个数据点被分配到其所属的簇中。其原理基于以下几个步骤:首先,从数据集中随机选择 k 个数据点作为初始的聚类中心(或簇心)。然后,计算每个数据点与每个簇心之间的距离,并将数据点分配到距离最近的簇心所代表的簇。接下来,计算每个簇中所有数据点的均值,并将该均值作为新的簇心。重复执行步骤2和步骤3,直到满足某个停止准则(例如,算法收敛或达到最大迭代次数)为止。最终,每个数据点都被分配到它所属的簇中,簇心也被确定,从而将数据集划分为 k 个不同的簇。K-means 算法的优点包括简单易用、计算速度快、可扩展性好等,但也存在一些缺点,例如,对于具有不同密度和大小的簇的数据集,该算法可能表现不佳。

2.2.2 scikit-learn

scikit-learn(简称 sklearn)是一个基于 Python 编程语言的机器学习库,旨在为机器学习应用提供简单、高效、可重复使用的工具。该库包含了各种常用的机器学习算法和工具,如分类、回归、聚类、降维、模型选择、数据预处理等。此外,该库还提供了丰富的可视化和数据处理工具,能够帮助用户进行数据分析和数据挖掘。本文通过 sklearn 对平均热力图按以下步骤进行聚类分析处理。

(1)数据预处理

GDAL(Geospatial Data Abstraction Library)是一个开源的用于处理地理空间数据的库,提供了一系列的命令行工具和 API 接口,支持多种格式的数据读取、写入和转换。GDAL 库可以处理的数据包括栅格数据和矢量数据,如 DEM、卫星影像、地图等。采用 GDAL 库,对平均热力图读取所有需要聚类的图像。

（2）特征提取

使用 numpy 库，将不同时间段的人流热力栅格图转换成数值矩阵，每个矩阵代表一个时间段的人流密度分布情况，将每个时间段的人流密度栅格图转换成一维向量，作为聚类分析的输入特征，总共构成 10 维的特征向量。

（3）数据归一化

数据归一化是指将数据缩放到一个特定的范围内，使得不同属性或特征之间具有可比性，从而更好地进行数据分析和处理，对输入特征进行归一化处理，以避免不同特征之间的数值差异对聚类结果产生影响，提高聚类分析和处理的准确性，是之后进行聚类的不可或缺的重要步骤之一。

（4）聚类分析

使用 sklearn 中的 K-means 算法对归一化后的数据进行聚类分析，根据聚类结果将数据分为不同的簇。

（5）可视化

Matplotlib 是 Python 中最常用的数据可视化库之一，它提供了广泛的绘图功能，包括线图、散点图、柱状图、饼图、热力图等。采用 matplotlib 将聚类结果可视化呈现，绘制聚类中心的热力图，以及每个数据点所属的簇的标记，从而更好地理解和分析数据。

2.3 聚类簇结果识别

相同类型城市功能区可能具有相似人类活动特征的原理[7]，即因为不同的城市功能区通常用于满足特定的人类需求和活动，这些需求和活动通常与城市功能区的类型有关。例如，商业区通常吸引人们购物、吃饭和娱乐，而住宅区通常用于居住和休息。因此，相同类型的城市功能区通常会吸引相似类型的人群，并且会有类似的人类活动特征。这种原理可以帮助我们更好地了解和满足人们的需求，从而区分出不同类型的城市功能区。下面的分析以图 4 为基础。

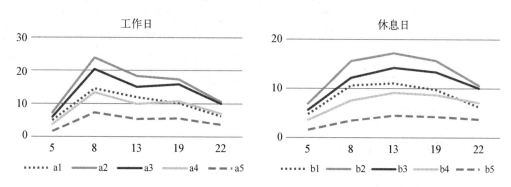

图 4　5 类功能区中人口密度热力值变化

类型一中，用户密度热力值呈现拱形特征。工作日 8:00 用户密度热力值有一个高峰，13:00—22:00 一直保持下降趋势；休息日中午的用户密度热力值峰值时刻为 13:00，晚于工作日。结合簇类结果位于城市中心，且占面积最小，经过计算，虽然其人流量不是最大,但其密度最大,这与商业区占地小、人流量密度高类似,将类型一归类为商业区。

类型二中,休息日从8:00开始都呈现最高的用户密度热力值的特征,并一直持续到夜间;工作日、休息日全天用户密度热力值明显高于其他类型,19:00以后出现下降趋势,但在夜间未降至低值,说明依然有大量的市民在活动。且结合卫星遥感数据,发现其处于城市中心的周边,城市中心的周边功能区往往存在居民楼、商场、小区在一个区域的情况,与类型二的用户密度热力值波动模式相吻合,将类型二归类为居住区。

类型三中,由休息日与工作日综合分析得出,休息日的用户密度热力值明显低于工作日。在工作日的5:00—8:00,用户密度热力值呈现增长趋势,8:00的用户密度热力值明显高于其他时间段,19:00—22:00的用户密度热力值迅速下降至低值,具有明显的通勤特征;休息日的用户密度热力值在全天呈现较低值。人流量密度均未超过10,该变化模式与办公区中人口变化模式较为吻合,将类型三归类为办公区。

类型四中,人流量波动与类型三波动相似,但其人流量密度不如类型三高,有明显的通勤特征但人流量密度不高,这与生活区人口变化模式较为吻合,将类型四归类为生活区。

类型五中,运营商用户密度热力值变化在工作日起伏不大,在日间(5:00—8:00)会出现明显的小高峰,与休息日对比得出,休息日没有类似小高峰,且人流量密度也最少,综合遥感卫星图分析出其功能区为公共服务区,人们夜晚至早上在家休息,白天出门上班工作经过该区,动态人口呈现波动特征,一般不做停留,其曲线虽有波动,但也呈现出低用户密度热力值的特征,将类型五归类为公共服务区。详见图5。

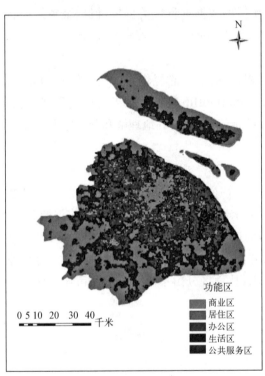

图5 城市功能区分类结果

2.4 POI数据处理

2.4.1 爬取POI数据

使用Python的requests库向高德地图API发送请求获取POI数据。

2.4.2 数据清洗和处理

获取的POI数据包含一些噪声和重复数据,需要进行清洗和处理,可以删除重复的POI数据、无效数据,进行数据格式转换等操作。

2.4.3 数据可视化

可以使用ArcGIS等地图软件进行数据可视化,将POI数据在地图上展示出来[8],

将不同类型的 POI 数据使用不同的符号进行表示,同时可以设置符号的大小和颜色等属性。

2.4.4 叠加检验城市功能区

将城市功能区分类结果与可视化的 POI 数据进行叠加,检验分类结果的区分精度。使用 Python 的 Pandas 库对数据进行处理和分析,通过计算双变量莫兰指数,评估分类结果的精度。

2.5 双变量莫兰指数

双变量莫兰指数(bivariate Moran's I)是一种用于评估两个空间变量之间的空间相关性的指标。它基于莫兰指数(Moran's I)的概念而来,而莫兰指数用于评估单个空间变量的空间相关性。双变量莫兰指数的计算方式是:通过比较每对空间单位的值之间的相似度和它们之间的距离,来衡量两个变量之间的空间相关性。它的取值范围是 -1 到 1,其中,-1 表示完全负相关,0 表示没有相关性,1 表示完全正相关。计算双变量莫兰指数时,需要考虑两个变量的空间自相关性和它们之间的空间自相关性。当两个变量具有相同的空间自相关性时,它们之间的双变量莫兰指数通常比较高。当它们的空间自相关性不同或者空间自相关性的方向不同时,双变量莫兰指数会降低。双变量莫兰指数可以用于许多领域,如城市规划、环境科学、社会科学等,来评估不同变量之间的空间相关性,为决策提供支持。

2.6 处理过程

计算每个功能区的 POI 数量,对于每个功能区,统计其中包含的 POI 数量(见表 1)。当使用 ArcGIS 进行 POI 数据可视化时,可以观察到不同的功能区所包含的 POI 类型与其相似。这表明功能区的分类是正确的,因为它们聚集了相似类型的 POI。

表 1 POI 分类表

大 类	POI 类型	数 量	占 比	大类占比
办 公	公司企业	120 736	14.9%	16.4%
	金融机构	12 031	1.4%	
公共服务	交通设施	64 153	7.9%	15.8%
	科教文化	36 870	4.5%	
	旅游景点	6 828	0.8%	
	医疗保健	20 669	2.5%	
居 住	商业住宅	42 154%	5.2%	5.2%

续 表

大类	POI类型	数量	占比	大类占比
商业	餐饮美食	125 771	15.5%	45.3%
	购物消费	194 852	24.0%	
	酒店住宿	19 175	2.3%	
	汽车相关	26 778	7.3%	
生活	生活服务	114 097	14.1%	17.1%
	休闲娱乐	12 137	1.5%	
	运动健身	12 406	1.5%	

使用GIS软件，将每个功能区的POI数量作为变量，计算双变量莫兰指数。根据双变量莫兰指数的Lisa聚集图，解释了POI数量和功能区之间的相关性。根据结果(图6)评估当前的功能区划分是否合理。结果显示，不同功能区之间的POI数量具有较强的相关性，说明当前的功能区划分较为合理。

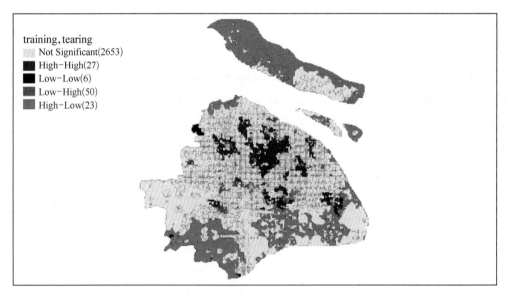

图6 Lisa聚集图

3 分区规划对比分析

上海市合计共有16个区，其中，传统的中心城区包括黄浦区、徐汇区、长宁区、静安区、普陀区、虹口区、杨浦区7个区。随着城市的发展和扩张，发展中心逐渐向海滨转移，浦东新区也逐渐发展成为中心城区。上海市"十二五"规划主要是以"以率先转变经济发展方式为主线"为指导，提出了"立足创新引领、产业提升、扩大内需、改善民生、绿色发展、城乡统筹、世博效应和改革开放等方面转型"。依托"十二五"规划，上海将重点发展中心城区的"十字轴"以及沿江、沿海产业带，并将建设重点放在郊区新城。上海"十二五"规划中一个已初步确定的方向是，中心城区将形成"十字轴"发展态势。其中，横轴是从浦西的虹桥机场到浦东的国际机场城市发展主轴，纵轴是沿黄浦江一轴，包括黄浦区、虹口区、杨浦区等。

3.1 城市空间结构对比

从基于5个时间段内工作日和休息日的人口分布呈现的空间特征看来，主要以主城区为中心向四面扩散[9]，城市的分布有向郊区发展的趋势。单从人口密度来看，目前依然是以主城区为主要中心，但郊区也有一定的发展，像宝山区、嘉定区、青浦区、松江区、闵行区和浦东新区的人口密度分布都明显较大。沿江沿海产业带初步成型，郊区新区建设初具规模。以浦东新区为例，兼具沿海产业带和郊区新区建设为一体，是主要建设地区，人口密度分布虽不如主城区，但是得到了政策支持，发展良好。中心城区的"十字轴"初具雏形[10]，以青浦区和浦东新区作为横轴，宝山区和闵行区为纵轴，"十字"逐渐显现，距离建设目标依然有较大的差距，还需要继续大量的投入和建设。上海市的分区规划依托国家政策正积极推动对城市空间结构的建设。

3.2 城市空间功能对比

东部以浦东新区为主，涵盖多个服务业功能区，依托城郊新区的建设重点，打造多功能生产性服务功能区，其中，南汇工业园区主要对浦东新区的工业发展建设起到积极作用。通过POI数据的城市划分可知，浦东新区处在商业区和办公区的过渡地带，以办公区为主要区域，呈现商业区-办公区-生活区的自然分布。说明浦东新区建设主要依托于工业和办公，带动地区的各个服务产业的发展。

西部地区主要以青浦区为中心，拥有大量产业，包括智能制造和移动通信。POI功能区以生活区-办公区-公共服务区为主，其中，办公区占大部分区域。由此可见，西部地区主要打造以智能制造产业和结合现代服务业的多功能混合区。

北部（不含崇明区）以及中心城区，商业区大量分布，由北向中心呈现办公、生活混交区-商业区分布。作为传统的主城区和上海的中心地带，该地区POI功能区不仅有新一代产业，也拥有类似钢铁、金融等传统产业，依靠传统中心地区的优势发展新产业是该地区的发展趋势。像钢铁、金融类的传统产业发展长久，商业区大量分布，但也需要注入新鲜活力。近些年的新兴产业，像智能制造和移动通信也有不错的发展，一些公共服务业星罗棋布地分布在整个地区。

南部地区和崇明区则更多地偏向于生活，整体工商业气息少了许多。在南部地区和崇明区，大量地分布着居住区和生活区，零星地也有一些办公区。从POI功能区划分来看，该地区主要是以生产性服务业为主。作为郊区，距离中心城区有一定的距离，受到中心城区的辐射较弱,往往作为居住区供人们居住。

总体来看,城市功能区的划分随着中心城区向周围辐射,呈现商业区-办公区-生活区-居住区逐层环绕、公共服务区星罗棋布的形式,可以明显地体现出层次划分的商业驱动、其他产业围绕发展的功能区规划特征。总体功能区与规划较为符合,同时,郊区、沿海也需要加强依靠中心辐射和自身优势得到长足发展。

4 结论与讨论

本文提出的基于运营商手机信令数据的城市功能区划分方法能够有效地划分城市的不同功能区域。通过对多幅热力图的特征向量进行 K-means 聚类,能够将城市划分为不同的功能区域,并为城市规划提供有力的支持。该方法具有较高的准确性和可靠性,并且能够在大规模数据下高效处理。

4.1 与传统方法的比较

传统的城市功能区划分方法通常基于人口普查、地图数据等信息,本文提出的方法基于手机信令数据,可以实时地反映城市的人流变化。与传统方法相比,该方法不仅更加实时和准确,而且可以更好地反映城市的实际情况。

4.2 与其他方法的比较

在城市功能区划分领域,也有其他方法被提出,比如基于出租车 GPS 数据的方法和基于社交媒体数据的方法。与这些方法相比,本文提出的方法具有以下优点:① 能够利用大规模数据进行分析;② 不需要额外的数据采集设备;③ 能够反映城市的人流变化。

参考文献

[1] 李娜,吴凯萍.基于 POI 数据的城市功能区识别与分布特征研究[J].遥感技术与应用,2022,37(6):1482-1491.

[2] 蔡郑,贾利娟,孙扬清.轨迹数据预处理方法综述[J].电脑知识与技术,2020,16(31):9-12.

[3] 骆少华,刘扬,高思岩,等.基于空间格网的城市功能区定量识别[J].测绘通报,2020(S1):214-217.

[4] 丁延勇,谢语秋,叶梦.基于多源时空大数据的城市规划研究——以杭州市下城区为例[J].地理信息世界,2020,27(3):25-30.

[5] 王淼,杨伯钢,谢燕峰,等.基于手机信令数据的北京市人口空间分布特征[J].北京测绘,2022,36(11):1465-1469.

[6] 辜寄蓉,陈先伟,杨海龙.城市功能区划分空间聚类算法研究[J].测绘科学,2011,36(5):65-67+64.

[7] 王梅红,贺风,司连法,等.精细地图融合手机信令的城市人口时空分布特征研究[J].测绘地理信息,2023,48(1):49-52.

[8] 郑至键,郑荣宝,徐嘉源,等.基于POI数据和Place2vec模型的城市功能区识别研究[J].地理与地理信息科学,2020,36(4):48-56.

[9] 王蓓,王良,刘艳华,等.基于手机信令数据的北京市职住空间分布格局及匹配特征[J].地理科学进展,2020,39(12):2028-2042.

[10] 董路熙.基于手机数据的城市出行需求时空分布方法研究[D].北方工业大学,2018.

作者介绍和贡献说明

谭伟豪 中国矿业大学公共管理学院土地资源管理在读21级本科生。主要贡献:负责研究设计、数据收集、数据分析及论文撰写,对研究结果提出解释。

陈俊 中国矿业大学公共管理学院土地资源管理在读21级本科生。主要贡献:参与项目实施,负责数据处理和初步分析,对研究结果提出建议。

宋曰龙 中国矿业大学公共管理学院土地资源管理在读21级本科生。主要贡献:参与项目实施,负责数据处理和初步分析,对研究结果提出建议。

朱晨光 中国矿业大学公共管理学院土地资源管理在读21级本科生。主要贡献:参与项目实施,负责数据处理和初步分析,对研究结果提出建议。

李龙 中国矿业大学公共管理学院,副教授。主要贡献:对研究提出指导性意见,协助完善论文结构,为论文质量的提升发挥了重要作用。E-mail:long.li@cumt.edu.cn。

基于 GCNN-SAM 模型面向分级阅读的双通道文本分类研究

张 健 王嘉栋 岳 坤 李仁德

（上海理工大学）

摘要：针对目前中文阅读分级难的问题，本文通过构建儿童读物双通道文本分类模型，实现读物自动化标签整理和归类，为不同年龄段的少年儿童提供适合其发展的图书。构建了一种基于 CNN 和 PC 的自注意力机制双通道文本分类模型 GCNN-SAM。该模型使用 skip-gram 将词嵌入成稠密低纬的向量，得到文本嵌入矩阵，分别输入到门卷积神经网络和自注意力，再经过逐点卷积，将两个通道中经过特征提取层得到的特征进行融合用于文本分类。在复旦大学中文文本分类数据集上进行对比实验，相较于 SCNN、GCNN 和其他改进的模型，测试集的准确率达到 96.21%，表明了 GCNN-SAM 模型在标签文本分类上具有优越性。同时，为验证 GCNN-SAM 模型的有效性，进行了消融实验，结果表明，GCNN-SAM 模型相较于 CNN、GCNN 和 CNN-SAM 在分类准确率上分别提升了 5.9%、3.19% 和 3.66%。儿童读物通过图书标签进行分类，可为分级阅读标签体系提供一些参考价值，对于儿童分级阅读标准研究和推广应用具有现实意义。

关键词：分级阅读 图书标签分类 门卷积神经网络 自注意力机制 逐点卷积

Dual-channel Text Classification for Graded Reading Based on GCNN-SAM Model

Zhang Jian, Wang Jiadong, Yue Kun, Li Rende

(University of Shanghai for Science and Technology)

Abstract: In view of the difficulty of Chinese reading classification, this paper constructs a dual-channel text classification model for children's books to realize the automatic label sorting and classification of books, and provides books suitable for children of different ages. A self-attention mechanism dual-channel text classification model GCNN-SAM based on CNN and PC is constructed. The model uses skip-gram to embed words into dense low-latitude vectors to obtain a text embedding matrix, which is input into the gate convolutional neural network and self-attention respectively.

After point-by-point convolution, the features obtained by the feature extraction layer in the two channels are fused for text classification. Based on the comparative experiment done on Fudan University Chinese text categorical dataset, compared with SCNN, GCNN and other improved models, the accuracy of the test set reaches 96.21%, which shows that the GCNN-SAM model has advantages in label text classification. At the same time, in order to verify the effectiveness of the GCNN-SAM model, ablation experiments were carried out. The results showed that the GCNN-SAM model improved the classification accuracy by 5.9%, 3.19% and 3.66% respectively compared with CNN, GCNN and CNN-SAM. The classification of children's books through book labels can provide some reference value for the graded reading label system, and has practical significance for the research and application of children's graded reading standards.

Keywords：graded reading, book label classification, gate convolutional neural network, self-attention mechanism, pointwise convolution

1 绪论

1.1 研究背景及意义

教育是最大的国防,孩子是国家的希望,而课程教材里有真理,有家国,也有灵魂塑造,是育人育才的重要载体。2022年,人教版小学数学教材被指出人物插图丑陋、歪曲审美,出现文身、隐私部位等问题,误导学生价值观和思想观念,影响学生的学业水平和知识储备的"毒教材"似乎在死灰复燃。除此之外,由于童书市场的红利广阔,新闻出版、文化等领域市场缺乏有效监管和执法,导致含有淫秽、色情、低俗、暴力、恐怖、迷信等内容的有害出版物或劣质读物充斥着童书市场,这些有害信息不利于提升儿童的媒介素养,甚至严重地妨碍了少年儿童的身心健康发展。《中国儿童发展纲要(2020—2030年)》提出,要"分年龄段推荐优秀儿童书目,完善儿童社区阅读场所和功能,鼓励社区图书室设立亲子阅读区等措施,以营造良好的阅读环境,促进儿童的阅读兴趣和能力的提高"[1]。分级阅读作为一种指导儿童科学阅读的有效方法和策略,从儿童心理、生理和认知水平等角度出发,根据阅读材料的难易程度,将儿童阅读划分为不同的发展阶段,为不同年龄段的少年儿童提供适合其身心发展的健康图书,也可以通过对出版物进行分类和评级,来加强新闻出版、文化等领域市场对儿童读物的审核[2]。

目前,国际上普遍使用的蓝思分级和DRA分级阅读测评体系[3],已经成为英语国家学生阅读水平的重要评估工具,可以帮助学生选择适合自己阅读能力的书籍。但是考虑到中英文语言的特点和阅读习惯的差异,不可生搬硬套。我国阅读分级处于基础研究阶段,虽然经过国家的大力宣传和政策指引,在分级标准的制定上已有一些成效,然而,类似南方中心的分级阅读体系仅从阅读数量、阅读技能、阅读习惯的维度来制定评价标准,按教育维度的年级来划分级别,缺乏量化的指标,也不是以"儿童阅读能力"界定[4]。同时,由于分级阅读在国内发展较晚,分级出版物的分级、评估和推广相对滞后,而且缺乏相应资源的支持,因此,国内相关研究还局限于只对比不同幼儿在自我认知、自我调节、社交能力和心理健康水平的不同阅读表现,来提出儿童个性化阅读指导计划,忽视了阅读材料本身的难易程度也要符合儿童的阅读需求和认知发展规律[5]。有不少学者基于图书标签和阅读标准之间的关联进行分析和挖掘,研究表明分级阅读的儿童阅读发展计划对图书标签存在着现实需求,说明儿童分级阅读标准研究和推广应用具有极大的发展空间[6]。

1.2 核心科学问题

随着学生和家长越来越重视分级阅读的理念,他们认为通过分级阅读可以更好地选择适合自己阅读能力和丰富多样的图书,如计算机科学技术、文学艺术、历史文化、法律政治和心理学等。书商和图书馆为帮助青少年读者更容易地找到自己感兴趣的图书,他们为每一本图书打上标签,读者可以根据自己的兴趣选择适合自己的图书。这会面临一些问题:

(1)标签和图书内容不相关。为了让读者更容易找到自己感兴趣的图书,书店可能会使用一些过度通用的标签,如"畅销书""好评推荐"等,这些标签虽然能够吸引读者,但并不能准确地反映图书的内容。

(2)产生大量的人工成本。为了解决标签与图书内容不相关这个问题,书店采用人工的方法对预先设定的标签是否与图书内容匹配进行校验,由于书店每天都会引入大量的新图书,因此消耗大量的人力成本,并且这种校验准确与否与工作人员的专业素质和阅读水平有关。

面对海量中文儿童读物,我们应该思考如何引入人工智能技术,让计算机自动分析图书内容,自动标签化,以减少出现标签与图书内容不相关的问题。

1.3 研究目标、内容与思路

文本分类的本质是按照文本中输出对象的标签类别进行自动化整理和归类,它实现了自动化分级,从而降低了对人工劳动力的依赖和介入[7]。随着深度学习技术在自然语言处理领域的成果不断涌现,基于深度学习的文本分类可以有效地克服人工特征提取的缺点,从样本数据中自主学习特征。在文本表示方面,谷歌提出的Word2Vec算法可以将词语进行向量化表示,将文本表示成密度较低的向量空间,大大降低了文本数据存储的难度,且考虑了词语之间的相关性,使文本表示更精确[8]。Yoon Kim提出的将卷积神经网络(CNN)运用于文本分类任务的TextCNN,利用多个不同大小的卷积核来提取句子中的关键信息,从而能够更好地捕捉局部相关性[9]。

本研究旨在通过文本分类方法将图书标签进行自动分配,使得每个基于学科分类的图书标签与新标签相匹配,从而帮助读者更容易地找到相关主题的书籍。详细的流程包括首先对图书文本进行向量化表示,以使神经网络能够学习和提取代表图书类别的语义信息。随后,对这些语义信息进行调整和融合,以获取它们的类型标签。最后,通过分类算法将每个类型标签分配给预定义的图书类别,从而完成标签的重新分类,研究技术路线如图1所示。本文的主要贡献总结如下:

(1) 设计了双通道特征提取架构,对相同上下文的不同层次文本特征提取时,能够获取长距离依赖关系的重要文本表示。

(2) 提出了利用逐点卷积来收集两个通道得到的重要特征,从而很好地整合了卷积操作分离的通道间信息。

(3) 构建了基于自注意力机制的双通道文本分类模型,在 Fudan 数据集上进行实验,结果表明,该模型的整体性能达到 96.21%,超过所比对的基线模型。

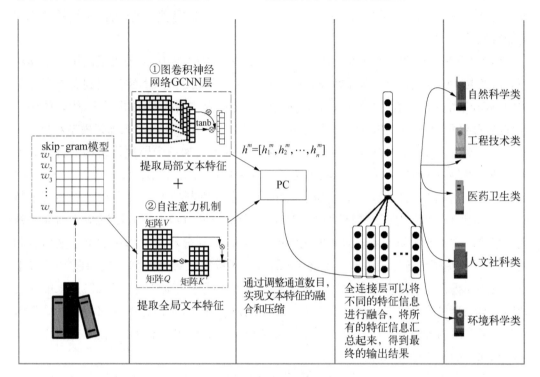

图 1 研究技术路线

1.4 文献综述

文本分类是自然语言处理(NLP)中的一项基本任务,广泛应用于商品分类、广告过滤、情感分析、垃圾邮件分类等 NLP 领域。在图书馆领域,图书标签分类也是一项重要的任务,其目的是将图书自动地分配到一个或多个已定义好的类别中,以便读者可以更快速、方便地搜索到他们感兴趣的图书。然而,随着图书标签体系不断复杂和多样化,通过人工经验进行量化的传统标签分类方法将大量耗费成本,且基于少数指标的公式模型分类效果并不稳定[10]。

基于机器学习的方法可以很好地解决上述问题,其中,机器学习技术主要分为两步。第一步,需要手工对文本中的特征进行标注,对于图书标签分类,可以通过挖掘图书的元数据、目录、标签等信息,提取与图书内容和主题相关的特征。第二步,需要将提取的特征送入分类器,使用分类算法对图书进行分类。常用的手工标注特征的方法有朴素贝叶斯分类器和支持向量机,Zhang 等人将朴素贝叶斯分类器用于基因表达数据分类任务,同时也将其应用于图书标签分类任务。在图书标签分类任务中，朴素贝叶斯分类器假设特征相互独立且对分类的影响相等，从训练集学习先验概率和条件概率，根据测试数据特征值计算后验概率，最终将测试数据分类到概率最大的类别[11]。文献[12]在面对低维、线性可分的标签分类问题时，提出了一种基于支持向量机（SVM）和词嵌入（word embedding）的混合模型，使用SVM算法可以处理高维的文本数据，同时使用Word2Vec算法可以捕捉词语之间的语义关系，提高了分类的准确率。以上改进的机器学习方法虽然在一定程度上提高了图书标签分类的准确率，但往往都假设特征之间是独立的，无法利用特征之间的非线性关系。

由于CNN在图像分类任务上取得了不错的成绩，因此，Sergey提出了使用一个简单而有效的CNN架构进行文本标签分类[13]。许多学者将改进的CNN应用到文本标签分类中，Wang等人首先借助CNN对文本使用手工特征提取器提取关键特征，然后使用循环神经网络（RNN）对提取的特征进行序列建模，最后引入注意力机制来加强模型对重要特征的关注度[14]。Zhao等人提出在TextCNN的基础上增加一个层次化结构的自注意力卷积神经网络（HCNN-SAM），首先将句子划分为单词和短语的序列，并使用TextCNN对每个序列进行特征提取，再通过层次化的自注意力机制捕捉关键词和短语的文本特征[15]。相比于传统的基于序列模型的文本标签分类方法，Peng等人提出基于图卷积神经网络使用文本数据的图来表示文本之间的关系，能够充分利用文本中的上下文信息和关系，同时避免了传统方法中基于n-gram的特征提取方式带来的稀疏性问题[16]。以上模型虽然在提升图书标签分类效果上表现良好，但大多数基于词向量进行训练，未能充分利用文本信息可能会出现过拟合或性能下降的问题。此外，它们在处理图书标签分类时只考虑了有限的上下文，因此，我们需要综合考虑文本信息和其他相关信息，并使用更加全面和深入的算法进行训练和优化。

对于图书标签分类问题，使用CNN可以提取文本中的特征，并且使用多个不同大小的卷积核可以捕获不同长度的关键信息，从而更好地理解文本。门控卷积神经网络（Gate Convolution Neural Network，GCNN）相较于TextCNN和HCNN，可以捕捉文本中的更长程依赖关系，在一些需要对标签分类结果进行解释的场景下有优势。自注意力机制（Self-Attention Mechanism，SAM）相较于单头注意力机制和多头注意力机制，可以自由地对输入的不同部分进行加权，并进行多个头的计算与合并，更加全面地提取特征信息，充分利用输入序列之间的相互关系，从而更加准确全面地进行预测。因此，本文为了充分利用文本信息捕捉最值得关注的特征，进一步提高文本分类的效率，提出了一种基于GCNN的自注意力机制文本分类模型GCNN-SAM（GCNN-Self-Attention Mechanism）。

2 儿童读物标签分类体系构建

2.1 研究对象

儿童分级阅读的研究对象虽然普遍是0～18岁的儿童，但是本研究主要针对8～18

岁的未成年儿童,因为在这个年龄段内,儿童的认知和阅读能力发展迅速,他们可以更好地理解和处理各种文本。同时,这个年龄段的儿童已经开始阅读更加复杂的文本,包括小说、非小说类文本以及学术性文本,因此,他们需要更加深入和系统的分级阅读指导。另外,8~18岁的儿童已经开始接受学校教育,他们面临的阅读任务更加复杂,因此需要更好的阅读能力和分级阅读技巧。相比之下,0~7岁的儿童的阅读能力和认知水平还不够成熟,分级阅读对他们的意义相对较小。

2.2 儿童读物标签分类体系

本文随机地选取了其中12个类别循序打乱进行实验,12个类别分别为体育、财经、法律、农业、教育、计算机、航天、时政、历史、地理、文学、艺术。然后根据需要的分级数量,并依据学科分类体系标准[17],对Fudan语料库的标签进行重新划分,将原本12个标签划分为5个新级别的标签,它们分别是自然科学、工程技术、医药卫生、人文社科和环境科学。

自然科学主要涉及物理、化学、生物等基础科学领域的研究,如天文学、地球科学、数学、物理学、化学等;工程技术涉及各种工程领域的研究,如电子、计算机、通信、建筑、交通、能源、材料等;医药卫生主要涉及医学、生物医学、公共卫生等领域的研究,如临床医学、病理学、药学、生物医学工程等;人文社科涉及历史、哲学、文学、语言学、教育、心理学、经济学、政治学等领域的研究;环境科学涉及环境保护、生态学、地理学、气象学等领域的研究,如环境监测、环境污染控制、生态保护等。

重新定义标签可以使语料库的标签更加细致和准确,从而有助于阅读分级的精准性。以原有的分类标签为例,例如,"自然科学"是一个非常大的分类,包含很多领域,如数学、物理、化学、地学等,如果对整个分类统一分级,可能会存在某些领域过于简单而某些领域过于难以理解的情况。通过重新定义标签,可以将原有的大分类拆分成更小的子分类,这样可以更好地针对每个子领域的特点进行分级,更加符合实际情况和读者的需求,提高阅读分级的有效性。5个新标签与不同儿童阅读的发展阶段的对应关系如下。

(1) 自然科学:适合年龄为8~10岁的儿童,处于认知探索和自然科学知识积累的阶段,这个年龄段的儿童对科学和自然现象的好奇心和兴趣较高,能够接受比较抽象的概念和思维模式。

(2) 工程技术:适合年龄为10~12岁的儿童,处于思维能力逐渐转向抽象思维、逻辑思维和系统思维的阶段,能够理解并应用基本的科学知识和技能,开始对科技和工程方面的知识产生兴趣。

(3) 医药卫生:适合年龄为12~14岁的儿童,处于对人体结构和生理、心理的认知探索和知识积累的阶段,开始进入青春期,对健康和医疗保健的需求和关注度逐渐提高。

(4) 人文社科:适合年龄为14~16岁的儿童,处于思维逐渐趋向抽象思维、逻辑思维和系统思维的阶段,开始接触社会科学和人文学科的知识,对社会现象、人类行为和人文价值等方面的认知和理解逐渐提高。

（5）环境科学：适合年龄为 16～18 岁的儿童，处于青春期末期，思维能力逐渐趋向理性思维、创造性思维和批判性思维，对环境和可持续发展等方面的问题和挑战有一定的了解和认识，能够从多个角度和维度进行思考和分析。

3 研究方法

3.1 基于 GCNN-SAM 的文本分类模型整体框架设计

GCNN-SAM 模型首先由第一通道的 GCNN+PC 模型构成，提取上下文的层次特征，更容易捕获长距离依赖关系，提高模型非线性提取特征的能力[18]。第二通道由 SVM+PC 模型构成，提取上下文全局的文本信息，解决长距离依赖问题，并且可以平行地计算，大大提高了模型的计算效率[19]。第一通道和第二通道提取到的重要特征拼接作为文本的特征表示，最后经过 softmax 函数输出文本类别的概率分布，GCNN-SAM 模型结构如图 2 所示。

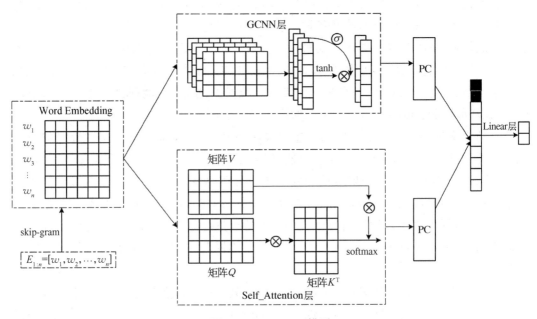

图 2 GCNN-SAM 模型

3.2 词嵌入层

在将文本输入到模型前，需要先把文字转换成数字，早期使用 one-hot 编码方式，在对应特征值处值为 1，其余位置值为 0。这种编码方式有两个主要缺陷：一是当词典较大时容易造成维数灾难；二是词语用 one-hot 表示时无法体现词语的语义信息。随着词嵌入技术的兴起，基于神经网络的词嵌入技术解决了 one-hot 编码所带来的问题。Mikolov 等在 2013 年同时提出了 CBOW 和 skip-gram 模型，这两个模型都是基于无监督的学习方式，是最常用的词嵌入技术之一，主要目的是将词用稠密低纬的向量表示，同时使得词具有了语义信息[20]。GCNN-SAM 模型使用 skip-gram 方法训练词向量。skip-gram 模型使用一段文本中的上下文词作为目标词,通过文本中上下文词来预测中间词。该模型没有隐藏层,由简单的神经网络构成。假设当前词为 $x_{(t)}$,则 skip-gram 的输出为 $x_{(t-2)}$、$x_{(t-1)}$、$x_{(t+1)}$、$x_{(t+2)}$,skip-gram 模型如图 3 所示。

3.3 特征提取层

特征提取层由 GCNN+PC 和 SAM+PC 两部分构成。

3.3.1 GCNN+PC

GCNN 是一种用于图像、视频、文本等数据的深度学习模型。在文本分类任务中,GCNN 主

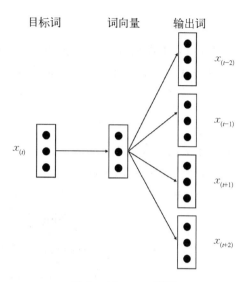

图 3 skip-gram 模型

要是用来进行文本表示的。本文的 GCNN 由卷积层、门控层、池化层、全连接层组成。卷积层用于提取文本局部的特征,由于它的权值共享,因此,可以降低学习的复杂度;门控层控制网络中信息的流动,同时,可以提高该层非线性提取特征的能力;池化层用的是 1-max 池化,提取最重要的一个特征,降低了特征的维度,在一定程度上缓解了模型过拟合;全连接层用来连接所有的特征,对特征进一步提取。GCNN 模型如图 4 所示。

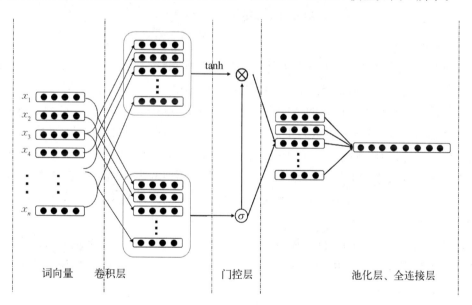

图 4 GCNN 模型

义本经过 skip-gram 嵌入后的特征矩阵表示为 $E_{1:n} = [x_1, x_2, \cdots, x_n]^T$,$x_i \in \mathbf{R}^m$,$E_{1:n} \in \mathbf{R}^{n \times m}$。假设一个卷积核 $W \in \mathbf{R}^{h \times m}$,该卷积核可以应用在窗口大小为 h 的词上,通过卷积核产生一个特征可以表示为

$$s_i = f(W \times E_{i:\,i+h-1} + b), \quad s_i \in \mathbf{R}. \quad ①$$

f 是非线性的激活函数，b 是偏置项，$b \in \mathbf{R}$，$E_{i:\,i+h-1}$ 为输入的词向量矩阵第 i 行到第 $i+h-1$ 行。卷积核通过在词嵌入矩阵维度方向上滑动来提取特征，词嵌入矩阵上窗口为 $\{E_{1:h}, E_{2:h+1}, \cdots, E_{n-h+1:n}\}$，卷积后得到的特征为

$$S = [s_1, s_2, s_3, \cdots, s_{n-h+1}], \quad S \in \mathbf{R}^{(n-h+1)\times 1}. \quad ②$$

本文使用大小相等的两个卷积核 $W \in \mathbf{R}^{h \times m}$，词向量矩阵 $E_{1:n}$ 经过这两个卷积核后可以得到两个特征映射图 S_1, S_2，其中，$S_1 = [a_1, a_2, a_3, \cdots, a_{n-h+1}]$，$S_2 = [b_1, b_2, b_3, \cdots, b_{n-h+1}]$，然后，把卷积后的结果做一个门控计算：

$$V = \tanh(S_1) \times \sigma(S_2), \quad V \in \mathbf{R}^{(n-h+1)\times 1}, \quad ③$$

其中，σ 为 sigmoid 激活函数，将式③得到的结果再经过 1-max 池化，得到

$$v = \max\{V\}, \quad v \in \mathbf{R}. \quad ④$$

PC 收集来自 GCNN 提取到的局部特征，卷积核大小为 1，在每个词语上进行卷积操作，若输入序列长为 n，PC 可以通过如下公式定义：

$$\mathrm{PC}(n) = \sigma(n * W^1 + b^1), \quad ⑤$$

其中，$*$ 代表卷积操作，W^1 是将要学习的参数矩阵，b^1 为卷积核的偏置项，σ 为 ReLU 激活函数。若经过 GCNN 后词向量维度为 d_{hid}，那么，$W^1 \in \mathbf{R}^{d_{\mathrm{hid}} \times d_{\mathrm{hid}}}$，$b^1 \in h^{d_{\mathrm{hid}}}$，经过 PC 后得到的特征表示为

$$h^g = [h_1^g, h_2^g, \cdots, h_n^g]. \quad ⑥$$

3.3.2　SAM+PC

注意力机制最初来源于大脑对于外界信息的处理和响应机制[21]。在计算机领域，注意力机制通常是指一种机器学习算法，其主要用途是在给定一些输入的情况下，将注意力集中在与特定任务相关的输入的某些部分上。Bahdanau 等人在 2015 年提出了 Seq2Seq 模型，该模型首次使用基于注意力机制的编码器-解码器框架来实现机器翻译[22]。本文提到的自注意力机制（见图 5）是在 Encoder-Decoder 框架下，让模型能够根据当前位置的输入关注到输入序列中与之相关的信息，从而提高模型的表现能力。编码器（encoder）将一个序列 $(x_1, x_2, x_3, \cdots, x_n)$ 映射到另外一个等长的序列 $(y_1, y_2, y_3, \cdots, y_n)$，其中，$x_i \in \mathbf{R}^m$，$y_i \in \mathbf{R}^m$。

阶段一，对于 Encoder 的每个输入 $E_{1:n} \in \mathbf{R}^{n \times m}$，随机初始化三个服从均匀分布的矩阵 X, Y, Z，其中，$X \in \mathbf{R}^{m \times m}$，$Y \in \mathbf{R}^{m \times m}$，$Z \in \mathbf{R}^{m \times m}$，通过对输入进行三个矩阵乘法分别计算 Q, K, V：

$$Q = E_{1:n} X, \quad ⑦$$

$$K = E_{1:n} Y, \quad ⑧$$

$$V = E_{1:n} Z, \quad ⑨$$

其中，$Q, K, V \in \mathbf{R}^{n \times m}$，将 K 转置为 $K^{\mathrm{T}} \in \mathbf{R}^{m \times n}$。

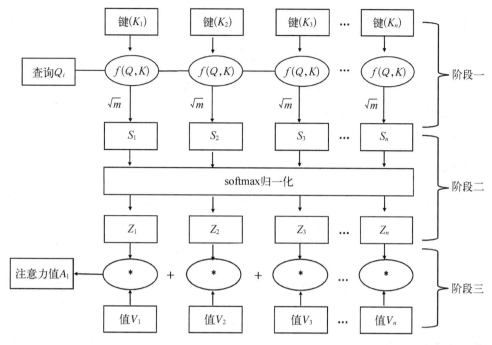

图 5　自注意力机制

阶段二，对于 Encoder 中的每个位置 $E_{1:n}$，将 Q 与 K^T 进行相乘得到相似度得分。为了防止结果过大，除以 $\sqrt{m}$ 得到放缩后的 S。为了让注意力机制能够关注到与当前位置相关的信息，需要对这些相似度的得分进行归一化。通常使用 softmax 函数进行归一化，使其值映射在 (0，1) 区间上，其中，Z_i 表示第 i 个值被分为的权重值。

阶段三，将得到的注意力权重与对应位置的矩阵 V 进行加权求和，得到 Encoder 对应位置的输出：

$$\text{Attention}(Q, K, V) = \text{softmax}\left(\frac{QK^T}{\sqrt{m}}\right)V, \qquad ⑩$$

其中，$\text{Attention}(Q, K, V) \in \mathbf{R}^{n \times m}$，词嵌入矩阵经过 Self-Attention 后形状没有改变。在 Decoder 中，可以采用类似的方法，使用自注意力机制关注到 Encoder 中的不同位置，从而得到与当前 Decoder 位置相关的 Encoder 输出信息。

PC 收集 SAM 模型提取到的来自文本的全局信息，卷积核大小为 1。PC 可通过公式⑤计算，经过 PC 后得到的特征表示为

$$h^m = [h_1^m, h_2^m, \cdots, h_n^m]。 \qquad ⑪$$

3.4　交叉熵损失函数

损失函数用于评估模型预测结果与实际结果之间的差距大小，进而模型通过不断地调整其参数来最小化损失函数的值，以达到提高模型预测精度的目的。在分类任务中，交叉熵损失函数(Cross-Entropy Loss，CEL)是一种常用的损失函数，它能够有效地惩罚模型对

错误类别的高概率预测,并促使模型学习产生正确类别的高概率预测[23]。其计算公式为:

$$L_{CEL} = -\sum_{i=1}^{N}(y_i \ln(\hat{y}_i)),\qquad ⑫$$

其中,N 为样本数,y_i 是第 i 个样本的标签,$\hat{y}_i$ 是模型输出的第 i 个样本的预测概率。在多分类问题中,$\hat{y}_i$ 通常是 softmax 函数的输出。交叉熵损失函数越小,表示模型的预测结果与真实标签越接近。

3.5 输出层

文本分类的输出层采用全连接结构及 softmax 分类器进行分类,计算出单个文本属于图书类型的概率矩阵,计算公式如下:

$$O = \text{softmax}(W_0 P + b),\qquad ⑬$$

其中,P 为全连接层的输入,O 为模型的输出结果,即概率矩阵,W_0 为权值矩阵,b 为偏置向量。

4 实验结果及分析

4.1 实验环境

实验在 Windows 10 系统上进行,CPU 为 Intel(R) Xeon(R) CPU@,GPU 为 Tesla P100,深度学习框架为 Tensorflow 2.5.0,使用 Python 3.7 编程语言,为更好地表示语义信息,采用 skip-gram 训练词向量,使用的开发工具是 PyCharm,且采用 CUDA 10.1 进行加速计算,具体实验环境数据如表 1 所示。

表 1 实 验 环 境

实 验 环 境	环 境 配 置
CPU	Intel(R) Xeon(R) CPU@
GPU	Tesla P100
操作系统	Windows 10
开发语言	Python 3.7
深度学习框架	Tensorflow 2.5.0
开发工具	PyCharm
词向量训练工具	skip-gram
CUDA 版本	10.1

4.2 实验数据集

在复旦大学中文文本分类数据集上进行实验,由复旦大学计算机科学技术学院的教师和学生在 2002 年至 2003 年期间收集和标注。该数据集包含 20 个不同主题的新闻文本,包括体育、计算机、财经、时政、教育等领域,每个主题下有约 5 000 篇文本,总共有 100 000 篇文本。每篇文本都被打上一个预先定义好的类别标签。

为了减少过拟合,最大化地利用数据,数据集随机地按 8∶2 的比例被分为训练集和测试集,其中,训练集有 6 019 篇文本,测试集有 1 505 篇文本,如表 2 所示。为了方便地将数据批量化处理,从而加速训练过程,将数据变为固定长度 600,长了截断,短了补 0,将标签转换为 one-hot 编码表示。

表 2 数据集基本信息

样 本	类 别	规 模
训练集	5	6 019
测试集	2	1 505

将数据集进行预处理,通过结巴分词将文本分词,去标点符号,去低频词,使用 skip-gram 模型对单词进行嵌入,得到低纬稠密的单词向量。对于新词而言,结巴分词采用隐马尔可夫模型(Hidden Markov Model,HMM),通过对语料的大规模训练,得到模型的发射概率、起始概率和转移概率,进而通过维特比算法得到概率最大的隐藏序列,即 BEMS 标注序列,使用 BEMS 标注序列可以对语句进行分词并识别出其中的新词[24]。

4.3 训练参数设置

GCNN 通道中的 CNN 选择三种滤波器,滤波器窗口大小分别为 2、3、4,为了防止模型过拟合,在卷积或者经过多头注意力后加上 Dropout 函数,SAM 模型的输出维度为 300,使用 Adam 优化器加快模型收敛速度,自动调整学习率。激活函数使用 ReLU 函数,并在训练中采用交叉熵损失函数。模型部分超参数设置如表 3 所示。

表 3 训练参数设置

参 数	值
Dropout	0.5
学习率	0.000 1

续 表

参 数	值
通道数	2
激活函数	ReLU
词向量维度	300
卷积核大小	(2,3,4)

由于超参数对模型性能有较大的影响,因此,本实验探究了部分超参数,即学习率和 Dropout 两个超参数对模型准确率的影响。固定其他超参数,在不同学习率下的准确率如图 6 所示:

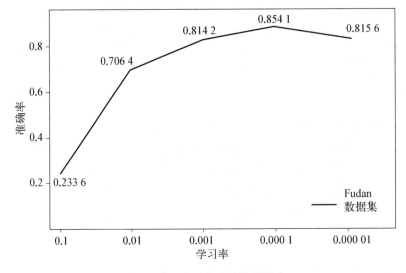

图 6 学习率对实验结果的影响

从图 6 可以看出,当学习率较大时,模型在 Fudan 数据集上的影响较大,不易收敛;当学习率为 0.1 时,GCNN-SAM 模型在测试集上的准确率最低,模型性能最差;当学习率为 0.000 1 时,准确率最高,此时,模型的泛化性能最好。因此,本实验使用 Adam 优化器对应的学习率选择 0.000 1。

当模型网络层的数参数量较多时,容易造成过拟合,同时,为了加快收敛速度,使用 Dropout,探究了不同 Dropout 值对模型的影响,实验结果如图 7 所示。

从图 7 可以看出,Dropout 值低于 0.6 时,在测试集上的准确率变化不大;Dropout 值大于 0.6 时,准确率发生了较大的变化;Dropout 值为 0.5 时,在测试集上的准确率最高。因此,本文 Droupout 值选择 0.5。

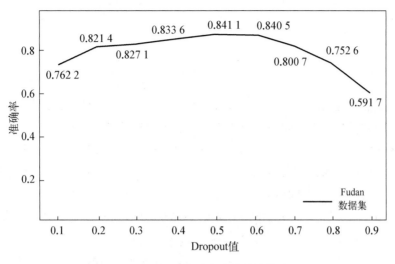

图 7　Dropout 值对实验结果的影响

4.4　模型评估指标

本文的评估指标采用大多数文本分类任务常用的三个指标,分别是查准率(Accuracy,Acc)、召回率(Recall,Rec)和 F1 值(F1-score),通过这三个指标,可以综合评估 GCNN-SAM 分类模型的性能。查准率指分类正确的样本数占总样本数的比例;召回率指真正例中被分类为正例的比例;F1 值则综合考虑查准率和召回率进行加权调和平均得到。对应的混淆矩阵如表 4 所示,各个指标的计算公式如式⑭~⑯所示。

表 4　混　淆　矩　阵

预测值	真　实　值	
	正　例	负　例
正　例	TP	FP
负　例	FN	TN

$$Acc = \frac{TP_i + TN_i}{TP_i + TN_i + FP_i + FN_i}, \qquad ⑭$$

$$Rec = \frac{TP_i}{TP_i + FN_i}, \qquad ⑮$$

$$F1 = \frac{2 \times Acc_i \times Rec_i}{Acc_i + Rec_i} \qquad ⑯$$

其中,TP_i(True Positive)为真正例,指模型正确地预测出正例的样本数;FP_i(False Positive)为假正例,指模型错误地将负例预测为正例的样本数;TN_i(True Negative)为真负例,指模型正确地预测出负例的样本数;FN_i(False Negative)为假负例,指模型错误地将正例预测为负例的样本数。

4.5 对比试验

为了评估本文提出的 GCNN-SAM 模型相对于传统模型的性能表现优劣,这里使用 Fudan 数据集进行测试,在相同的实验环境下与以下 7 个相对具有代表性的分类模型对比。

(1) GCNN[16]+PC。GCNN 是在 CNN 的基础上加入一种简化的门控机制,提高了 CNN 非线性提取特征的能力,每两个 CNN 做一个门控机制对特征进行提取,然后通过 PC 和 softmax 输出文本类别概率。

(2) TextCNN[9]。使用三通道的卷积层,卷积核的窗口大小分别为 2、3、4,词嵌入后的文本矩阵输入到 TextCNN,然后用 1-max 池化得到最重要的一个特征,再将特征进行融合,最后通过全局最大池化、全连接层、softmax 函数进行分类。

(3) CNN-RNN[14]。首先将词嵌入得到词嵌入矩阵,然后分别用 CNN 和 RNN 提取局部特征和全局特征。

(4) SAM+PC。将词嵌入矩阵输入到多头注意力模型中,通过全连接层、PC、softmax 函数得到文本的概率分布。

(5) CNN[13]。单通道的 CNN,卷积核的窗口大小设置为 3,词嵌入后的文本矩阵输入到 CNN,提取短语级别的特征,然后通过全连接层输出文本的类别。

(6) SCNN。该模型有两个通道,将词嵌入后的向量分别通过 CNN 通道和 SAM 通道进行特征提取,将提取后的特征最后经过输出层进行输出。在模型训练过程中,使用交叉熵损失函数和 Adam 优化算法进行参数优化[25]。

(7) S_CNN。单通道的 CNN,首先将词向量输入到 SAM 提取句子的内部特征,再通过 CNN 提取局部特征,最后经过全连接层对文本进行分类。与传统的卷积神经网络不同,S_CNN 还使用了一种新的池化方法,称为 k-max pooling,可以选择输出前 k 个最大值[26]。

GCNN-SAM 模型和以上 7 个基准模型在 Fudan 数据集上的实验结果如表 5 所示。

表 5　不同神经网络模型的实验结果对比

模　型	查准率(%)	召回率(%)	F1 值
GCNN+PC	92.27	91.50	91.69
TextCNN	92.73	92.65	92.69
SAM+PC	89.82	89.79	89.98
CNN	90.68	90.85	90.59
CNN-RNN	89.96	92.03	91.50

续 表

模 型	查准率(%)	召回率(%)	F1 值
S_CNN	90.86	92.26	90.51
SCNN	91.77	92.48	91.75
GCNN-SAM	96.21	96.21	96.23

从表 5 可以看出,本文提出的 GCNN-SAM 模型在文本分类中较其他 7 种模型有较好的分类效果,在 Fudan 数据集上,测试集的准确率为 96.21%,比其他 7 种模型的准确率都高,表明了本文所提出的 GCNN-SAM 模型的优越性。

在 Fudan 数据集上双通道的 SCNN 比单通道的 S_CNN 的准确率要高一点,准确率高出了 0.91 个百分点,因为多通道可以提取更加丰富的文本特征,帮助提高文本分类的效果;除了本文所提出的 GCNN-SAM 模型,TextCNN 模型比其他模型的准确率都高,这是由于 TextCNN 用了 3 种窗口大小卷积核,提取到不同大小的 n-gram 局部特征,增强了 CNN 对局部特征的提取能力,然后通过 1-max 最大池化提取出最重要的特征,将不同粒度的特征融合在一起作为文本的表示。对比 GCNN+PC 模型和 CNN 模型,可以看出 GCNN+PC 模型比 CNN 模型的准确率高,这是因为 GCNN 模型在 CNN 模型的基础上加入了门控机制,提高了 CNN 模型非线性提取特征的能力并且 PC 收集了 GCNN 所得到的特征。对 S_CNN 模型和 CNN-RNN 模型分类结果分析,发现 S_CNN 模型的准确率比 CNN-RNN 模型的准确率高,这是因为 RNN 存在长距离依赖的问题,当文本过长时不能捕捉到有效的文本信息,并且可能发生梯度消失和梯度爆炸,模型参数无法正常更新,而对于自注意力,它可以关注到对文本分类有较大影响的部分,并且解决了 RNN 所遇到的问题,可以有效地处理长文本信息,验证了其在文本分类中的有效性。对比 SCNN 模型、SAM+PC 模型和 CNN 模型,可以发现 SCNN 模型的性能优于 SAM 模型和 CNN 模型,因为 SCNN 模型既利用 SAM 提取到句子级别的特征,又利用 CNN 提取到短语级别的局部特征,然后将这两种特征进行融合,有利于模型提取到更加丰富的特征,弥补了单个模型的不足,充分发挥各个模型的优点。通过观察 CNN 模型和 SAM 模型,可以发现 CNN 模型的准确率比 SAM+PC 模型高,这是由于 Fudan 数据集都是较短的文本,因此,CNN 可以利用较多数量的卷积核来提取文本中更多的局部特征。

总体上,GCNN-SAM 模型在准确率、召回率、精确率、F1 值上较其他模型都有较大的提升,本文所提出的 GCNN-SAM 模型有效地利用了 SAM、GCNN、PC 的分类模型,充分发挥了各个模型的优势,进一步提升了模型的整体性能。

4.6 消融实验

为验证 GCNN-SAM 模型的有效性,进行消融实验。将 GCNN-SAM 模型分解,设置 CNN、GCNN 和 CNN-SAM,实验结果如表 6 所示。

表 6 Fudan 数据集消融实验结果

模　型	查准率(%)	召回率(%)	F1 值
CNN	90.31	90.31	90.37
GCNN	93.02	93.02	93.02
CNN-SAM	92.55	92.55	92.58
GCNN-SAM	96.21	96.21	96.23

从表 6 可以看出，GCNN 与 CNN-SAM 分类效果都要明显优于 CNN，这是由于 GCNN 能够有效地利用文本中的语义信息和结构信息，还可以捕捉节点之间的依赖关系，从而提高分类的准确性。而 CNN-SAM 相较于 CNN 多引入了自注意力机制，模型在卷积层中进行了子采样，使得它能够学习到更加抽象和高层次的特征，从而提高了模型的性能。GCNN 与 GCNN-SAM 的分类效果接近，尽管 GCNN-SAM 在 GCNN 的基础上引入了注意力机制，用于加强模型对于重要特征的关注，但其效果并不总是明显的，尤其是在任务较简单的情况下，注意力机制会引入额外的噪声，反倒干扰模型的学习。因此，它们在文本分类任务中的表现相似并不奇怪。GCNN-SAM 的分类效果最佳，其相较于传统的 CNN 和 GCNN 具有更好的特征提取能力，忽略无关的特征，并且采用了双向卷积，使得模型能够考虑到整个文本的上下文信息，更加全面地学习到文本的语义信息，能够更好地拟合训练数据，进而提高分类的准确性。

5　总结

5.1　实验结论

本文针对 8~18 岁未成年儿童的阅读材料难以选择与人工打标签等问题，通过构建能够实现阅读材料自动分级的解决方案，为不同年龄段的少年儿童提供适合其发展的图书，在一定程度上规范化他们的阅读方式，还可以确保孩子阅读的图书与他们的阅读能力相匹配，从而增加他们的阅读体验和兴趣。此外，通过对图书进行自动分级，可以更好地帮助读者筛选出符合他们阅读能力和兴趣爱好的图书，提高购书的效率和满意度，也有助于书店降低库存和运营成本，提高销售效益，还可以为书店提供更多的数据支持，从而更好地了解市场需求和读者偏好，为图书运营决策提供依据。

在文本标签分类问题上，本文提出一种基于 CNN 和 PC 的自注意力机制文本分类模型 GCNN-SAM。该模型通过词嵌入技术将词语嵌入成低纬稠密的向量，使得词具有了语义信息，GCNN 通道提取 n-gram 粒度的局部特征，SAM 通道提取上下文全局的特征，使用两个通道可以提取出更加丰富的特征和上下文信息，并在卷积层中对特征图进行 PC 逐点卷积操作，从而增强模型的非线性能力，通过将这三个部分结合起来，GCNN-SAM 模型有效地提取了文本重要特征，并将其用于文本标签分类任务中，达到较高的分类精度。

5.2 研究局限性

从研究结果来看,本文基于分级阅读的深度学习文本标签分类方法达到了一定的效果,但还存在很大的上升空间:① 在研究的语料库上,本文没有构建非常合适的中文分级语料,而是采用复旦大学公共且单一的数据集,可能会导致语言使用和阅读需求之间适应性差和过拟合的问题。② 在重新定义的标签上,虽然可以针对每个子领域的特点进行分级,但是将 20 个标签划分为 5 类标签可能会丢失一些细节信息,导致分类精度和准确性降低。③ 本文提出的 GCNN-SAM 模型虽然达到了较高的分类精度,但是受 PC 卷积核大小的限制,需要对每个词的所有 n-gram 特征进行计算,而且需要多次卷积和池化操作,这会导致模型需要大量的计算资源,并且它通过提取局部和全局的特征来进行分类,对于长文本,由于其包含的信息比较多,可能需要更加复杂的模型来提取更丰富的特征。④ 本文通过文本分析的方式进行研究,由于图书版权的问题,没有考虑将图片的识别纳入分级指标中,因此,对图片等多模态的分类识别问题是后续需要研究的方面。

5.3 未来展望

基于上述存在的不足之处,本文认为后续可以进一步改进和完善:① 设计和采集一套更为广泛、全面和高质量的语料库,可以更加贴合分级阅读的需求,也可以避免使用已有数据集可能存在的版权和隐私等问题,同时还可以对语料库进行更加细致和准确的标注和处理,提高分类模型的准确性和鲁棒性。② 在解决分类精度提高模型的泛化能力的过程中,可以采用层次分类结构将原本的 5 个类别标签进一步细分为更多的子类别标签,以保留更多的细节信息,也可以增加数据集的样本数量、多样性和难度,以及对数据进行增强操作,如数据增强、对抗训练等方式。③ 针对 GCNN-SAM 模型的一些缺陷,可以考虑通过 Transformer-based 的模型结构,或者使用更深层次的 LSTM 模型引入更多的上下文信息;可以考虑引入依存句法分析等技术,加入句法信息;可以考虑使用其他的损失函数,如 focal loss、多任务学习等技术,以提高模型的泛化能力和鲁棒性;也可以考虑使用其他的优化算法和超参数调整技术,如 SGD、网格搜索等方法。

参考文献

[1]《中国妇女发展纲要(2021—2030 年)》《中国儿童发展纲要(2021—2030 年)》[N].人民日报,2021-09-28(002).

[2] 常昕,翁梓玉.分级阅读视角下构建少儿读物出版的本土模式[J].中国编辑,2022,156(12):32-36.

[3] 申艺苑,袁曦临.青少年课外自主阅读分级标准对照测评研究[J].图书馆杂志,2020,39(11):13-22.

[4] 唐亚阳.中国教育网络舆情发展报告 2015[M].北京:北京师范大学出版社,2016.

[5] Smith J. Personalized reading instruction for kindergarten students: Using digital

texts to differentiate instruction[J]. *Journal of Early Childhood Education*, 2021, 20(2): 45-61.

[6] 鲁超,尚玮娇,吴思竹,等.全球研究型图书馆发展战略[J].图书情报工作动态,2009, 2: 1-3.

[7] 吴边,肖敏.中小学汉语阅读文本自动分级技术研究报告[J].上海课程教学研究, 2020,53(1): 63-68.

[8] 马存.基于 Word2Vec 的中文短文本聚类算法研究与应用[D].中国科学院大学(中国科学院沈阳计算技术研究所),2018.

[9] 严春满,王铖.卷积神经网络模型发展及应用[J].计算机科学与探索,2021,15(1): 27-46.

[10] 范晨晓.基于高校数字图书馆联盟的移动图书馆建设 SWOT 分析[J].现代情报, 2012,32(9): 16-19.

[11] Zhang H, Liu Y, Zhao J. A comparative study on feature selection and classification methods using gene expression profiles and proteomic patterns[J]. *Genome Informatics*, 2004, 15(1): 51-60.

[12] Breiman L, Friedman J H, Olshen R A, et al. *Classification and Regression Trees*[M]. Chapman & Hall/CRC, 1984.

[13] Zagoruyko S, Komodakis N. Learning to compare image patches via convolutional neural networks[C]//*Proceedings of the IEEE Conference on Computer Vision and Pattern Recognition*, 2015.

[14] Wang S, Liu C, Wu J, et al. Multi-label text classification with deep learning[J]. *IEEE Access*, 2019, 7: 174906-174917.

[15] Zhang X, Zhao J, LeCun Y. Hierarchical attentional convolutional neural networks for text classification[C]//*Proceedings of the 2019 Conference of the North American Chapter of the Association for Computational Linguistics: Human Language Technologies*, 2019: 1480-1489.

[16] Ma Y F, Peng Y X, Cambria E. GCN-based joint learning for community sentiment analysis[C]//*Proceedings of the 27th International Conference on Computational Linguistics: Technical Papers*, 2018: 1288-1297.

[17] 杨灿,董海龙.基于国家标准学科分类的统计学科体系研究[J].统计研究,2010, 27(1): 50-56.

[18] Alshubaily I. TextCNN with attention for text classification[J]. arXiv preprint arXiv: 2108.01921, 2021.

[19] 苏金树,张博锋,徐昕.基于机器学习的文本分类技术研究进展[J].软件学报,2006, 17(9): 1848-1859.

[20] Mikolov T, Sutskever I, Chen K, et al. Distributed representations of words and phrases and their compositionality[C]//*Advances in Neural Information Processing*

Systems, 2013: 3111-3119.
- [21] 申翔翔,侯新文,尹传环.深度强化学习中状态注意力机制的研究[J].智能系统学报,2020,15(2):317-322.
- [22] Bahdanau D, Cho K, Bengio Y. Neural machine translation by jointly learning to align and translate[J]. arXiv preprint arXiv:1409.0473, 2014.
- [23] 陈伟,杨婷婷,何东进,等.基于领域自适应和分层模型的中文分级阅读研究[J].情报杂志,2020,39(8):118-124.
- [24] 李世超.基于Hadoop平台和隐马尔可夫模型的生物医学命名实体识别方法研究[D].西北农林科技大学,2017.
- [25] Hu S, He Z. A text classification method based on sparse convolutional neural network[C]//2019 IEEE 2nd International Conference on Information and Computer Technologies (ICICT). IEEE, 2019: 366-370.
- [26] 李刚,陈永强,何廷全,等.基于改进多分支特征共享结构网络的裂缝检测算法[J].激光与光电子学进展,2022,59(12):274-283.

作者介绍和贡献说明

张健 上海理工大学硕士研究生,研究方向为神经网络、分级阅读标准、个性化推荐系统。主要贡献:实验设计和数据分析,撰写论文初稿。

王嘉栋 上海理工大学硕士研究生,研究方向为计算机技术应用、软件工程、嵌入式系统。主要贡献:负责实验操作和数据收集,参与论文修订。

岳坤 上海理工大学硕士研究生,研究方向为人工智能、医学信息学。主要贡献:提供理论指导和实验材料,审阅并编辑论文。

李仁德 上海理工大学,硕士研究生导师,研究方向:图书馆情报、网络舆情。主要贡献:论文写作指导。E-mail: lirende29@163.com。

PART 03

第三部分　大赛组织论文

"以赛促教、以赛促学"全面提升高校数据素养与技能
　　实践——第四届"慧源共享"全国高校开放数据创新
　　研究大赛综述
第四届"慧源共享"全国高校开放数据创新研究大赛
　　参赛感受调查研究
视频课程在数据素养培训中的实践探索
中文古籍资源的数字化建设与使用——基于复旦古籍
　　数字化情况
高校开放数据大赛视觉形象设计策略——以第四届
　　"慧源共享"全国高校开放数据创新研究大赛为例
慧源科学数据平台设计与构建

"以赛促教、以赛促学"全面提升高校数据素养与技能实践

——第四届"慧源共享"全国高校开放数据创新研究大赛综述

杜宇骁 程蕴涵 胡 杰 伏安娜 张计龙

[复旦大学图书馆 复旦大学大数据研究院人文社科数据研究所
上海市科研领域(人文社科)大数据联合创新实验室]

摘要：随着数字经济发展的全面推进，不断优化数据素养与技能、提高数字创新创业创造能力变成各学科各专业人才培养的重要目标。为积极响应这一建设要求，第四届"慧源共享"全国高校开放数据创新研究大赛(以下简称慧源大赛)在延续前几届赛制的基础上，不断进行有针对性的完善。本文从赛事活动设计与组织、参与师生与提交作品特点分析、大赛与高校课程融合实践三方面对第四届慧源大赛进行全面介绍，基于分析和实践经验，总结新环境下高校数据素养教育的未来发展展望。

关键词：数据素养教育 以赛促教 以赛促学 数据人才培养

Comprehensively Improving Data Literacy and Skill Practice in Universities Through "Promoting Teaching and Learning Through Competitions" — Review of the Fourth "Intellectual Resources Sharing" National College Competition on Open Data and Research Innovation

Du Yuxiao, Cheng Yunhan, Hu Jie, Fu Anna, Zhang Jilong

(Fudan University Library; Institute for Humanities and Social Science Data, School of Data Science, Fudan University; Shanghai Big Data Joint Innovation Lab — Science & Research Unit)

Abstract: With the comprehensive promotion of the development of the digital economy, continuously optimizing data literacy and skills, and improving digital innovation, entrepreneurship, and creativity have become important goals for talent cultivation in various disciplines and specialties. In order to actively respond to this requirement, the fourth "Intellectual Resources Sharing" National College Competition (hereinafter referred to as the Intellectual Resources Competition) continues the previous competition system and continuously improves it in a targeted manner. This paper gives a comprehensive introduction to the fourth Huiyuan Competition from three aspects: the design and organization of events, the analysis of the characteristics of the participant and the works, and the integration of the competition and university courses. Based on it, the paper summarizes the future development prospects of data literacy education in universities in the new environment.

Keywords: data literacy education, promoting teaching through competitions, promoting learning through competitions, data talents training

0 引言

在新一轮科技革命和产业变革的带动下,数字化转型成为大势所趋。"十四五"数字经济发展规划的提出,将数据资源列为关键要素,要求培育转型支撑服务生态、支持校企分工协作、发展多元化人才的培育模式。在此背景下,如何培养兼具数据意识、数据能力和数据伦理的高校人才,如何有效地开展应用型、复合型、创新型数据人才培养变成新的研究和探索课题。与此同时,肩负数据素养培训职能的高校图书馆如何切实有效地开展数据人才的培养也成为焦点。不少研究主张图书馆更多地去承担面向全校范围的数据素养类课程讲授工作,同时与 LIS 学院开展紧密合作,开发相应的在线专题研讨会等[1]。国外不少图书馆已经通过馆内外、校内外多类对象开展合作来丰富数据素养教育实践[2],以跨学科、课程与实践相结合、多元化培训团队为主要特色,也为国内高校图书馆的数据素养教育提供了极大的借鉴。

以此为契机,2019 年伊始,由复旦大学图书馆牵头,联合国内多家高校和研究机构、企业和政府部门,共同组织"慧源共享"高校开放数据创新研究大赛系列活动(以下简称慧源大赛),以探索数据素养培训实践、提升高校师生数据素养为主要目标,第一届面向上海,第二届面向长三角辐射全国,第三届和第四届面向全国高校师生,共吸引了全国 6 000 余名师生报名参赛。历经四届,慧源大赛一方面始终致力于优化数据素养教育框架,完善数据素养培训课程体系;另一方面不断推进科研数据融合,鼓励高校、研究机构、企业和政府部门等为参赛者提供具有高质量、高价值的数据资源,为数据素养技能提升提供实操对象。从第三届开始,慧源大赛更是尝试课赛结合的方式,探索"以赛促教、以赛促学"的方式来推动理论教育与实践的深度融合,从而更有效地落实数据素养技能实践。

本文对第四届"慧源共享"全国高校开放数据创新研究大赛进行全面介绍,从赛事活动设计与组织、参与师生与提交作品特点分析、大赛与高校课程融合实践三方面分析开放数据竞赛这种数据素养教育活动的相关特点,基于分析和调研,提出新时代发展要求下高校数据素养培育的发展展望。

1 赛事活动设计与组织

1.1 系列活动组织与实施

2022年9月29日,第四届"慧源共享"全国高校开放数据创新研究大赛再次扬帆启航。本届赛事聚焦赋能数据素养教育,推动和促进教育科研领域数据资源的汇聚流通和共享开放,鼓励高校师生利用新技术对开放数据进行分析,将人文社会科学与机器学习相结合,开展跨学科的交叉研究和创新应用,聚合各行业力量培养和提升大学生的数据素养,是教育数字化转型背景下的高校数字资源建设和数字人才培养的创新探索。本届大赛由上海市教育委员会、上海市经济和信息化委员会指导,共有60余家单位联合组织,其中,高校和科研机构34家,政府部门16家,企业12家。

在往届的基础上,本届大赛延续了"数据悦读"学术训练营、数据竞赛单元和成果孵化的三阶段模式(见图1),原计划活动从2022年4月持续至当年年底,但受疫情影响,延至2023年12月。

图1 大赛系列活动

1.1.1 "数据悦读"学术训练营(4月23日—11月17日)

通过前期积累,结合新的培训需求调研,本次"数据悦读"学术训练营对讲座主题进行了调整,推出了"A(AI,人工智能)、B(Blockchain,区块链)、C(Cloud Computing,云计算)、D(Big Data,大数据)、E(Edge Computing,边缘计算)、F(Fintech,金融科技)、G(GIS,地理信息)"七大主题的课程体系。与以往不同,本届大赛的"数据悦读"学术训练营按照高校学期安排进行阶段划分,上半年从4月22日到5月20日,在复旦大学、武汉大学、四川大学、清华大学、安徽大学、南京大学、重庆大学、山东大学等8所高校举办了8场讲座。暑期则按照主题分类对往期讲座视频进行凝练、整理和制作,通过短视频推文等形式进行数据素养知识推广。下半年从10月11日到11月17日,在上海外国语大学、上海交通大学、东华大学、上海师范大学、浙江大学、华东师范大学、上海青年管理干部学院、上海电力大学、上海大学、上海海洋大学、中国海洋大学等11所高校和研究机构举办了10场训练营活动和1场特别活动。来自不同领域、不同行业的38位数据专家分别从理论、研究、实战等视角,从数据处理、数据分析到数据挖掘等层面,结合各自的研究领域带来了精彩的专题报告,内容丰富、案例多样,受到了广大学生和老师的好评。整个训练营讲座活动通过上海教育云平台、微信视频号进行了全程直播,共有超过5万观众线上观看。

1.1.2　数据竞赛(9月29日—2023年4月中旬)

受到疫情的影响,本届大赛数据竞赛环节选择在下半年启动。继续沿用上一届的模式,竞赛设置主赛道和分赛道,共有全国19个省市113所高校的447支队伍成功报名,报名参赛总人数达1662人。主赛道面向全国高校师生,提供来自政府、高校、研究机构、企业的海量高价值数据资源,同时设置自有数据资源提交通道,鼓励参赛者上传合规合法获取且可开放共享的自有数据资源,参赛团队可自定选题开展研究,以研究论文＋论文海报＋数据文档(以上为必交内容)＋应用作品(选交内容)的形式参与竞赛。主赛道另设安徽、江苏、山东、浙江四个分赛区,各分赛区分别独立制定赛区内的赛制,但不另设分赛区单独报名参赛通道,所有主赛道报名团队按照队长报名时的身份归属(即所属学校)对其进行分赛区划分。分赛道模式始于第三届数据竞赛,以金融大数据知识与案例分析竞赛为初探形式,结合首次尝试成效,分赛道对比赛内容和整体赛制进行了调整,此次以金融大数据建模与案例分析竞赛的模式面向上海地区高校师生进行,参赛者基于金融领域数据(大赛数据/公开数据/自有数据)开展分析建模,以论文报告(必交)＋展示海报(必交)＋系统代码(选交)＋应用作品(选交)提交最后参赛作品。

1.1.3　成果孵化(2023年11月下旬起)

成果孵化分为两个主要部分:一是通过出版大赛优秀论文集、推荐发表优秀获奖论文、推荐出版优秀数据、支持优秀成果落地转化、推荐实习等途径,为参赛团队提供更多机会和支持;二是对大赛组织经验和数据资源进行总结,出版大赛组织相关论文、推荐出版优秀数据等,为后续大赛提供实践参考。

1.2　大赛数据及申请使用情况

为更好地拓展大赛数据资源,践行大赛宗旨,本届大赛在通过与政府、高校和企业合作获取数据以外,继续鼓励参赛师生提交和共享高质量的研究数据。在经过数据标准制定、数据采集、数据预处理(形成数据集＆数据描述)、数据审核(初审＆复审)、数据测试等一系列流程制定后,本次大赛最终完成并提供16组高质量数据集开放共享,具体包括高校图书馆业务数据、中国流动人口动态监测调查数据、长三角地区社会变迁调查数据、中国都市青少年发展数据、中国专家学者数据、运营商用户轨迹统计数据、万方数据知识服务平台期刊文献用户行为日志、基础教育互联网学习现状调查数据、CADAL用户行为数据、京东读书专业版电子图书馆数据库读者阅读记录、复旦大学ERU数据、上海市公共数据开放平台数据、上海市中小学生阅读＆提问数据、当代中国社会生活资料书信数据、高校校园数据、上海市奉贤区农业种植记录清单数据。参赛团队上传自有数据中,共有5个数据集经过审核成为大赛数据,包括城市抖音粉丝量数据、新能源汽车用户体验调查数据、2022年上海疫情期间微博签到数据、"双减"政策微博博文数据、中文阅读分级语料集数据。本届大赛数据均须申请获取,为更好地引导参赛师生开展数据驱动的研究应用,大赛要求参赛团队在申请数据时一并提交研究设想,最终,共有276支团队完成数据申请,共申请数据集370个,其中,申请量最大的三个数据集是高校图书馆业务数据、中国流动人口动态监测调查数据和长三角地区社会变迁调查数据。

2 参赛师生与提交作品

2.1 参赛师生情况分析

共有全国19个省市113所高校的447支队伍报名参加了第四届"慧源共享"全国高校开放数据创新研究大赛,报名总人数达1 662人,其中,指导教师217人。主赛道报名人数居前三位的高校为上海师范大学、复旦大学和山东大学,三所高校分别有51支、33支和28支队伍报名参赛;分赛道报名以上海外国语大学为主,上海交通大学、华东师范大学等高校师生均积极报名参与。

大赛主赛道因其研究主题不设限,提供的大赛数据横跨多个领域,数据类别丰富,且在面向全国高校师生的基础上允许跨校合作组队,因此,更容易促进跨学科研究交互,形成了更多跨专业、跨领域的团队合作。在主赛道1 384名参赛师生中(不包括指导教师),教师和学生的占比分别为6.2%和93.8%,与第三届的比例基本一致;不同学科的占比如图2所示,其中,管理学、工学和法学名列前三,与第三届相比,法学学科的报名人数出现了明显增长,艺术学、历史学、哲学等学科的师生开始报名参与;不同学历的占比如图3所示,本届慧源大赛仍然以"本科在读"和"硕士在读"为主,但专科学历的同学逐步开始报名参与,一定程度上体现了前几届大赛初步积累的影响力和吸引力。

赛道规则规定参赛团队可由1~7人组成,若组团成员均为学生,则可另设1位指导老师(指导老师不计入团队人数)。大赛报名团队组队人数情况如图4所示,与往届大赛情况类似,本届比赛报名团队仍然以个人成队参赛为主要形式,但从趋势上来看,如图5所示,越来越多的参赛师生开始以多人组队的方式报名参赛,此外,共有217支队伍有指导老师。

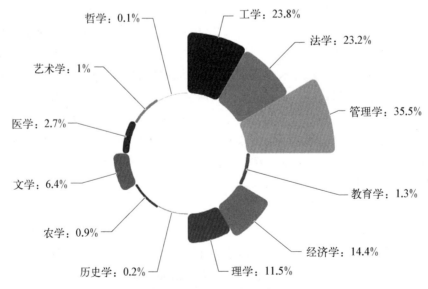

图2 不同学科的报名情况

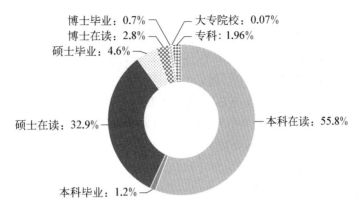

图 3　不同学历的报名情况

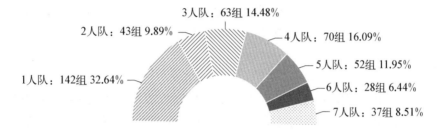

图 4　报名团队的人数情况

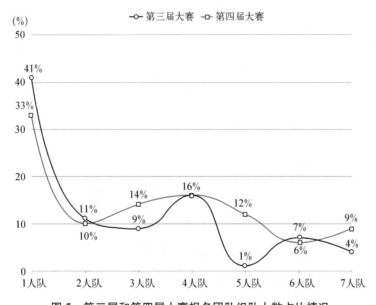

图 5　第三届和第四届大赛报名团队组队人数占比情况

2.2　竞赛作品情况分析

以主赛道为主要分析对象,全国赛区共收到 108 件作品,经过形式审查后,101 件有效作品进入复审,最终,有15件作品进入终审答辩环节参选特、一、二、三等奖。有效作品中,数据集使用率前三名的是高校图书馆业务数据、中国流动人口动态监测调查数据和长三角地区社会变迁调查数据;20件作品基于多个数据集开展分析研究,5件作品完全基于自有数据,1件作品加入自有数据进行融合分析,95项作品完全基于大赛数据完成。

从研究方法进行分析,主赛道全国赛区的参赛队伍以经典的回归分析模型、聚类算法、神经网络模型、语义分析模型等数据分析方法为主要研究手段,使用最多的数据分析工具和可视化工具是 Python、SPSS、R、Excel 等。

3 以赛促教、以赛促学

为了更好地收集和了解参赛师生对大赛系列活动的需求,有助于大赛系列活动的改进与完善,从第三届开始,大赛组委会就开始在报名阶段进行问卷调研。第三届慧源大赛共有448支队伍参与调研,本届大赛共有441支队伍参与调研。

3.1 参赛需求调研分析

为了深入了解高校师生对大赛的认知情况和需求,大赛组委会从第三届开始就从大赛了解渠道、大赛报名原因、赛前可能遇到的困难等几个方面进行调研。如图6所示,报名团队主要还是通过老师和同学推荐、大赛微信公众号和学校图书馆公众号了解到大赛信息并参与报名,可见,经过前两年的发展,"慧源共享"开放数据创新研究大赛系列活动已经在高校师生中形成了一定的影响力,也有了一定的口碑积累。另一方面,学校院系的助力作用也逐步显现,因此,如果数据素养教育类大赛能够与相关专业院系积极开展合作,其影响力和渗透力将会显著提升。

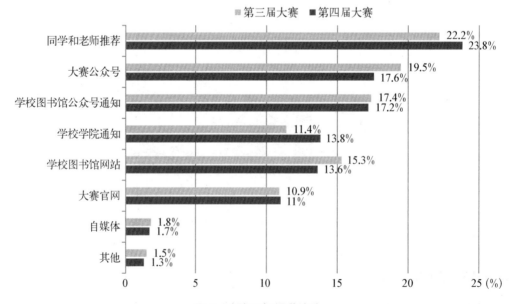

图6 大赛了解渠道统计

针对参赛原因进行分析,如图7所示,报名团队仍然是以提升数据素养为最主要的目的,其次是被大赛数据吸引,最后才是希望通过大赛证明自己的数据能力。由此可见,高校师生对于数据素养教育抱有极大的需求和参与意愿,数据资源的质量也在很大程度上影响了师生参赛的积极性,大多数参赛者都希望在数据能力上通过竞赛成绩获得肯定,也激发了因为参赛而深入学习数据素养知识与技能的热情。

对赛前对可能遇到的困难方面进行分析,如图8所示,参赛队伍还是将必要的数据素

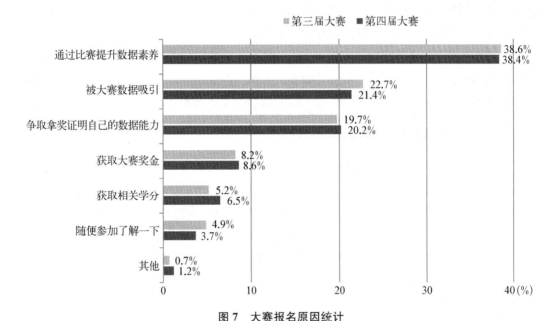

图7 大赛报名原因统计

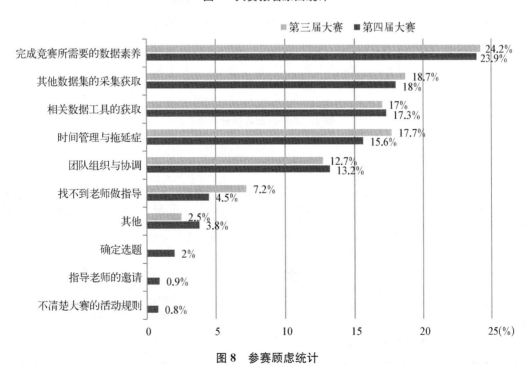

图8 参赛顾虑统计

养视为最大的挑战,获取更多数据资源开展交叉融合分析依旧是参赛者的较大顾虑,相关数据工具的获取、时间管理与拖延症、团队组织与协调也是影响参赛者信心的几大要素。

通过调研分析,大赛组委会进一步了解参赛者的心态,针对不同层面的问题进行研究,对大赛系列活动的内容和开展方式不断地进行调整。首先,在前期讲座反馈的基础上,有的放矢地邀请不同领域的专家,不断沟通协调讲座内容,并优化在线直播、视频回放的方式和质量,确保数据素养教育讲座能够满足广大高校师生的培训诉求。其次,在数据融合方面,大赛组委会积极与政府部门、研究机构和企业进行协商,制定更为严格、合理的数据采集标准和使用准则,确保整个赛程中的数据申请与使用更合规合法。同时,不断优化大赛的数据平台,确保其功能有效,为大赛数据开放共享提供技术支撑。最后,经过多次前期沟通和情况调研,大赛组委会开始尝试与高校院系进行课程融合探索实践,以期通过理论课程与实践竞赛活动的有机结合,推动高校师生数据素养教育与技能提升的进程。

3.2 大赛与课程融合推动数据素养培训

结合调研分析的结论,参赛队伍对于数据素养技能提升有强烈的需求,但对于数据采集获取、数据工具获取和时间管理等方面感到有挑战,因此,为了有效地帮助参赛者建立信心,科学系统地帮助参赛者有计划地开展数据素养实操,本届慧源大赛通过对前几届大赛总结会探讨要点的分析,不仅对"数据悦读"课程体系、课程内容进一步筛选、凝练、制作,而且创新地与大学课程进行融合,以上海师范大学"统计学"课程为探索实践,为课程提供数据资源支持和教学实践平台。

3.2.1 以赛促教

大赛组委会在筹备阶段与上海师范大学的相关老师进行过多次交流,从课程安排、课程对象、课程形式、课程教学要求与目标到大赛赛程安排、大赛系列活动特色、大赛目标等方面进行沟通,最终选定"统计学"课程为融合对象。以此为前提,双方充分分析该课程特点和大赛特色,确立双方融合角色与分工(如表1所示)。确立融合方式和方案后,由课程实施方提交课程融合服务申请。

表1 课程融合双方分析表

	特点/特色	角色	分工
上海师范大学	完善的"统计学"课程体系,提供数据处理与分析的理论知识	理论知识传授者;大赛指导老师	传授统计学的相关理论知识;鼓励同学组队参赛,以大赛数据为主要实践对象开展研究;提供实践过程中的指导;为研究报告的撰写提供专业意见
慧源大赛	具备丰富多样、高价值的数据资源,配套的数据素养培训系列讲座,提供实战平台、奖金激励与成果孵化	数据资源提供者;数据素养培训讲座提供者;数据素养技能实践平台提供者	提供丰富多样且具备高价值的数据资源;提供数据处理、数据分析、数据挖掘与数据应用相关的多领域培训讲座;提供专业评委对参赛作品进行专业点评与指导;执行大赛流程,为优秀队伍进行评奖、颁奖与后续成果孵化服务

3.2.2 以赛促学

达成大赛与课程融合协议后,课程实施方对教案进行调整,适时加入慧源大赛系列活动的教学任务,包括"数据悦读"讲座参与、课堂组队报名参赛、数据申请与数据分析开展、研究报告撰写进度把控、研究报告修改等。整个教学过程从导论出发,为同学们建立数据搜集、数据可视化、数据概括性度量、统计量机器抽样分布、参数估计、假设检验、分类数据分析等概念,再进一步介绍描述性统计和推断统计常用的统计方法,如方差分析、线性回归模型等。

慧源大赛组委会则积极配合课程实施方,重点围绕数据素养技能提升,提供数据资源介绍、慧源大赛答疑解惑、"数据悦读"讲座、研究报告撰写指导等服务,并组织专家团队为参赛团队的研究报告进行评审和意见反馈。

3.2.3 课程融合的成效

上海师范大学通过与慧源大赛的课程融合,有效地实现了数据素养相关理论到实践的逐步推进,直接解决获取数据资源困难、选题有难度等问题,同学们可以更有针对性地选取所需数据,利用所学数据处理手段开展数据分析、数据挖掘,结合数据分析结果对其研究主题以数据可视化或文字阐述等方式进行诠释,并最终形成完整的研究报告。上海师范大学以此方式对其课程进行了优化,顺利地达成了教学目的,切实可观地看到教学实践的效果,为后续的课程开展和教案改进提供了极大的参考。

慧源大赛通过与上海师范大学合作,收获了51支参赛队伍,参赛者达218人(不含指导老师),96%的队伍为多成员组队。上海师范大学成为本届大赛报名最多的院校,其作品质量也较高。后期收到22件有效作品,其中,有5件作品基于多个数据集开展分析研究,参赛选题丰富,包括人口研究、基础教育互联网学习、青少年分析、图书推荐等;数据分析方式多样,涉及词频统计、回归模型、时间序列、关联分析、协同过滤、可视化分析等。

4 新时代发展要求下数据素养教育的未来发展

尽管"以赛促教、以赛促学"的人才培养模式在国外已经成为一种相对成熟的模式,但在国内仍然处于尝试阶段。在数据经济高速发展、全民数字素养与技能提升成为大势所趋的形势下,如何培养具备数据素养理论体系且拥有数据技能的复合型、应用型、创新型人才成了高校迫切需要发掘的新模式。"慧源共享"全国高校开放数据创新研究大赛正是看到这样的时代发展需求,从筹备之初就充分利用高校与科研机构、政府和企业等多种不同环境和资源优势,积极推进科学数据的汇聚与融合,依托"慧源共享"上海教育科研数据共享平台进行功能优化,同步制定并不断完善比赛制度、数据采集标准、数据申请标准、数据申请协议和论文评分规则,为数据素养教育的开展提供有力的平台支撑和服务支持。此次通过与上海师范大学进行课程融合实践,已经初步展现出事半功倍的效果,不仅在赛前能对参赛选手进行数据素养理论的巩固,而且通过实战形式以竞赛驱动同学们进行数据技能培养,在比赛中发现自身的不足,进而有的放矢地开展数据素养学习,最终达成大赛组织方、高校、学生多方共赢的局面。

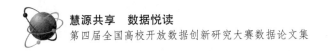

由此可见，未来数据素养教育方式可以从如下三个方面进一步优化：

一是鼓励、支持以数据素养教育为目标的竞赛，更多地营造政府、高校、研究机构和企业多方联动的氛围，促进产、学、研、用的有机结合，充分发挥政府的引导作用、高校和研究机构的学术研究能力、企业的数据积累与应用场景丰富的优势，形成全新的数据素养教育生态链。

二是推动高校课程与相关竞赛融合的机制建立，明确课程和竞赛的定位和分工，结合课程教学需求和各类竞赛特点，建立课程融合指南和流程指导，以可持续的思路促进大赛与课程融合的有效开展。

三是面对全新的数据素养教育与技能提升的环境需求，支持以数据素养教育为目的的大赛面向不同的群体推出数据素养教育衍生产物，如在线课程、数据出版论文等，因材施教，结合不同平台的受众特点进行不同设计。

"以赛促教、以赛促学"模式对于数据素养教育是一种由外而内激发教育与学习热情的有效方式，既可以帮助教育教学不断调整内容与模式，又可以在实践中让学生找到自身的薄弱点，进而学习攻克。它使教育变得有方向，使学习变得有目的。在产、学、研、用新生态全面发展的环境下，数据素养教育大赛将成为良好枢纽，将各方资源交互后的产物和成效以大赛成果和成果孵化的方式进行外放式呈现，从而促进整个生态的闭环式、可持续性发展，最终达到数据素养教育与技能提升双赢的效果。

参考文献

［1］黄如花，李白杨.数据素养教育：大数据时代信息素养教育的拓展[J].图书情报知识，2016(1)：21-29.

［2］杨波，李书宁.国外高校图书馆数据素养教育合作模式及启示[J].图书馆学研究，2023(10)：84-92.

作者介绍和贡献说明

杜宇骁　女，复旦大学图书馆，复旦大学大数据研究院人文社科数据研究所，上海市科研领域(人文社科)大数据联合创新实验室，馆员。研究方向：科学数据管理与服务。主要贡献：文章撰写，文章修改。E-mail：duyuxiao@fudan.edu.cn。

程蕴涵　女，复旦大学图书馆，复旦大学大数据研究院人文社科数据研究所，上海市科研领域(人文社科)大数据联合创新实验室，馆员。研究方向：科学数据管理与服务。主要贡献：数据整理。

胡杰　女，复旦大学图书馆，复旦大学大数据研究院人文社科数据研究所，上海市科研领域(人文社科)大数据联合创新实验室，馆员。研究方向：科学数据管理与服务。主要贡献：文章修改。

伏安娜　女，复旦大学图书馆，复旦大学大数据研究院人文社科数据研究所，上海市科研领域(人文社科)大数据联合创新实验室,副研究馆员。研究方向:科学数据管理与服务。主要贡献:文章修改。

张计龙 复旦大学图书馆副馆长,复旦大学大数据研究院人文社科数据研究所常务副所长,上海市科研领域(人文社科)大数据联合创新实验室主任,研究馆员。研究方向:高校信息化和数字图书馆研究,科学数据管理。主要贡献:提出文章修改意见。

第四届"慧源共享"全国高校开放数据创新研究大赛参赛感受调查研究

伏安娜　程蕴涵　汪东伟　杜宇骁　胡　杰

［复旦大学图书馆　复旦大学大数据研究院人文社科数据研究所

上海市科研领域（人文社科）大数据联合创新实验室］

摘要：为了解第四届"慧源共享"全国高校开放数据创新研究大赛参赛者的参赛动机、参赛收获，以及过程中遇到的困难挑战等参赛体验，作者在大赛报名阶段和作品提交阶段对相关团队进行了结构化问卷调查。本文主要对调查数据进行描述性分析，并基于分析结果对未来赛事的组织提出建议。

关键词：开放数据竞赛　问卷调查　参赛感受

Research on the Subjective Experience of Participation in the 4th "Intellectual Resources Sharing" National College Competition on Open Data and Research Innovation

Fu Anna, Cheng Yunhan, Wang Dongwei, Du Yuxiao, Hu Jie

(Fudan University Library; Institute for Humanities and Social Science Data, School of Data Science, Fudan University; Shanghai Big Data Joint Innovation Lab — Science & Research Unit)

Abstract: In order to identify the motivations, perceived benefits, and challenges encountered by participants in the 4th "Intellectual Resources Sharing" National College Competition on Open Data and Research Innovation, the authors conducted a structured questionnaire survey during the registration and work submission phases of the competition. This study presents a comprehensive descriptive analysis of the survey data, and proposes optimization suggestions for future events based on the findings.

Keywords: open data competition, questionnaire survey, competition experience

0　引言

为更好地了解参赛师生对第四届"慧源共享"全国高校开放数据创新研究大赛(以下简称第四届大赛)系列活动的参赛感受,进一步优化大赛策划和组织过程,更好地实现大赛目标,笔者通过调查问卷的形式在大赛报名阶段和作品提交阶段对相关团队进行了调查。本文主要对调查数据进行描述性分析,重点了解参赛团队的参赛动机和参赛体验,并基于调查结果,对未来赛事活动的组织进行进一步思考,针对性提出发展建议,以期为高校开放数据竞赛及数据素养教育活动的开展提供有益的借鉴。

1　问卷设计与调查过程

相关问卷调查在第四届大赛报名和作品提交两个阶段完成,以结构化问题为主、半结构化问题为辅。报名阶段(2022年9月29日—11月21日)的问卷内容主要用于了解报名团队获取大赛信息的途径、参赛原因、团队在赛前对自身数据能力的自信程度,以及对可能遇到的困难的预计等相关内容,数据采集持续整个报名阶段,相关题目作为报名时的必答内容,最终收到有效问卷441份。作品提交阶段(2022年12月12日—2023年2月28日)的问卷主要用于了解提交作品团队的参赛体验,相关问题包括参赛收获、参赛中遇到的挑战、对数据能力提升的感受以及整体参赛感受等,该部分的数据采集持续整个作品提交阶段,相关题目作为提交作品时的必答内容,最终收到有效问卷106份。

2　问卷调查结果分析

2.1　参赛动机分析

2.1.1　报名团队了解大赛的途径

第四届大赛主要通过大赛官方网站、"慧源共享"公众号发布赛事的官方信息,相关消息和新闻被多家媒体报道,也得到多所高校(图书馆)微信公众号、学校(院系、图书馆)网站、省市图工委网站、自媒体转发。调查数据显示(见图1),"同学老师推荐"是第四届大赛报名团队了解和获取大赛信息最主要的途径,共有205支队伍(占比46%)通过该途径知晓了大赛信息;其次是大赛微信公众号和学校图书馆公众号,有152支队伍通过前者获得了大赛信息,148支队伍通过后者获得信息;再次是学校和学院官方通知、学校图书馆网站和大赛官网,分别有119支队伍、117支队伍和95支队伍通过上述途径了解了大赛信息。此外,还有少数团队通过自媒体和其他途径获取了大赛信息,分别为15支队伍和11支队伍。

2.1.2　报名团队参赛原因

如图2所示,在参赛原因方面,通过比赛提升数据素养是本届大赛报名团队选择最多

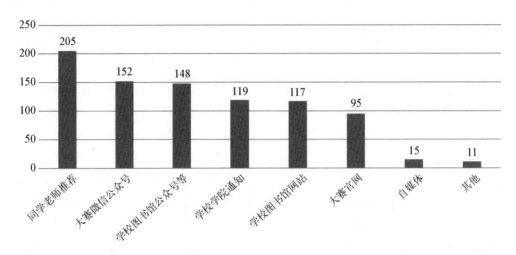

图 1 报名团队了解大赛信息的主要途径

的参赛原因,有超过 90% 的队伍(401 支队伍)选择了该选项。此外,被大赛数据吸引、争取拿奖证明自己的数据能力也是较为重要的参赛原因,选择上述两个选项的队伍数量分别为 223 支和 221 支。获取大赛奖金、获取相关学分也是部分团队报名参赛的原因,但占比较少,前者共 90 支队伍,占 20%,后者共 68 支队伍,约占 15%。另有 39 支队伍反馈参赛原因为"随便参加了解一下",12 支队伍反馈的原因为"其他"。

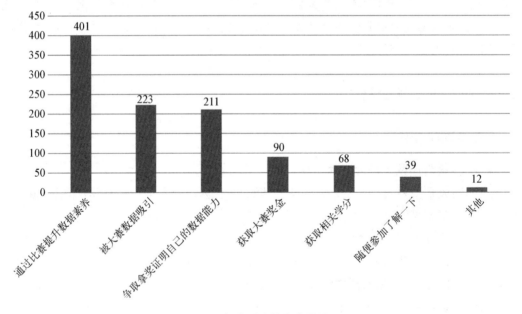

图 2 报名团队的参赛原因

2.1.3 报名团队对数据能力的自信程度

为更好地了解参赛团队赛前对不同数据能力的自信程度,笔者将数据能力划分为 10 个维度:数据敏感度和洞察力、数据采集与获取的能力、数据存储能力、数据处理分析能力(数据挖掘及相关工具使用)、利用数据展示与交流的能力(数据可视化等)、规范化处理和应用数据的能力(数据格式规范、数据引用)、在安全合理前提下使用数据的能力、在法律范围内使用数据的能力、数据共享的意识和能力,以及其他能力。调查中,要求被访者按照1~5分对应从少到多的情况对自己的各项数据能力进行打分。结果显示(见表1),报名团队在赛前就对各项数据能力展现出一定的自信,特别是"在法律范围内使用数据的能力"获得最高平均分4.21分和最高中位数5分。相比之下,"数据处理分析能力"的均分最低,为3.71分,自信程度最低。各维度数据能力的方差相对较低,在0.84~1.08范围内,除"其他"方面外,"规范化处理和应用数据的能力"选项的方差最大,表明各团队对该维度的自信度差异较大,"数据敏感度和洞察力"选项的方差最小,表明报名团队对该维度数据能力的自信度差异相对较小。

表1 报名团队赛前对不同数据能力维度的自信程度

	数据敏感度和洞察力	数据采集与获取的能力	数据存储能力	数据处理分析能力(数据挖掘及相关工具使用)	利用数据展示与交流的能力(数据可视化等)	规范化处理和应用数据的能力(数据格式规范、数据引用)	在安全合理的前提下使用数据的能力	在法律范围内使用数据的能力	数据共享的意识和能力	其他
平均值	3.83	3.82	3.76	3.71	3.80	3.76	4.03	4.21	4.05	3.94
方差	0.84	0.88	0.94	0.92	0.87	0.96	0.91	0.90	0.94	1.08
最小值	1	1	1	1	1	1	1	1	1	1
中位数	4	4	4	4	4	4	4	5	4	4
最大值	5	5	5	5	5	5	5	5	5	5

2.1.4 预计参赛中可能遇到的最大挑战

如图3所示,在报名阶段,参赛团队预计其在比赛过程中可能遇到的最大挑战是缺乏完成竞赛所需的数据素养,共有246支队伍选择了该选项,占所有报名团队的56%;其次是采集和获取其他数据资源、获取相关数据工具、时间管理与拖延症以及团队组织与协调方面的挑战,选择队伍数较为平均,分别有185、178、161、136支队伍选择相应的选项。也有少数团队认为可能存在寻找指导教师等方面的困难。预计在大赛选题确定和规则理解方面存在困难的团队较少。

2.1.5 对赛事活动的意见和建议

共有100支报名团队反馈了相关意见和建议,主要内容涉及数据资源、大赛规则、培训指导、宣传推广、交流沟通等方面。在数据资源方面,有报名团队建议增加开放数据的种类,也希望能通过开展调研,了解参赛选手的数据需求,进而提供更有针对性的数据资源。在大赛规则设计方面,有报名团队建议进一步完善比赛奖励机制,在赛区、奖项设置方面进一步优化。在培训指导方面,多个团队建议对选题方向进行针对性的指导,还有报

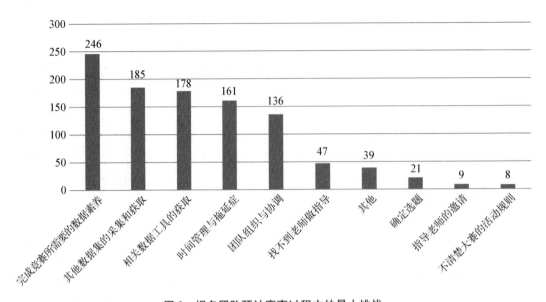

图 3 报名团队预计赛事过程中的最大挑战

名团队建议增加人文学科的数据分析类讲座。在宣传推广方面,建议加强宣推力度,让更多师生有机会参与大赛系列活动。在交流沟通方面,建议拓宽选手间的沟通平台,在赛事咨询方面更加高效。

2.2 参赛体验分析

2.2.1 参赛目标的实现情况

如图 4 所示,在作品提交阶段,90%的团队对目标实现情况持积极态度,包括 18%的团队认为获得了比预期更多的收获,5%的团队认为完全实现了预期目标,67%的团队认为基本实现了参赛目标。但另有 6%的团队认为基本没有实现预期的参赛目标,有 4%的团队认为完全没有实现预期目标。

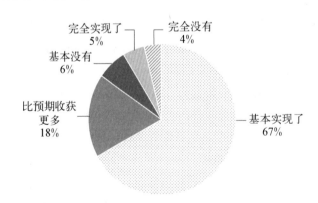

图 4 参赛目标的实现情况

2.2.2 参赛收获

如图 5 所示,在提交作品的 106 支队伍中,有 84 支队伍(占提交作品团队总量的

79%)认为通过赛事活动学到了很多数据处理技能,提升了自己的数据素养。有 77 支队伍(占 73%)表示通过比赛发现需要提升自己分析处理数据的能力,有 63 支队伍(占 59%)表示对基于数据分析解决问题更有信心了,有 62 支队伍(占 60%)表示更深入地了解了数据驱动的研究,有 56 支队伍(占 53%)表示接触到了很多高质量的数据资源。

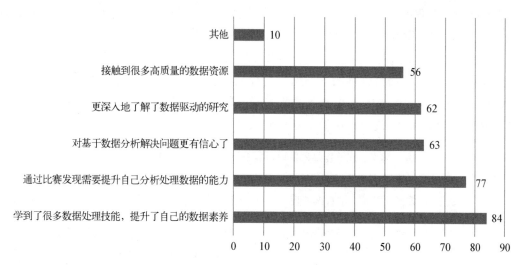

图 5　提交作品团队的参赛收获

2.2.3　活动中遇到的最大挑战

如图 6 所示,经过数据竞赛作品准备和完成阶段,72 支队伍(占 68%)认为时间管理与拖延症成为其参加竞赛过程中最大的挑战;其次,60 支队伍(占 57%)表达了数据素养方面的挑战。此外,分别有 35、35 和 27 支队伍反馈了其在团队组织与协调、相关数据工

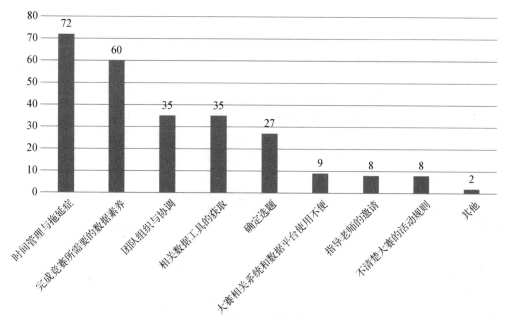

图 6　完成作品提交的团队在竞赛过程中遇到的挑战

具的获取以及选题确定方面的挑战。对于大赛系统和数据平台、指导老师邀请以及大赛规则方面的困难相对较少,选择相关选项的团队数量在8~9支。

2.2.4 数据能力的提升程度

在作品提交阶段,笔者对相关团队进一步调研,希望了解经过大赛前期的活动,他们对数据能力提升程度的感受,要求按照1~5分对应提升程度从少到多进行打分。数据显示(见表2),"在法律范围内使用数据的能力"是平均分最高的选项,达4.10分,成为提升最多的数据能力;"数据采集与获取的能力"的均分最低,为3.78分,是几个数据能力维度中提升最少的维度。所有维度的方差均相对较低,在0.66~0.84。相较之下,"数据采集与获取的能力"的方差最大,说明相关团队的能力提升程度的差异较大,而"数据共享的意识和能力"的方差最小,说明相应的差异最小。

表2 提交作品团队通过竞赛提升数据能力的情况

	数据敏感度和洞察力	数据采集与获取的能力	数据存储能力	数据处理分析能力(数据挖掘及相关工具使用)	利用数据展示与交流的能力(数据可视化等)	规范化处理和应用数据的能力(数据格式规范、数据引用)	在安全合理的前提下使用数据的能力	在法律范围内使用数据的能力	数据共享的意识和能力
平均值	3.83	3.78	3.77	3.88	3.89	3.89	4.06	4.10	4.03
方 差	0.66	0.84	0.82	0.76	0.79	0.75	0.70	0.82	0.69
最小值	1	1	1	1	1	1	1	1	1
中位数	4	4	4	4	4	4	4	4	4
最大值	5	5	5	5	5	5	5	5	5

除上述能力外,一些团队还在"其他"选项中提到其他维度数据能力的提升,包括:创新能力、沟通协调与团队合作能力、计算机能力、批判性思维、数据基本认知、数据管理能力、数据理解能力、数据思维、数据算法与模型、数据应用能力、项目管理能力、学术写作能力、学习新事物的能力、研究能力。其中,沟通协调与团队合作的能力是被提及最多的能力维度,超过27%的团队在"其他"选项中自主地填写了该项能力。

2.2.5 整体参赛感受

如图7所示,提交作品的团队在整体参赛感受方面给出了较为积极的反馈,超过98%的团队基本认可、比较认可或非常认可"会将大赛推荐给更多的同学和老师"的观点,认为大赛系列活动提升了自己(团队)的数据素养,大赛信息发布及沟通渠道畅通有效,大赛活动设置/提供了丰富的奖项和奖励。超过97%的团队基本认可、比较认可或非常认可大赛活动规则设置合理,表达清楚。超过95%的团队基本认可、比较认可或非常认可大赛提供了具有吸引力的数据资源,系列活动时间安排合理。比较多元的意见出现在大赛系列活动的时间安排合理性方面,近5%的团队持否定态度,是几个选项里否定态度占比最高的内容,但约 55% 的团队表示非常认可时间安排,也是几个选项里完全肯定态度占比最高的内容。

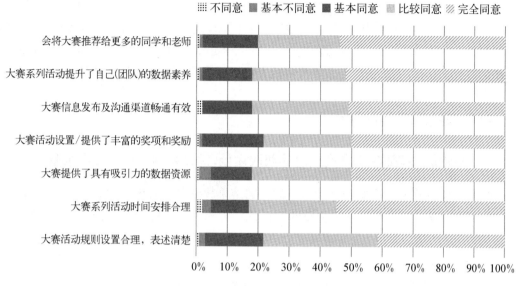

图 7　提交作品的团队参赛整体感受反馈

为了了解参与者推荐大赛意愿的影响因素,笔者将评级进一步转换成量表数据,即"完全同意"赋值为 5 分,"比较同意"赋值为 4 分,"基本同意"赋值为 3 分,"基本不同意"赋值为 2 分,"不同意"赋值为 1 分,计算参加大赛感受各方面与"会将大赛推荐给更多的同学和老师"的相关系数。如表 3 所示,"大赛系列活动提升了自己(团队)的数据素养""大赛活动设置/提供了丰富的奖项和奖励"与推荐意愿的相关性最强,相关系数分别为 0.805 和 0.801,表明通过大赛提升数据素养的体验以及奖项和奖励的吸引力是参与者推荐大赛的最重要因素。

表 3　推荐原因相关性分析

	会将大赛推荐给更多的同学和老师
大赛活动规则设置合理,表述清楚	0.722 392
大赛系列活动时间安排合理	0.754 037
大赛提供了具有吸引力的数据资源	0.775 411
大赛活动设置/提供了丰富的奖项和奖励	0.800 72
大赛信息发布及沟通渠道畅通有效	0.735 543
大赛系列活动提升了自己(团队)的数据素养	0.804 774

2.2.6　对大赛及相关活动的建议

在作品提交阶段,25 支队伍对大赛提出了优化建议。第一类建议主要针对大赛数据资源,希望大赛可以进一步丰富数据集资源,一方面,增加更新的数据;另一方面,增加数据资源的专题性。第二类建议主要针对交流培训,包括希望大赛提供更为多元的平台供参赛选手进行交流,在培训方面更加侧重技能和技术操作,此外,还有团队提出希望可以对参赛作品进行持续的跟踪和指导。第三类建议主要针对大赛系列活动的宣传推广,希望主办方能在宣传渠道、宣传强度方面进一步改进,让更多的师生参与其中。第四类建议主要针对参赛工具,有团队认为受限于自身的设备和服务器,未能很好地实现其参赛目标。

3 对未来数据竞赛的建议

3.1 深入研究高校师生竞赛类信息的获取途径,优化系列活动的宣推策略

从参赛团队获取大赛系列活动信息途径的结果数据可以看出,同学和老师的推荐已经成为报名团队了解赛事信息最主要的途径,这一方面说明慧源数据大赛在高校师生中已形成一定的口碑,同时也在一定程度上印证了研究[1]的调查结果,即开放数据竞赛作为一种学习活动,传统社会关系网络在这类信息获取上的作用依旧明显。因此,在未来活动的组织中,应进一步探究数字时代高校师生竞赛等学习类信息的获取路径,从而针对性地优化和改进相关活动的宣推策略,丰富宣推的途径,扩大活动的影响力,提升活动的参与度。

3.2 在竞赛过程中,为参赛者提供针对"拖延症"的支持帮助

调查结果显示,时间管理与拖延症是参赛团队参赛过程中遇到的最大挑战。与排名第二的挑战——"完成竞赛所需要的数据素养"相关的困难不同,时间管理问题在参赛报名阶段并未得到足够的重视,只有37%的团队将此作为可能遇到的最大挑战之一。尽管时间管理和拖延症并非大学生在参与开放数据竞赛中的特质属性[2],但这一困难已经成为影响其完成数据竞赛、实现相关学习目标的重要瓶颈。未来,在竞赛和相关活动的组织中,应充分重视参赛团队的时间管理问题,在已有针对大学生的拖延行为研究的基础上,对竞赛活动中的拖延行为进行进一步探究和细分,例如,对被动拖延和主动拖延等进行区分,并针对不同的情况,提供覆盖全过程的支持帮助,采用任务分解、过程优化、提醒指导等方式,改善参赛者在任务启动、工作记忆、计划组织、材料组织和状态转换等方面存在的困难[3,4]。

3.3 重视赛事活动中高质量数据资源建设,从数据数量和质量两方面进一步探索改进

开放数据竞赛作为一种数据素养教育实践,在数据资源汇聚和保障方面较其他教育模式有显著优势。此外,根据赛事报名阶段的反馈,超过半数的参赛师生是被大赛数据吸引。然而,在最后提交作品阶段,对大赛数据资源吸引力的反馈相比其他选项,不满意选项占比最高。因此,在未来数据竞赛的组织中,赛事组织方要继续重视数据资源的汇聚和

建设,重视数据的专题性、新颖性和可分析性,通过更加多源、灵活的方式整合和开放数据资源,进而提升活动参与度。

3.4 根据参赛师生的反馈,进一步优化数据素养为核心的指导培训和交流合作

数据素养的提升既是大赛组织中的重要目标,也是师生报名参赛最主要的原因和最大的收获。经过前期发展,慧源数据大赛已形成了"ABCDEFG"七大知识主题和三个培养阶段的数据素养教育模式。然而,调查数据显示,慧源数据大赛当前的数据素养教育策略还需要进一步优化。在数据素养能力范畴方面,需进一步构建和完善数据素养能力培养体系,除了常见的数据分析处理、数据可视化、数据安全等能力维度外,充分考虑沟通协调与团队合作能力、项目管理能力、学术写作能力、学习新事物的能力等相关能力维度。在数据素养培养途径方面,除了以"数据悦读"学术训练营为主的培训讲座和实践为主的竞赛环节,竞赛组织单位还应重视参赛社区建设,为参赛团队提供非正式的学习交流平台。此外,还应发挥组织单位的联合优势,形成互补的数据素养教育体系。在慧源数据竞赛组织机构中,高校图书馆是最为主要的组织力量。作为各校学术资源的中心和数据素养培养的重要主体,我国高校图书馆在数据分析工具、数据分析技能方面已开展了较多的培训实践[5],并设置了数据馆员或学科馆员等岗位负责数据服务的相关工作[6]。此外,近年来,MOOC和各类自媒体平台也提供了诸多针对数据技能、数据分析工具、数据分析方法的课程和视频资源。因此,在未来数据竞赛系列活动的组织中,可进一步优化数据素养教育策略,尝试构建"主线+辅线""特色资源+外部资源""大赛组织团队+团队指导教师+高校专业馆员"等更为开放灵活的数据素养培养模式,更为有效地提升参赛师生的数据素养。

参考文献

[1] 杨利军,巫宇清,金来.新媒体环境下的大学生日常生活信息获取行为[J].图书馆论坛,2021,41(2):123-132.

[2] 孟高慧,刘畅.大学生个人学术信息组织行为与学业拖延的关联探究[J].图书情报工作,2021,65(22):85-95.

[3] 王旭祥,戴美霞,王增建,等.不同拖延类型大学生的执行功能差异[J].中国心理卫生杂志,2018,32(5):415-419.

[4] 聂晶,鲍威,陈苏雅.大学生学业拖延的团体干预疗效研究[J].教育学术月刊,2017(2):67-75.

[5] 雷春蓉,陈梦.国内外高校图书馆数据素养教育比较研究[J].图书馆,2021(4):47-51.

[6] 左志林.我国高校图书馆数据馆员研究[J].图书馆建设,2020(1):138-144.

作者介绍和贡献说明

伏安娜 女,复旦大学图书馆,复旦大学大数据研究院人文社科数据研究所,上海市

科研领域(人文社科)大数据联合创新实验室,副研究馆员。研究方向：科学数据管理与服务。主要贡献：论文思路和框架构建、论文撰写及修订。E-mail：fuanna@fudan.edu.cn。

程蕴涵 女,复旦大学图书馆,复旦大学大数据研究院人文社科数据研究所,上海市科研领域(人文社科)大数据联合创新实验室,馆员。研究方向：科学数据管理与服务。主要贡献：数据采集和分析、论文修订。

汪东伟 复旦大学图书馆,复旦大学大数据研究院人文社科数据研究所,上海市科研领域(人文社科)大数据联合创新实验室,馆员。研究方向：数字图书馆,知识挖掘。主要贡献：数据采集、论文修订。

杜宇骁 女,复旦大学图书馆,馆员。研究方向：科学数据管理与服务。主要贡献：数据采集、论文修订。

胡杰 女,复旦大学图书馆,复旦大学大数据研究院人文社科数据研究所,上海市科研领域(人文社科)大数据联合创新实验室,馆员。研究方向：科学数据管理与服务。主要贡献：文章修改。

视频课程在数据素养培训中的实践探索

程蕴涵　伏安娜

[复旦大学图书馆　复旦大学大数据研究院人文社科数据研究所
上海市科研领域（人文社科）大数据联合创新实验室]

摘要：本文以第四届慧源大赛学术训练营的数据素养课程为例，从视频制作、课程推广、课程效果反馈及改进措施等方面，总结了视频课程的实施过程，并分析了它们在提升数据素养方面的实际效果。此外，通过对训练营课程问卷反馈的分析，本文还提出了针对性的改进措施，以进一步提高数据素养课程的教育效果和参与者的满意度。

关键词：数据素养　视频课程　问卷分析　训练营

The Application of Video Courses in Data Literacy Training

Cheng Yunhan, Fu Anna

(Fudan University Library; Institute for Humanities and Social Science Data, School of Data Science, Fudan University; Shanghai Big Data Joint Innovation Lab — Science & Research Unit)

Abstract: This paper takes the data literacy course of the 4th "Intellectual Resources Sharing" Competition Academic Training Camp as a case study and summarizes the implementation process of video courses, including video production, course promotion, feedback of effects, and improvement measures. It analyzes the practical effects of these courses in enhancing data literacy. Moreover, through the analysis of feedback from the training camp course questionnaire, this paper also presents targeted improvement measures to further enhance the educational effectiveness of the data literacy courses and participant satisfaction.

Keywords: data literacy, video courses, questionnaire analysis, training camps

0　前言

教育数字化转型已成为当前教育改革中的关键议题[1]，日新月异的数字环境为教学方式和教学手段带来新的选择,慕课、翻转课堂、微课和微视频等视频课程以其直观、灵活、易传播、支持移动化和碎片化学习等方面的优势,受到教育界和学习者的广泛关注[2]。有研究指出,尽管上述方式在一段较长的时间内不会完全取代传统课堂,但其必将推动教育实践的转变[3]。在面向大学生信息素养、数据素养和数字素养的教育中,视频课程因其在学习活动泛在化、学习工具便携化、知识切入自主化、教学设计情景化、学习氛围轻松化等方面的优势,产生了一系列的实践案例[4,5]。本文以"慧源共享"全国高校开放数据创新研究大赛"数据悦读"学术训练营为例,梳理了训练营数据素养课程建设的具体过程,在此基础上探讨了相关内容的推广策略和效果反馈,最后对未来数据素养课程视频的建设提出针对性建议。

1 "数据悦读"学术训练营系列视频课程的建设思路

"数据悦读"学术训练营是"慧源共享"全国高校开放数据创新研究大赛的系列活动,活动面向全国高校师生,邀请不同行业、不同领域的数据科学家,围绕 A(AI,人工智能)、B(Blockchain,区块链)、C(Cloud Computing,云计算)、D(Big Data,大数据)、E(Edge Computing,边缘计算)、F(Fintech,金融科技)、G(GIS,地理信息)七大主题,在国内多所高校举行巡回讲座,支持后续数据素养实操活动的开展。本届学术训练营系列课程视频主要分为四类(见表1):第一类是课程直播视频,主要在上海教育云直播平台、微信视频号和bilibili等平台对相关课程活动进行在线直播;第二类是课程回放,即对活动过程中录制的视频粗剪辑后,直接在慧源上海教育科研数据共享平台发布;第三类是精剪课程,即对录制视频按在线课程的相关要求进行加工处理后,在慧源上海教育科研数据共享平台数据素养课程系列栏目发布点播;第四类是微视频,即编写不同的脚本,将视频进行主题拆分,围绕一个更为细小的主题进行剪辑和编辑,在微信公众号平台发布。

表1 "慧源共享"数据素养系列课程视频主要类别

视频类别	描述	特点	发布平台列举
直播课程	对课程进行现场直播	实时直播,互动性强	上海教育云直播平台、微信视频号、bilibili
回放课程	对录制课程进行快速粗剪,在活动后立即在平台发布	剪辑成本低,能迅速地在平台发布,时效性较强	慧源上海教育科研数据共享平台
精剪课程	按照课程要求对录制视频进行精剪处理,添加片头、片尾、字幕等内容,剪辑过程性废镜头,增加视频的清晰度	课程内容完整,视频质量高清,对深入学习更有价值	慧源上海教育科研数据共享平台
微视频	按照微视频的脚本文件进行设计和剪辑,按照不同的主题、话题进行拆分重构	方便在新媒体渠道发布,既可作为宣推素材,又可作为碎片化学习资料	微信公众号

2 视频课程制作与宣推的步骤[6]

"慧源共享"数据素养系列课程视频的制作经过了团队组建、方案确定、专家邀请、视频直播和录制、方案优化、视频制作、视频发布、宣传推广和反馈采集几个阶段(见图1)。

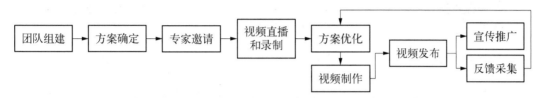

图1 视频课程的制作步骤

2.1 团队组建

为顺利地完成课程制作,大赛秘书处首先组建了一个跨机构的工作团队,并进行了相应的成员分工,包括:课程设计人员,主要负责整体课程方案的制定;视频录制人员,主要负责课程视频的拍摄和录制;专家联络人员,主要负责与专家学者沟通,确定课程内容并邀请专家授课;视频制作人员,主要负责课程视频的制作;宣传推广人员,主要负责课程视觉元素的设计以及宣传推广的开展等。团队通过分工合作,充分发挥各自的专长和优势,确保课程视频的高质量。

2.2 方案确定

"数据素养"学术训练营活动课程内容丰富,主题多样,涉及工作人员较多,视频展示途径多元,需要较为详细的设计方案。因此,在团队组建后,由课程设计人员牵头进行课程视频的设计工作,并撰写完成具体方案。

2.3 专家邀请

为了确保课程质量,根据课程的不同主题,团队邀请了来自高校、企业、政府部门等不同机构的数据专家,从不同的视角围绕 ABCDEFG 七大主题进行授课。授课专家紧扣当前的研究热点和行业趋势,为学习者提供相关的理论知识、前沿技术、实践案例和专家观点。在该环节,联络人员与专家就授课内容进行多次沟通,尽可能地确保课程切题,难易程度适中。

2.4 视频直播和录制

"直播+录播"的形式对课程内容审核、流媒体技术支持、多方配合提出更高要求,因此,在视频直播和录制前,团队制定了系列规范操作文档、操作指南,并对每场活动进行至少两次以上的彩排,对线下培训设备、线上录制平台进行全面测试,模拟直播网络情况,确保视频录制的顺利进行。培训开始后,线下课程将使用高质量的摄影设备对整个培训过程进行全程记录。线上课程则使用腾讯会议进行同步录制。为了后期课程剪辑和制作，团队不仅记录了授课专家的授课内容，还全程记录了现场互动和专家反馈，并将相关视频资料作为后期课程的视频素材。

2.5 方案优化

在课程直播和录制完成后，课程设计团队、制作团队和宣推团队合作对前期方案进一步调整优化，最终确定后续不同类别视频的剪辑要求。

2.6 视频制作

根据优化方案，后期制作团队对培训录制的视频进行精细剪辑，去掉不必要的部分，确保视频内容紧凑。随后，充分运用视觉设计素材，根据视频内容进行封面、片头和片尾、字幕添加，并根据视频内容适当地添加背景音乐，使视频内容更加吸引观众。

2.7 视频发布

依据课程方案中的宣推内容，根据不同的视频类别，在不同的平台进行视频发布。发布时为每个视频添加相应的介绍信息，对精剪课程还一并提供摘要信息、课程 PPT 资源以及专家推荐的教材资源（如有推荐）等，方便用户根据自己的兴趣和需要选择学习。

2.8 宣传推广

针对不同类别的视频，基于用户需求分析，开展相关宣推活动。在宣推过程中，充分利用社交媒体的传播特点，通过转发、点赞等，吸引更多人的关注和参与。主要的宣推策略包括：

第一，建立社交媒体沟通渠道。利用微信公众号和 QQ 群等社交媒体平台，建立与学生的直接沟通渠道。相关平台能有效地支持活动组织方与学生的即时交流，可定期更新课程信息，分享相关课程和比赛资讯，与潜在用户建立持续的良性互动。

第二，及时发布课程通知。为提高师生参与度和课程覆盖率，团队通过社交媒体平台提前数周发布课程详情，进行多轮宣推，不仅增加了师生的期待感，也方便师生提前规划，提高参与度和积极性。

第三，在线互动与交流。讲座全程设置互动环节，工作人员在讲座过程中全程收集学生的问题，最后由专家现场解答这些问题。这种即时的互动交流方式不仅增强了学生的学习体验，还帮助他们在讨论和反馈中加深对课程内容的理解。

第四，微视频制作与多渠道宣传。为了进一步扩大课程的影响力，团队在微信视频号等平台发布微视频资源，并通过微视频提升课程的可见度，吸引了更广泛的受众群体利用碎片化时间进行知识点的学习，同时为精剪课程进行引流。

2.9 反馈采集

为进一步优化课程制作和宣推策略，团队通过问卷调查等形式进行了学习效果反馈、活动组织复盘等,多维度地收集视频制作和学习的反馈信息。

3 视频课程学习效果反馈

通过对参赛者开展问卷调查,团队试图进一步了解视频课程的学习效果。调查中共收到有效问卷 54 份。题目选项为 6 级定性评级,为了便于分析,笔者将评级转换成量表数据:"完全同意"赋值为 5 分,"比较同意"赋值为 4 分,"基本同意"赋值为 3 分,"基本不同意"赋值为 2 分,"不同意"赋值为 1 分,"完全不同意"赋值为 0 分。通过转换后的量表数据,可更为直观地了解参赛者对训练营课程的满意度,并进行进一步分析。问卷各选项的基本评分情况如表 2 所示。

表 2 训练营问卷评分基本情况

	获取讲座预告信息很方便	讲座主题和内容很吸引人	授课专家讲得很好	"线上+线下"的形式方便参加	通过参加训练营,在数据思维、数据技能等方面很有收获	会推荐训练营课程给更多人
平均值	4.37	4.39	4.48	4.41	4.41	4.44
方 差	0.73	0.68	0.69	0.86	0.71	0.72
最小值	3	3	3	2	3	3
中位数	5	4.5	5	5	5	5
最大值	5	5	5	5	5	5

对训练营问卷量表数据进行分析,可以看到 6 个维度的平均值、中位数都显示出参与者普遍对训练营课程持正面评价,在各评价维度上参与者普遍表示出较高的满意度。

其中,"获取讲座预告信息很方便"得到了 4.37 的平均分,表明大多数参与者认为获取讲座预告信息的便捷性较高;"讲座主题和内容很吸引人"得到了 4.39 的平均分,凸显了课程对观众较高的吸引力;"授课专家讲得很好"得到了最高的平均分 4.48,表明授课专家的授课能力特别受到好评;"'线上+线下'的形式方便参加"得到了 4.41 的平均分,这展示了训练营线上线下的参与形式较为便利;"通过参加训练营,在数据思维、数据技能等方面很有收获"的平均分为 4.41,表明参与者在数据思维和数据技能方面有显著收获,与训练营预期成果紧密相符;此外,"会推荐训练营课程给更多人"有 4.44 的平均分,反映了参与者有推荐训练营课程给更多人的意愿。

所有维度的方差相对较低,范围在 0.68~0.86,其中,"'线上+线下'的形式方便参加"类别的方差最高。这表明参与者对训练营课程的满意度总体上较高,且各维度之间差异不大。对于"'线上+线下'的形式方便参加"这一维度,参与者的感知存在更多差异,部分参与者可能对课程形式有不同需求。

为了确保量表问卷数据的可靠性,笔者计算了 Cronbach's alpha 的值,结果为 0.89。

这一结果表明,问卷具有较高的内部一致性和可靠性。(通常认为 α 系数大于 0.7 表示量表具有良好的内部一致性。)

为了进一步检验问卷中各个题目之间的相关性,笔者计算了相关性矩阵。如表 3 所示,"通过参加训练营,在数据思维、数据技能等方面很有收获"与"会推荐训练营课程给更多人"之间的相关性最高,相关系数达到了 0.78,这表明训练营课程参与者在数据思维和数据技能方面的收获与他们推荐课程给其他人的意愿之间存在强烈的正相关关系。换言之,数据技能和思维的提升在很大程度上增加了参与者推荐训练营的可能性。"授课专家讲得很好"和"通过参加训练营,在数据思维、数据技能等方面很有收获"之间的相关系数也较高,为 0.74,也可以理解为授课专家的讲解质量在一定程度上影响了参与者的学习效果。

表 3 量表问卷的相关性矩阵

	获取讲座预告信息很方便	讲座主题和内容很吸引人	授课专家讲得很好	"线上＋线下"的形式方便参加	通过参加训练营,在数据思维、数据技能等方面很有收获	会推荐训练营课程给更多人
获取讲座预告信息很方便	1	0.61	0.50	0.62	0.46	0.50
讲座主题和内容很吸引人		1	0.67	0.66	0.60	0.56
授课专家讲得很好			1	0.52	0.74	0.66
"线上＋线下"的形式方便参加				1	0.37	0.37
通过参加训练营,在数据思维、数据技能等方面很有收获					1	0.78
会推荐训练营课程给更多人						1

4 改进建议

根据上述的描述和分析结论,对"数据悦读"数据素养视频课程提出以下改进建议:

第一,加强数据思维和技能培训的实践性。为增强数据素养课程的实践性,建议引入更多实践环节,如案例分析和项目实操等,这样可以帮助参与者更为有效地将理论知识应用于实际学习和工作环境中。此外,也有助于激发参与师生对数据科学领域的兴趣和热情,培养其批判性思维和解决问题的能力,为更多的学习和工作场景做好准备。

第二,定制化课程内容和互动式学习。建议对课程参与者进行更为细致的需求调研,利用相关数据进行用户画像,根据参与者的背景和需求定制部分课程内容,涉及不同难度级别的训练。一方面,增加讲座授课中的互动环节;另一方面,提前开启课程报名通道,开展小组讨论、合作实操等活动准备。

第三,优化课程内容和授课专家的选择。专家专业(工作)背景、专业能力、行业口碑与课程质量密切相关,根据前期数据分析的结论,建议更加重视邀请具有实践经验的专家,他们在实际工作中积累了大量的经验和见解,通过相关实践案例,分享最新行业趋势,能更好地帮助参与者将学术背景下的数据素养转化为工作场景中的数据素养。

第四,优化课程的发布机制。为了扩大课程的宣传覆盖范围,建议基于对受众群体信息行为的分析,策划并通过邮件、社交媒体、官方网站等多个渠道发布课程信息。跨平台的宣传策略有助于扩大课程的受众基础,吸引更多师生参与学习,提升数据素养教育的普及程度。

第五,提高线上线下参与的便捷性。为满足不同参与者的需求,建议对课程视频的形式进一步细分和优化,为师生提供更为灵活的学习途径,能够按自己习惯的节奏学习相关知识和技能,让每位师生都能找到适合自己的学习模式。增强课程的便利性,发挥多种学习方式的优势。

第六,提高视频质量。在录制课程时尽可能地使用高清摄像头和专业的音频设备,确保视频和音频的清晰度,为学习者提供高质量的视听体验。此外,在课程的后期制作阶段,根据用户的需求,利用微视频、微课程等资源建设中的新技术,引入动画等更多的视觉效果,提升课程的吸引力,帮助学习者更好地理解和记忆复杂概念等知识点。通过对视觉和听觉的双重优化,有效地提升课程资源质量,以及学习者的学习体验,帮助其更好地掌握课程内容,提高学习效率。

第七,建立线上学习平台和学习社区。为提升线上学习体验,可建立一个共享的线上学习平台。该平台不仅提供数据素养课程资源,同时也是一个专门针对数据素养课程参与者的社区。平台成员可以分享自己的学习经验、资源以及实践案例,从而增强参与者之间的互动和联系。通过建立一个功能完善、内容丰富的线上学习平台,可以有效地提升线上学习体验,帮助学员更好地学习和掌握数据素养知识。

第八,强化推荐和激励机制。为了激发参与者向他人推荐讲座课程的热情,可以尝试设置相关激励机制和规则,例如,为那些成功推荐的参与者提供奖励或折扣,奖励或折扣可以是平台付费课程的优惠折扣、专属礼品等。通过设置合理的激励机制,可以提高课程的推荐率,吸引更多人参与学习,打造一个充满活力和互助氛围的学习社区。

参考文献

[1] 张月,吴兆明.教育数字化转型背景下高职院校在线课程数字资源开发与应用研究[J].教育与职业,2023(23):87-94.

[2] 徐春,袁述.高校图书馆知识产权信息素养教育微课程建设现状及发展对策[J].图书馆学研究,2023(12):25-33.

[3] 谢贵兰.慕课、翻转课堂、微课及微视频的五大关系辨析[J].教育科学,2015,31(5):43-46.

[4] 罗琳.基于微课视角的大学生数字素养培养策略[J].当代教育论坛,2019(4):115-120.

［5］石婉雯,徐军华.高校图书馆微视频信息素养教育现状分析与建议［J］.图书情报工作,2020,64(11)：35-45.
［6］吴艳英,吴锦行,路芳,等.微视频技术在机械设计基础课程教学中的应用研究［J］.现代农机,2023(6)：107-110.

作者介绍和贡献说明

程蕴涵 女,复旦大学图书馆,复旦大学大数据研究院人文社科数据研究所,上海市科研领域(人文社科)大数据联合创新实验室,馆员。研究方向：科学数据管理。主要贡献：数据分析,文章撰写,论文修订。E-mail：chengyunhan@fudan.edu.cn。

伏安娜 女,复旦大学图书馆,复旦大学大数据研究院人文社科数据研究所,上海市科研领域(人文社科)大数据联合创新实验室,副研究馆员。研究方向：科学数据管理。主要贡献：论文修订。

中文古籍资源的数字化建设与使用
——基于复旦古籍数字化情况

肖星星

（复旦大学图书馆）

摘要：本研究聚焦于复旦大学图书馆的古籍数字化进程，旨在揭示数字化转型在高等教育机构文献信息服务中的实践意义和发展前景。文章首先回顾了古籍数字化的研究背景，继而详述复旦大学图书馆在商业化中文古籍数字资源库的运用及其自身古籍数字化工作的现状。进一步地，文章梳理了数字人文领域的关键平台和工具，提供了丰富的国内外数字人文工具案例，为古籍数字化的研究和实践提供了宝贵的经验和参考。最后，基于对当前数字化实践的洞察，提出了针对未来高校古籍数字化建设的发展方向和创新展望。

关键词：古籍数字化　复旦大学　数字人文　资源库　技术应用

The Digitization and Application of Chinese Ancient Text Resources: Based on the Digitization of Ancient Texts at Fudan University

Xiao Xingxing

(Fudan University Library)

Abstract: This study focuses on the digitization process of ancient texts in the Fudan University Library, aiming to reveal the practical significance and development prospects of digital transformation in the documentary information services of higher education institutions. The article first reviews the research background of ancient text digitization, then details the application of commercialized Chinese ancient text digital resources by the Fudan University Library and the current status of its own digitization efforts. Furthermore, the article sorts out key platforms and tools in the field of digital humanities, providing a wealth of domestic and international digital humanities tool cases, offering valuable experience and reference for the research and practice of ancient text digitization. Finally, based on insights into current digital practices, it proposes directions for future development and innovative perspectives for the digitization construction of ancient texts in universities.

Keywords：ancient text digitization，Fudan University，digital humanities，resource database，technology application

1 研究背景

数字人文作为信息科学与人文学科交叉融合的新兴领域,近年来在全球范围内快速发展,已成为人文学科转型的新引擎[1]。数字人文强调运用数字技术手段来解决传统人文学科中文本等研究对象的组织、分析、挖掘、可视化等问题。数字人文借助信息技术手段,支持人文学者开展数据驱动研究,实现对人文研究问题的计算分析,被称为人文学科第三次方法论变革,其研究范式与学科发展值得关注[2]。近年来,我国也充分认识到发展数字人文的重要战略意义,我国政府高度重视数字人文和古籍数字化建设,颁布了一系列政策文件,如早在2007年,国务院办公厅在《关于进一步加强古籍保护工作的意见》中确定实施"中华古籍保护计划",提出要"制订古籍数字化体系标准,规范古籍数字化工作流程,建立古籍数字化资源数据库",为该领域的创新实践提供了顶层设计和战略指引。这些政策强调将现代信息技术手段(如大数据、人工智能等)与人文学科知识相融合,以推进文化遗产数字化保护及文献资源开放共享。

2022年4月,中共中央办公厅和国务院办公厅联合发布了《关于推进新时代古籍工作的意见》,旨在全面加强古籍的保护、整理、研究和利用,特别强调了古籍数字化的重要性。该文件要求建立国家古籍数字化工程,推动古籍数字化资源的汇聚共享,以及加强古籍数字化资源管理和开放共享。这一政策文件明确了古籍数字化在新时代古籍工作中的核心地位和战略意义,为古籍数字化及数字人文研究提供了坚实的政策支持和发展蓝图[3]。

此外,2023年国务院印发的《数字中国建设整体布局规划》则从更宏观的角度,指出了数字技术与经济、政治、文化、社会、生态文明建设深度融合的总体框架,强调了数字基础设施和数据资源体系建设的重要性,以及数字技术在文化数字化发展中的应用,特别是在文化领域中推进国家文化大数据体系的建设,形成中华文化数据库。

这些政策文件不仅体现了政府在技术创新和应用上的鼓励,而且促进了跨学科研究的深入发展,提供了古籍保护、传承和研究的新动力和方向。通过实施这些政策措施,中国致力于构建国家层面的古籍数字化工程体系,实现古籍数字资源的系统化保存、开放获取与深度应用,增强传统文化遗产在现代社会中的活力和影响力。这一系列政策措施有利于推动数字技术与人文知识的交叉融合,是落实国家数字化战略、推进文化强国建设的重要举措。

随着信息技术在人文学科领域的深入应用,数字人文研究正在蓬勃发展。数字化建设与利用作为数字人文实践的关键环节,其中古籍数字化更是重要的切入点。当前,上海图书馆、北京大学图书馆、中国国家图书馆等正在加快推进馆藏古籍数字化和建设公共数字资源平台[4]。复旦大学图书馆在数字化古籍建设与应用方面进行了大量探索实践,图书馆古籍部持续建设古籍数字化工作,以实现对古籍资源的保护和利用,同时,图书馆引入大量商业化数据库以丰富数字内容,这些数字化成果为研究者提供了原始文献支撑,也可作为人工智能技术的训练样本。

综上,本研究基于复旦大学图书馆在数字化古籍建设方面的探索实践,调研古籍部的古籍资源数字化情况,分析数字化工作的重点难题,梳理数字人文研究领域中的国内外代表性数字资源平台、数字人文工具等。结合自身特点和发展规划,探索高校古籍数字化建设的未来发展关键路径和创新应用方向。这为后续数字古籍建设提供了技术支持和决策选择。

2 复旦大学图书馆古籍资源的数字化建设情况

古籍资源的数字化建设是图书馆应对数字时代挑战、提供现代化文献信息服务的必由之路。复旦大学图书馆高度重视这一工作,遵循"内培外延"并重的发展策略,即图书馆立足自身,充分发掘和利用馆藏古籍资源,通过加强人才队伍建设、优化工作流程、应用先进技术等方式,不断推进馆藏古籍的数字化加工和开发,努力提高古籍数字资源建设的质量和效率,另外侧重于图书馆向外部拓展资源,主要是通过引进和购置其他机构已有的古籍数据库等数字资源,快速扩充本馆的古籍数字资源储备。

一方面,为丰富和充实数字古籍馆藏资源,图书馆积极甄选并订购多种权威机构建设的商业化中文古籍数字资源库。这类资源库均源自专业数字化流程,具备规范的元数据及学术价值服务,可靠性和权威性有保证。各数据库主题鲜明、分类规范,基本上覆盖了古籍的主要门类,可满足不同的研究需求,为跨学科古籍研究提供坚实的基础。

另一方面,复旦大学图书馆也自主推进实体古籍数字化进程。古籍部门持之以恒地对传统文献进行彩色数字扫描、OCR识别、智能编目加工等,逐步扩展本馆数字文献特色收藏。这一过程贯彻严谨的质量控制,确保数字对象与原件高度还原。

复旦大学图书馆多条途径并行发展,形成内外资源互为补充的发展格局,全方位提升数字文献的服务能力。本节将对复旦大学图书馆订购的主要商业化资源库以及古籍部的数字化情况进行介绍,旨在为读者提供全面的古籍数字资源概览。后续各节将梳理数字人文分析工具、平台资源等相关研究成果,以期为读者开展古籍数字化研究提供系统性参考。

2.1 图书馆古籍数据库资源

如前文所述,复旦大学图书馆古籍资源数字化建设遵循内外并重的发展策略。除自主数字化之外,图书馆充分发挥资源整合优势,积极选订了大量商业化的中文古籍数据库资源,丰富和拓展数字化古籍馆藏[5]。目前,所订购的主要商业古籍数据库包括以下资源(如表1所示)。

这些商业化的中文古籍数字资源库均经过专业机构的严格数字化加工和深入学术挖掘。通过规范化流程,它们不仅确保了数字对象在形态内容上高度还原实体文献的原貌,更为古籍资源赋予了元数据标引、全文检索、专业注释解析等丰富的学术加值服务。这些

表 1 复旦大学图书馆中文古籍数据库资源列表

数据库名称	主要内容	收录年限	数据量	特色功能
爱如生——中国丛书库	历代编撰的丛书，精选最具文献价值和版本价值的综合类、辑佚类、专门类及地域类丛书	宋末至民初	4 000 种	数码化全文及原版影像，毫秒级快速海量检索，强大的检索系统和功能平台
爱如生——中国方志库	涵盖全国包括港澳台在内的34个省、直辖市、自治区、特别行政区及地方的方志	先秦至民国	1万种（订购2 000种）	根据善本制成数码全文，配备逐页对照原版影像，强大的检索系统和完备的功能平台，支持快速海量检索和全电子化的整理研究作业
爱如生——中国基本古籍库	4个子库，20个大类，100个细目，是目前世界最大的中文数字出版物，也是中国有史以来最大的历代典籍总汇	先秦至民国	典籍1万种，17万卷，版本12 500个，全文17亿字，影像1 200万页，数据总量达330 G	每种典籍均制成数码全文，附有其他重要版本的原版影像
爱如生——中国类书库（需注册个人账户）	历代编撰的类书，包括最早的类书皇览、最大的类书《古今图书集成》、文化奇珍《永乐大典》和稀世秘籍明代日用类书等	魏晋至清末民初	初集收录类书近300部	每本书籍均制成保留原书所有信息的数码全文，并逐页对照原版影像；配备强大的检索系统和完备的功能平台
CADAL 电子书刊（大学数字图书馆国际合作计划）	古籍，民国图书和期刊，当代图书，外文图书，民国期刊，当代生活资料	各书不一，覆盖古代至现代	古籍242 936册，民国图书176 326册，民国期刊155 165册	由复旦大学图书馆共建，提供原始文献、民国书刊
CADAL 特藏库（大学数字图书馆国际合作计划）	民国文献大全，墓志拓片，中国写本文献，数字化甲骨文，老照片，当代生活资料等	涵盖民国时期及更早年份的文献		多元化的特殊文献和历史资料的集合
雕龙中国古籍数据库	超大型中国历代古籍全文		古籍文献总约2万种，近25亿字	以每年增加5 000种文献，10亿字的速度更新，预计两年内达到3万种、50亿字，成为全球第一的超大型中国古籍全文检索数据库，提供超大型的全文检索功能

续表

数据库名称	主要内容	收录年限	数据量	特色功能
复旦大学地方志数据库	已数字化的地方志整理和发布		430万页已完成数字化，新增200万页，600万页数据上线	数字化地方志整理、发布和系统接口开发
复旦大学印谱文献虚拟图书馆	官私玺印，汇集明清以来的篆刻作品	宋代至现代	印谱500种	以著名金石学者林章松先生松荫轩《印学资料库》所藏印谱为基础，复制图版、编撰书志目录并配置检索系统
国家图书馆——中华古籍资源库	国家图书馆藏善本和普通古籍、甲骨、敦煌文献、碑帖拓片、西夏文献、赵城金藏、地方志、家谱、年画、老照片等，以及馆外和海外征集资源		总量约10万部(件)	综合性古籍特藏数字资源发布共享平台，无须注册登录即可阅览全文影像，支持单库检索和多库检索，支持模糊检索，同时兼容PC和移动端
汉达文库——新甲骨文	甲骨文著录书，包含各种收藏甲骨的释文	商朝晚期(约公元前13世纪)	现有甲骨释文53 834片，新增近1.5万片	保留并增补多部甲骨文著录书的内容：《甲骨文合集》《小屯南地甲骨》《英国所藏甲骨集》《东京大学东洋文化研究所藏甲骨文字》《天理大学附属参考馆特氏收藏甲骨文集》《苏、德、美、日所藏甲骨集录》《甲骨文合集补编》《殷墟花园庄东地甲骨》《瑞典斯德哥尔摩远东古物博物馆藏甲骨文字》等
"尚古汇典"数据库	古籍整理和数字化服务综合平台，主要是典籍整理文献		试用范围：典籍整理文献数据库(一至三期)、上海文献总库(一期)	由上海古籍出版社打造，提供适应古籍便捷的阅读、检索、征引等服务，为"2021—2035年国家古籍工作规划"重点项目
书同文——《清代历朝起居注合集》	清代各朝起居注	清代	包括道、咸、同、光四朝及清早期康、雍、乾、嘉四朝以及清末期宣统朝的起居注	几乎涵盖大清历朝(除顺治朝)的相对完整的起居注系统(影印本)作为全文数字化底本，提供了清代历史研究的重要参考资料

续 表

数据库名称	主 要 内 容	收录年限	数 据 量	特 色 功 能
书同文——《清代外交档案文献汇编》	清代外交文献和档案	清代	多个外交文献和档案集	结合多个来源的史料整理：故宫博物院整理后影印出版的《筹办夷务始末》、极具史料价值的文献和档案，如民国《清光绪朝中日交涉史料》《光绪乙巳～丁未年交涉要览》以及民国时期出版的《筹办夷务始末补遗》
书同文——《四部丛刊》	《四部丛刊》珍本及相关校勘记	清朝至现代	1亿3 000余万字	张元济校勘记百余篇的全文检索、多套数字化工具
书同文——《中国历代石刻史料汇编》	从秦砖汉瓦到碑文墓志、金石志书编选，内容涵盖中国古代政治、经济、军事、民族、宗教、文学、科技、民俗、教育、地理等方面	先秦以来	15 000余篇石刻文献，总计1 150万字	由国家图书馆金石组石刻文献研究专家精心编选而成，堪称大型中国古代史料文献汇编
中国知网——国学宝典	历代古籍全文，分为经、史、子、集、丛书及通俗小说	先秦至民国	4 903多本（截至2013年）	面向中文图书馆、中国文化研究机构、专业研究人员和文史爱好者的中华古籍全文资料检索系统，基本上涵盖了所有重要的古籍资料
中华古籍书目数据库	在"籍合"的概念下，将自古至今已整理的各类书目资源进行数字碎片化处理		一期收录65种图书，58万余条书目，6 797万字。二期已上线53种，30万余条目，3 400余万字	一站式检索的平台；数据保留原书正文的全部内容，并在显示上做了差异化处理；史志目录包括《汉书艺文志》《隋书经籍志》等"二十四史"中重要的经籍志、艺文志；馆修图书总目包括《四库全书总目》及相关的整理与订补丛书眼录》；私家目录包括《藏园群书经眼录》持静斋书目》等书目；馆藏编目数据包括有《中国古籍总目》《中国古籍善本书目》
中华古籍书目数据库——镜像	同上			

续表

数据库名称	主要内容	收录年限	数据量	特色功能
中华经典古籍库——镜像	收录了中华书局及其他古籍出版社出版的整理本古籍图书,涵盖经、史、子、集各部,包含"二十四史"、通鉴、新编诸子集成、清人十三经注疏、史料笔记丛刊、古典文学基本丛书、佛教典籍选刊等经典系列,保留专名、校注等整理成果		我校购买了1~5期内容,收录1902种书,10亿字	是中华书局首次推出的大型古籍数据库产品
中华经典古籍库——网络版(订购1~9期,第10期试用中)	收录了中华书局及其他古籍出版社出版的整理本古籍图书,涵盖经、史、子、集各部,包含"二十四史"、通鉴、新编诸子集成、清人十三经注疏、史料笔记丛刊、古典文学基本丛书、佛教典籍选刊等经典系列,保留专名、校注等整理成果		1 274种书,7.5亿字,后期将不断速增文献数据,每年更新一次	"中华经典古籍库"(网络版)是中华书局首次推出的大型古籍数据库产品"中华经典古籍库"(镜像版)的升级迭代产品。网络版继承了镜像版的优点

增值功能大幅提升了古籍资源的获取利用效率,为跨学科领域的文献研究应用提供了有力支撑,实现了古籍资源的现代化转化和价值最大化。因此,订购引入这些优质数字资源库,是图书馆推进古籍资源数字化服务、构建特色文献信息服务体系的重要举措,对提升馆藏质量、拓展服务领域、满足新型研究需求具有重要意义。

除订购外部优质数字资源外,复旦大学图书馆还十分重视本馆古籍文献的数字化工作。古籍部门一直在持续推进实体古籍的数字化进程,通过图像扫描、智能识别、元数据编目等环节,将珍贵的传统文献转化为数字载体,日益壮大自建的数字化文献特色收藏。与外部商业资源相比,该自建过程能够紧密契合本馆古籍馆藏的特点,着力于复旦古籍特色文献的数字化保护,为具有复旦特色和代表性的古籍文献开辟数字化"再生"途径,从而孕育出具有馆藏特色的数字文献资源集群。这一过程秉承严格的质量管控,确保数字对象与原件高度还原,最大限度地保留文献原貌。下面介绍本馆自建古籍数字化资源的现状及特色,以期为读者提供全面的古籍数字资源概览。

2.2 古籍部数字化情况

复旦大学图书馆古籍部每年都在持续补充数字化馆藏,以加强对古籍资源的保护和利用。从 2014 年开始,古籍部启动了新一轮数字化工作,以当年高校"985 工程三期"项目为契机,选择性地对 200 多种馆藏古籍进行了扫描数字化。此外,针对馆藏中具有珍贵价值的善本及古籍名著,古籍部专门委托专业的数字化服务机构进行高规格的图像采集。

当前,古籍部数字化工作主要侧重于图像格式,尤其聚焦于对馆藏善本、抄本等的扫描制作,尚未全面实现古籍全文的文字识别与编码。这是由于古籍数字化中的 OCR 技术对古籍刻本的识别效果仍有很大改进空间。未来,继图像数字化之后,进一步提升古籍 OCR 的整体效果,实现大规模的全文数字化是关键目标。

截至目前,图书馆古籍部已完成 4 000 余种古籍的数字化,约百万册页,存储于服务器。这些数字化成果囊括了古籍中的主要部类,包括经、史、子、集类,并重点涵盖了经学类资料。从支撑国家治理的视角,数字化规模较大的经史部类古籍,以及若干古代资治通鉴类政书,都可考虑作为现有决策研究的一些依据。现有成果中,古籍部选择了 200 余种典籍,在馆藏目录系统建立了对应的数字版馆藏,向用户开放了这些数字化古籍的全文图像,这些开放内容主要链接在系统的专架位置,用户可以通过典籍的书目信息进入浏览查阅和下载使用(见图1、图 2)。在这 200 余种开放数字化古籍中,经史部类有 100 余种,约占一半,体现复旦大学特色的集部类古籍数字化规模也较为可观;此外,还有其他类别的数字内容。这为研究者提供了丰富的数字化古籍样本,方便开展文献研读及学术活动。这些丰富的数字化内容,囊括了古籍的主要分类,可以支持国家治理、决策参考的需求。

各类数字化古籍为研究者开展深度研读和学术探讨提供了原始依据,同时,也可作为大语言模型等前沿技术的训练语料,借助人工智能赋能的方式,从古籍中挖掘历史上的治国智慧和文化积淀,为现代国家治理与发展提供智力支持。

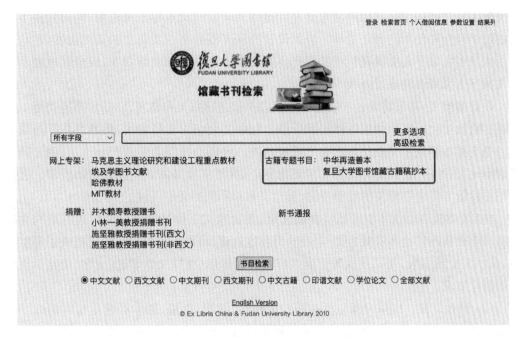

图 1　馆藏目录系统下的古籍专题书目

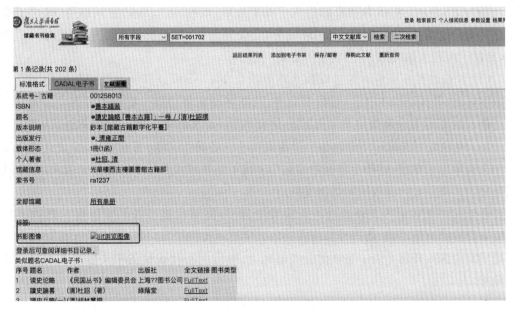

图 2　馆藏古籍稿抄本书目数据的全本图像

3　数字人文目前采用的平台和工具

3.1　数字人文的代表性数据库和资源网站

在当代数字人文研究领域,中文资源的构建和共享已成为支撑学术研究的重要基础。

中文数字人文数据库与资源网站为研究者提供了丰富的文本和图像资源,同时具备了高度的可访问性和便利的研究工具。包弼德教授从支持数字人文研究的资源出发,汇总整理了大量中文数字人文研究领域具有代表性的学术数据库和网络资源,较全面地展示了中文数字人文资源的建设现状[6]。

在此基础上,本节将对这些资源按照资源类型进行归类和整理,以凸显不同类型的资源在古籍数字化研究中的独特作用和价值。在中文数字人文研究中,构建并共享高质量资源是支撑古籍数字化及相关研究的重要基础。将资源按照类型进行分类,有助于研究者清晰地把握现有资源的异质性和多元化特征,并根据自身需求选择合适的资源。尤其是与古籍数字化密切相关的几类资源,其意义和作用值得重点关注。

(1) 文本资源。文本资源指将古籍文献、典籍等文字作品数字化而形成的结构化或非结构化语料库。这类资源为文本分析、语料库构建、自然语言处理等研究提供了基础材料,在中文文献探索、知识发现等方面发挥着关键作用,支持文献学、历史学、语言学等领域的研究需求。

(2) 图像资源。图像资源包括古籍中的善本、插图、手稿、拓本等视觉材料的数字化版本。这类资源为书画文化、装潢艺术等视觉符号和图像语义研究提供了直接实证依据,有助于深入解读资源视觉元素的内涵和意义。

(3) GIS资源。GIS数据资源集成了关于地形、地物、人口等的空间信息,构建了数字化的历史地理环境。这类资源为环境史、历史地理、人口迁移等跨学科研究提供了支撑,有助于探究人地关系、生态演变等宏观问题。

(4) 综合性数字资源。综合性数字资源涵盖文本、图像及其他数据类型的中文或古籍数字资源,并提供文本分析、元数据管理、数据可视化等功能。此类资源为中文研究者进行全方位、综合性分析提供了工具支撑,适合多学科交叉研究,推动了研究的创新和深化。

(5) 专题数字资源库。专题数字资源聚焦于特定朝代文献、书画作品、历史人物文集等中文资源相关主题,这些专题资源库集中呈现了该领域的原始素材和研究成果,为专题研究提供了高度集中和权威的数据支持。

通过对中文数字人文资源进行资源类型分类,能够凸显出各类资源在古籍数字化研究中的独特价值,为学者选择符合需求的数字资源提供了方向指引,有助于推动古籍数字化研究的深入开展。表2是在此分类基础上,整理的有代表性的中文数字人文网站和资源库。

表2 中文和中国大陆以外地区数字人文代表性数据库和资源网站

资源类型	名称	创建者	特点
文本资源	Chinese Text Project	德龙 Donald Stugeon	基于OCR和众包平台,整合大量中国古代经典文献的全文数据,包括诗词、小说、史书等,是研究中国古代文学和历史的重要资源

续 表

资源类型	名称	创建者	特点
文本资源	台湾汉学研究中心资源库	台湾汉学研究中心	搜集有散佚海外的中国历代典籍文献影照本
	Docusky	台湾大学数位人文研究中心	人文学者进行个人化材料整理与分析的网络平台。文本与工具分离,工具基于网页
	CNKI(中国知网)	同方知网(北京)技术有限公司	中国最大的连续动态更新的综合性学术资源总库,囊括了各学科的期刊、论文、专利、年鉴等资源
	北京大学开放研究数据平台	北京大学	提供各领域研究数据的开放获取和共享服务
	台湾学术经典	联合百科电子出版有限公司	汇集台湾地区学术研究的重要文献资源,也收录独家史料、档案,以及具有研究价值的经典杂志和优质期刊
	搜韵网	陈逸云	提供诗词检索、作诗工具等服务,方便诗词爱好者使用
	CADAL	浙江大学和中国科学院研究生院等14个单位	整合国内外学术资源,发布 260 万余册(件)数字资源
	中国地方历史文献数据库	上海交通大学出版社	源自专家的田野调查或市场收购,收录各地方史地志等文献资料,总量约为 35 万件,150 万页
	华艺数位	台湾华艺数位股份有限公司	台湾地区重要的数字人文资源平台,收录古籍文献和艺术文物数字资源
	台湾"中研院"史语所数位文化中心	数位典藏内容与技术专题中心	由"中央研究院"史语所建立,收集了大量人文历史数字资源并提供跨资料库检索
图片资源	Kitamoto 实验室	Kitamoto Asanobu	专注于图像数据,研究图像处理、检索、分析的各种方法
综合性平台(文本、图片等)	上海图书馆古籍联合目录及循证平台	上海图书馆	收录 1 400 余家机构的古籍馆藏目录,并提供内容分析和可视化工具
	台湾大学图书馆数位人文项目	台湾大学图书馆	全文影像资料库,包括淡新档案、台湾古碑拓本、伊能嘉矩手稿、田代安定手稿、歌仔册、狄宝赛文库等
	MARKUS	Ho, Hou Ieong Brent, Hilde De Weerdt,欧洲研究理事会资助	强大的中文或韩文文本标记工具,能便捷地导出到其他数字平台进行深入研究

续 表

资源类型	名 称	创建者	特 点
综合性平台(文本、图片等)	法鼓文理学院数位人文项目	法鼓文理学院图书资讯馆	佛典文献之数字整合研究平台,主要功能为文献内容阅读、深度资料搜寻、数字量化分析
	"中研院"数位人文平台	台湾"中央研究院"数位文化中心	一个完整的人文学科研究环境,让研究者可以搜集资料、比对文本、统计分析、可视化呈现
	国家图书馆出版社数据库群	国家图书馆出版社	影印古籍、民国时期文献等各种稀见历史文献的数字出版
	10000 rooms(Tina Lu)广厦千万间项目	耶鲁大学	用于前现代文本研究的在线协作平台
	通用型古籍数字人文研究平台	台湾政治大学图书馆与台湾汉学研究中心	以台湾汉学研究中心特藏明人文集为文本,政大社资中心开发数字分析工具
	中华书局籍合网	古联(北京)数字传媒科技有限公司	国内首款古籍整理与数字化综合服务平台。"中华经典古籍库"上线资源3 396余种,累计约15亿字
	中文在线	中文在线数字出版集团	拥有数字内容资源超过400万种,签约版权机构600余家,签约知名作家、畅销书作者2 000余位
	"中研院"汉籍电子文献	台湾"中央研究院"历史语言研究所	内容包括经、史、子、集四部,7亿5 420万字,几乎涵括了所有重要的典籍
	香港中文大学图书馆数据库	香港中文大学图书馆	香港中文大学图书馆特藏,包括善本、手稿和档案文献等,已推行"香港中文大学数码典藏"计划
	EastView	创始人Kent D. Lee 和Dima Frangulov	全球信息提供商,提供包括亚洲的报纸期刊、电子书、图片库等资源
	瀚唐典藏	北京时代瀚唐科技有限公司	采用超大字元集加工的古籍资料库。涵盖甲骨文、金文、简帛文、印章、石刻等。提供拓片、释文等内容
	上海图书馆近代报纸/期刊数据库	上海图书馆	目前近代期刊收录种类最多的全文数据库
	书同文	北京书同文数字化技术有限公司	提供数字化中文典籍,数据库基于云服务,并开发了一系列数字人文软件和工具

续　表

资源类型	名　　称	创建者	特　　点
综合性平台（文本、图片等）	国学大师	郦勇	集典故、古籍、诗词、字词、成语、书法、人物地名等历史资料的大百科
	莱顿大学数字人文中心数据库	莱顿大学数字人文中心	莱顿大学数字人文中心创建，多语言语料库、手语语料库及分析工具
	LoGaRT地方志研究工具	马克斯·普朗克科学史研究所（MPIWG）	带领研究者从阅读的角度跳跃到鸟瞰视角，从大量已数字化的旧方志中进行宏观提问，探究地方性知识
家谱资源	Utah Genealogical Society（犹他州家谱学会）	犹他州家谱学会	当今全球最大、最完整的华人族谱数据库
	上海图书馆家谱数据库	上海图书馆	国内外收藏中国家谱（原件）数量最多，支持地图检索，提供"在线修谱"和"上传家谱"
GIS资源	浙江大学学术地图发布平台	浙江大学社会科学研究院与哈佛大学共建	提供地理信息研究成果的发布、可视化分析及多功能查询服务，已发布了300余幅数据地图、600余个图层、40余万条数据
	唐宋文学编年地图	中南民族大学数字人文资源研究中心	以GIS呈现唐宋文学作品及相关史料
	台湾"中研院"人社中心GIS专题中心数据库	台湾"中研院"地理资讯科学研究专题中心	包含GIS基础平台、资料库以及特色健康主题GIS
	复旦大学中国历史地理信息系统	葛剑雄、包弼德	中国历史时期连续变化的基础地理信息库
专题资源	陈澄波画作与文书	台湾"中央研究院"数位文化中心	台湾画家陈澄波主题网站，使用数字技术呈现他的作品和生平，视觉化展示时空脉络
	南京大学数字人文项目	南京大学高研院数字人文创研中心	南京大学数字人文中心研究项目成果，包含多个专题数据库
	中国历史官员量化数据库——清代	香港科技大学李中清、康文林教授团队	超400万条官员记录，1760—1912年官员名单和官职
	明清妇女著作	麦吉尔大学图书馆	独特视角的明清妇女作家作品数字资源库
	Dictionary Databases	A. Charles Muller	数字化的佛教字典、儒道字典
	关西大学亚洲研究开放研究中心数据库	关西大学亚洲研究开放研究中心	以数字化保存馆藏东亚文化资料为基础，推进数字人文

续　表

资源类型	名　　称	创建者	特　　点
专题资源	CBDB	哈佛大学、台湾"中研院"、北京大学	系统的、重要的中国历史传记资料库
	台湾历史人文传记资料库	刘昭麟、Michael A. Fuller(傅君劢)等	台湾"中研院"旗下的数字人文平台,收集各类文化数字资源,是台湾版的CBDB

3.2 数字人文工具的一些分类

数字人文研究的蓬勃发展离不开相应的数字工具支持。数字人文工具的分类是数字人文领域研究的重要组成部分。将数字人文工具进行分类,有助于更好地把握其功能特点及应用场景。现有研究从技术层面、应用场景、研究对象特点等多个视角,提出了丰富的分类方法。

一是从工具的功能和技术实现出发进行分类。张莹和吴佳佳将工具划分为数据采集、数据整理、数据分析、数据可视化、协作交流和创作发布六大类别[7]。这种分类较为全面地概括了数字人文研究中各环节对工具的需求。其中,数据采集工具(如网络爬虫、文字识别等)用于获取原始数据;数据整理工具(如标记工具、清理工具等)用于预处理;分析工具(如文本挖掘、情感分析等)用于深度分析;可视化工具则将分析结果以易于理解的形式呈现。

二是从工具的应用广度和针对性角度进行分类。Borek等人将数字人文工具区分为通用工具、领域特定工具和项目特定工具三种类型[8]。通用工具是指可广泛应用于不同领域的基础工具,如文字处理、参考管理等;领域特定工具专注于服务某一学科领域的特殊需求,如文献计量、考古测绘等;项目特定工具则是为解决特定研究项目的特定问题而定制开发的工具。这种分类关注工具的应用场景和对应学科,有助于针对性地选择合适工具。

三是根据人文研究对象的特点进行分类。Cai和Tsou从文本、视频、图像、3D模型等不同的数字化人文研究对象出发,将工具区分为文本分析工具、多媒体分析工具、三维可视化工具等类别[9]。文本分析工具包括文本标注、自然语言处理等;多媒体分析工具包括音视频识别、3D模型重建等;三维可视化工具则用于展现和交互式体验,如文物实物等三维对象。这种分类强调了工具应对多样化人文数据形态的需求。

此外,一些国际数字人文项目评选中也有开源编程和内容管理工具、文本分析类工具、平台类综合服务工具等分类方式。根据处理对象的资源形式,还可分为文本阅读工具、文本处理工具、文本分析工具、数据处理工具、数据分析工具、可视化工具、图像处理工具、音频处理工具、视频处理工具等。

刘圣婴和王丽华等人以传统标准将工具分为平台性工具、文本工具、图像工具、知识图谱工具、机器学习工具和可视化工具六大类[10],这是目前常见的分类方式。平台类工具提供集成的数字人文研究环境,将各类工具组件灵活地组合,并结合海量数字资源,为用户提供全流程服务。代表性工具如国际图像互操作框架 IIIF,将多个服务器集成,支持图像检索、注释、比对等操作;此外,数据处理平台、GIS、文献计量分析平台等也属于此类。文本处理类工具则面向文字资料的结构化加工,包括文本标记编码(如 TEI)、智能 OCR、简繁字转换、命名实体识别、分词标注等,为文本分析做好准备。相关代表性工具还有内容管理系统 Omeka 等。图像处理工具能对图像进行特征提取、分类聚类及基于内容的检索,工具如 OpenCV 等。知识图谱类工具则服务于语义组织,包括实体识别、URI 赋值、本体构建、数据存储检索等,常见的如 Protégé、Blazegraph 等。机器学习工具则可完成智能 OCR、语义分析等高级任务,依托于诸如 TensorFlow、PyTorch 等各类开源深度学习框架。可视化工具如 Gephi、Cytoscape 等,则将抽象数据转化为可视化展示,有助于模式发现与结果表达。

上述诸类工具相辅相成,共同支撑数字人文研究的开展。其中,综合性平台将各工具集成,结合大数据资源,为特定领域提供一站式解决方案,正日益成为数字人文研究的主导方向。

3.3 国内外数字人文工具典型案例

在数字人文领域,国内外工具的发展为研究人员带来了前所未有的便捷。这些工具覆盖了从文本处理到深度分析的多个研究步骤,提高了研究的效率和深度。例如,文本分析工具能够揭示语言使用的模式,数据可视化工具帮助研究人员以直观的方式理解复杂的数据集。通过这些工具,传统人文学科研究被赋予了新的生命,允许研究人员在文献审查、语料库建设、知识图谱构建等方面进行更为精准的探索。国内外数字人文领域已初具规模,工具、平台蓬勃发展,为人文研究提供了新的技术力量,助力学科创新。表3概述举例目前国内外的一些典型工具和其主要特点及应用[11]。相关机构和团队通过持续优化创新,必将为人文学科发展注入更多动力。

表 3 国内外数字人文工具的一些案例

分类	工具名称	创建机构	工具核心功能	语料类型
国内数字人文工具案例				
文本阅读	历法计算	Yuk Tung Liu 团队	文本阅读	古典文献
	汉语大辞典	汉语大辞典编撰处	文本阅读	综合
文本处理	古联 OCR	中华书局古联公司	文本处理	古典文献
	古联自动标点	中华书局古联公司	文本处理	古典文献
	慧眼 OCR	书同文	文本处理	古典文献
	如是古籍数字化平台	北京如是人工智能技术研究院	文本处理	古典文献
	龙泉寺中文古籍 OCR	龙泉寺	文本处理	古典文献

续 表

分 类	工 具 名 称	创 建 机 构	工具核心功能	语料类型
文本处理	阿里汉典重光	阿里巴巴公益基金会、四川大学、美国加州大学伯克利分校、中国国家图书馆、浙江图书馆	文本阅读、文本处理	古典文献
文本分析	民国时期期刊语料库	芝加哥大学文本光学实验室、上海图书馆	文本阅读、文本处理、文本分析	近代文献
	智能整理平台	中华书局古联公司	文本处理、文本分析	古典文献
	地方志数据库计划（LoGaRT）	马克斯·普朗克科学史研究所	文本处理、文本分析、数据处理、数据分析	古典文献
	"吾与点"智能标注系统	北京大学、中文在线	文本阅读、文本处理、文本分析	古典文献
	源流大数据分析平台	北京大学、中文在线	文本阅读、文本处理、文本分析	古典文献
	国家珍贵古籍名录知识库	北京大学、中国国家图书馆	文本阅读、文本处理、文本分析	古典文献
数据处理	上海图书馆工具包	上海图书馆（上海科学技术情报研究所）	文本阅读、文本处理、文本分析、数据处理、数据分析、可视化	综合
	中国知网数字人文研究平台	同方知网（北京）技术有限公司	文本阅读、文本处理、文本分析、数据处理、数据分析、可视化	综合
数据分析	中国古籍基础数据分析平台	上海外国语大学	文本阅读、文本处理、文本分析、数据处理、数据分析、可视化	古典文献
	多源异构学术成果大数据的融合与揭示	复旦大学	数据分析	综合
	分布式数字人文研究与教学实训环境	华东师范大学	数据分析、可视化	综合
	敦煌壁画主题词表及关联数据发布服务平台	武汉大学	数据处理、数据分析	古典文献

续表

分 类	工具名称	创建机构	工具核心功能	语料类型
数据分析	家谱知识服务平台	上海图书馆（上海科学技术情报研究所）	数据处理、数据分析、可视化	古典文献
	SinoPedia：关联数据服务平台	上海图书馆（上海科学技术情报研究所）	数据分析	综合
	中国历史地理信息系统（CHGIS）	复旦大学、哈佛大学	数据分析、图像处理	古典文献
	OpenKG（链上的开发知识图谱）	中国中文信息学会语言与知识计算专业委员会	数据分析	综合
	九歌——人工智能诗歌写作系统	清华大学	数据分析	综合
	知识图谱	搜韵	数据分析	综合
	明清水陆路程	台湾中山大学（简锦松教授团队）	数据分析、图像处理	古典文献
	《中国历史人物资料库》(CBDB)在线查询系统第二版——面向用户需求的重新设计与实现	北京大学	数据分析	古典文献
综合工具	基于IIIF的敦煌壁画数字叙事系统	武汉大学	数据处理、数据分析、图像处理	古典文献
	学术地图发布平台	浙江大学、哈佛大学	数据分析、图像处理	综合
	历史人文大数据平台	上海图书馆（上海科学技术情报研究所）	文本阅读、文本处理、文本分析、数据处理、数据分析、可视化	古典文献、近代文献
	"识典古籍"古籍数字化平台	北京大学	文本阅读、数据处理、数据分析	古典文献
	历代史志目录集成系统	北京大学	数据处理、数据分析、可视化	古典文献
	籍合网古籍整理平台	中华书局	文本阅读、文本处理、文本分析、数据处理、数据分析、可视化	古典文献

续表

分类	工具名称	创建机构	工具核心功能	语料类型
综合工具	DocuSky	台湾大学	文本分析、数据处理、数据分析	综合
	台湾"中研院"数位人文研究平台	台湾"中研院"	文本阅读、文本处理、文本分析、数据处理、数据分析、可视化	综合
	上海图书馆工具包	上海图书馆（上海科学技术情报研究所）	文本阅读、文本处理、文本分析、数据处理、数据分析、可视化	综合
	引得数字人文资源平台	哈佛大学费正清中国研究中心、台湾"中央研究院"历史语言研究所、北京大学中国古代史研究中心及中文在线	文本阅读、文本处理、文本分析、数据处理	古典文献
可视化工具	上海图书馆可视化工具	上海图书馆（上海科学技术情报研究所）	可视化	综合
	上海图书馆历史地理信息可视化工具	上海图书馆（上海科学技术情报研究所）	数据分析、可视化	综合
	智慧古籍平台	浙江大学	数据分析、可视化	古典文献
	学术地图平台	浙江大学	数据分析、可视化	古典文献
国外数字人文工具案例				
文本阅读+数据处理	Omeka	美国乔治梅森大学罗伊·罗森茨威格历史和新媒体中心	文本阅读、数据处理	综合
	CBOX	纽约城市大学和纽约市立大学研究生中心	文本阅读、数据处理	综合
	EVT（Edition Visualization Technology）	意大利比萨大学	文本阅读、数据处理	综合
	SHEBANQ	Eep Talstra Centre for Bible and Computer；DANS（Data Archiving and Networked Services）	文本阅读、数据处理	古典文献
	Dantesource	意大利国家研究委员会（信息科学与技术研究所）	文本阅读、数据处理	古典文献

续表

分 类	工 具 名 称	创 建 机 构	工具核心功能	语料类型
文本阅读＋数据处理	Old English Online	科克大学学院	文本阅读、数据处理	古典文献
	EAGLE	EAGLE（European network of Ancient Greek and Latin Epigraphy）	文本阅读、数据处理、图像处理	古典文献
数据分析＋可视化	ORBIS	斯坦福大学	数据分析、可视化	综合
	Witches	爱丁堡大学	数据分析、可视化	综合
	Sur la piste des œuvres antiques	法国国家艺术史研究所、卢浮宫	数据分析、可视化	综合
	The Atlas of Economic Complexity	哈佛大学 Growth Lab	数据分析、可视化	综合
	Kindred Britain	斯坦福大学图书馆	数据分析、可视化	综合
	Tudor Networks	伦敦玛丽皇后大学、华盛顿与李大学、纽曼大学	数据分析、可视化	综合
	Mapping the Scottish Reformation	英国爱丁堡大学、加拿大圭尔夫大学、美国阿克伦大学、苏格兰国家档案馆	数据分析、可视化	综合
图像处理＋可视化	Civil War Photo Sleuth（CWPS）	弗吉尼亚理工大学	图像处理	综合
	Transkribus	因斯布鲁克大学	图像处理	综合
	Virtual Paul's Cross	北卡州立大学	图像处理、可视化	综合
	Coin	德国柏林博物馆、波茨坦应用技术大学	图像处理、可视化	综合
	Close-Up Cloud	波茨坦应用科技大学、汉堡艺术与工业博物馆	图像处理、可视化	综合
综合工具	ALCIDE	Italian-German Historical Institute（ISIG）	文本阅读、数据处理、数据分析、文本分析、可视化	综合
	Digital Scholar Lab	圣智（Cengage）旗下 Gale 公司	文本阅读、数据处理、数据分析、文本分析、可视化	综合

续表

分类	工具名称	创建机构	工具核心功能	语料类型
综合工具	Wikidata Query Service	维基媒体基金会	文本分析、可视化	综合
	Cogito Intelligence API	expert.ai	数据分析、文本分析、可视化	综合

4 高校古籍数字化建设的未来发展方向和展望——以复旦古籍数字化为例

4.1 古籍数字化资源建设工作的深化与拓展

如前文所述,复旦大学图书馆目前的古籍数字化工作主要集中于实现实体古籍向数字对象图像的转换,即图像数据化阶段,这为下一阶段全面推进古籍数字化转型奠定了基础。在借鉴现有数字人文研究理念与技术支撑的基础上,实现古籍数字化建设工作的深化与拓展的关键路径还可能包括以下几种。

(1) 全面推进古籍文字识别与规范编码

基于已获得的图像数字对象,利用先进的OCR等技术实现古籍全文本自动文字识别,并对识别结果进行智能编码,实现全文字符的规范化表示,构建结构化文本数据库。这为后续进一步对古籍文本数据进行高阶分析和加工奠定了基础。

(2) 自动化古籍元数据生成与知识建模

结合人工智能技术,可以自动抽取和生成古籍文献的书目、版本、内容结构等元数据信息,并对文献内容进行结构化标引,从而构建集成化的古籍数字对象知识模型,为面向古籍资源的智能服务做好准备。

(3) 推进异构多模态数据融合

古籍数字资源包括文本、图像、元数据等多源异构数据。如何高效整合和融合跨模态数据,实现模态间的语义关联映射,是全面挖掘和充分释放古籍数字资源潜在知识价值的关键所在。

(4) 广泛整合不同来源的古籍数字资源

复旦大学图书馆古籍部拥有国内领先的古籍珍品收藏规模,其中包括大量具有复旦大学特色的藏品。充分挖掘这些特色馆藏,实现内容数字化并进行专题整理,将为构建古籍数字语料库注入独特价值和体现馆藏特征。

同时,仅依赖单一机构的数字化成果是远远不够的。为构建大规模、全面、结构合理的中文古籍语料库,复旦大学图书馆古籍部还需广泛征集并整合国内外其他机构的古籍数字化资源,持续扩充语料规模,完善分类分级结构。通过馆藏特色与外部资源融合并重,才能最终打造符合大语言模型训练需求、内涵丰富、体现复旦大学特色的古籍数字语料库体系,为开发中文古籍大模型等奠定坚实的基础[12]。

上述路径内在关联,环环相扣,体现了古籍资源数字化、智能化和大规模化的发展目标。不过也有诸多技术难题有待攻克,包括:现有古籍文字识别、元数据抽取等关键技术仍需突破创新[13];跨模态数据深度融合面临瓶颈制约[12];大规模语料库的质量控制及版权处理问题待解决[14];等等。

4.2 深化古籍数字化转型的拓展方向

在上述关键路径的支撑下,古籍数字化资源的深化与拓展将进一步推进,孕育出多个前景广阔的创新应用方向。

(1) 开发古籍数字人文分析工具集成平台

依托不断壮大的数字语料库等资源优势,开发集成古籍语义分析、文本知识挖掘、智能可视化等一体化数字人文分析工具[15],为古籍研究的智能化转型提供工具支撑。

(2) 构建沉浸式虚拟古籍阅读研究环境

借助虚拟现实/增强现实等技术,为古籍数字资源构建身临其境的虚拟实境环境[16],提供全息交互的古籍文献体验与学术研究空间。

(3) 开展大语言模型赋能的古籍知识增值服务

基于大规模古籍语料库训练专门的古籍大语言模型[17],并开发相应的应用系统,为读者提供包括历史智库咨询、智能证据辅助服务和资政决策参考等一系列创新型知识增值服务。面向公众用户,针对特定历史事件或主题查询,可提供相关历史案例、典故及国家治理方法,满足知识传播和普及的需求;面向学术研究人员,可依据研究主题自动检索输出相关古籍文献、人物、事件、引文等"数字化证据材料",为学者提供信息集束支持;面向决策咨询,可对热点事件进行分析挖掘,输出包含古为今用的"资政报告",阐释历史经验智慧,提供治理方略参考。上述多维应用将充分展现语料和模型优势,满足知识普及、学术研究和决策参考等多元需求,充分释放古籍数字化资源的增值潜能。

参考文献

[1] Berry D M, Fagerjord A. *Digital Humanities: Knowledge and Critique in A Digital Age*[M]. John Wiley & Sons, 2017.

[2] Hockey S. The history of humanities computing[J]. *Literary and Linguistic Computing*, 2004, 19(1): 3-19.

[3] https://www.gov.cn/zhengce/2022-04/11/content_5684555.htm.

[4] 赵晓梅,安培浚.古籍数字化与数字人文建设实践探析[J].图书情报工作,2022, 66(3): 32-39.

[5] https://libdbnav.fudan.edu.cn/database/navigation#/home.

[6] 包弼德,夏翠娟,王宏甦.数字人文与中国研究的网络基础设施建设[J].图书馆杂志, 2018,37(11): 18-25.

[7] 张莹,吴佳佳.数字人文研究工具分类探析[J].现代情报,2022,42(2): 155-162.

[8] Borek L, et al. TaDiRAH: A case study in pragmatic classification[J]. *Digital Humanities Quarterly*, 2016, 10(1).

[9] Cai D, Tsou B K. *Classifying Digital Humanities Tools*[C]. DH2020, Ottawa, 2020.

[10] 刘圣婴,王丽华,刘炜,等.数字人文的研究范式与平台建设[J].图书情报知识,2022, 39(1):6-29.

[11] 沈立力,张宏玲,韩春磊,等.图书馆数字人文工具建设实践与未来展望[J].图书馆杂志,2023,42(3):28-37.

[12] 张奠荣,张晗砚,张骥.面向机器翻译系统的海量中文语料库建设方法[J].小型微型计算机系统,2022,43(8):1770-1777.

[13] 陈力.数字人文视域下的古籍数字化与古典知识库建设问题[J].中国图书馆学报,2022,48(2):36-46.

[14] 陈娟,等.大规模数字资源建设的质量控制探讨[J].大学图书馆学报,2018,36(6):77-84.

[15] 田永祥,孙承沛.文本挖掘:数字人文的新视角[J].文献,2021(1):153-158.

[16] 吕植,等.虚拟现实在数字人文研究中的应用探索[J].图书馆工作与研究,2022(2):35-44.

[17] Brown T B, et al. Language models are few-shot learners[J]. arXiv:2005.14165, 2020.

作者介绍

肖星星 女,复旦大学人文社会科学数据研究所,助理馆员。研究方向:科学数据管理等。E-mail:xiaoxingxing@fudan.edu.cn。

高校开放数据大赛视觉形象设计策略
——以第四届"慧源共享"全国高校开放数据创新研究大赛为例

胡 萍

(复旦大学图书馆 复旦大学大数据研究院人文社科数据研究所)

摘要：本研究以"慧源共享"全国高校开放数据创新研究大赛为例，探讨视觉形象设计在提升高校开放数据大赛品牌形象和传播力中的作用。文章指出设计实践中的不足，提出注重核心价值传达、创新性和媒体适应性的设计策略。最后强调用户反馈和效果评估在优化大赛视觉传播中的重要性。

关键词：视觉形象设计 开放数据大赛 品牌形象

A Study of Visual Image Design Strategy for Open Data Competitions in Colleges: A Case Study of the 4th "Intellectual Resources Sharing" National College Competition on Open Data and Research Innovation

Hu Ping

(Fudan University Library; Institute for Humanities and Social Science Data, School of Data Science, Fudan University)

Abstract: Using the "Intellectual Resources Sharing" National College Competition on Open Data and Research Innovation as a case study, this study investigates the role of visual image design in improving the brand image and communication effectiveness of open data competitions in academic institutions. The article identifies deficiencies in current design practices and suggests a design strategy that prioritizes the communication of core values, innovation, and adaptability across various media platforms. Additionally, it underscores the significance of user feedback and impact assessment in refining the visual communication of such competitions.

Keywords: visual image design, open data competition, brand image

0 引言

随着数据赋能时代的到来,数据成为驱动社会进步和科技创新的核心引擎。高校作为培养创新人才、开展科研创新的高地,肩负着激活科研数据价值、提升师生数据素养的重要使命。在此背景下,高校开放数据大赛应运而生,成为高校图书馆推动数据科学研究与应用的新动力。开放数据大赛致力于搭建一个开放、共享、创新的平台,汇聚高校师生的智慧和力量,推动数据科学的深入探索与实践,还能有效地促进"产学研"的深度融合,加速科研成果的转化与应用。更重要的是,高校开放数据大赛能为数据科学领域的学术交流与合作搭建桥梁,促进学术思想的碰撞与融合。同时,大赛也能为企业和社会提供发现优秀数据解决方案和人才的新途径,为数据产业的快速发展注入新的活力。

视觉形象设计是品牌形象传播的关键策略,在开放数据大赛的品牌形象提升方面有着重要作用。优秀的视觉形象设计不仅能准确地传达大赛理念、主题和价值观,还能提升大赛的辨识度和传播效力,从而在受众心中留下深刻且独特的印象。此外,视觉形象设计还能够通过色彩、图形、字体等视觉元素的巧妙运用,营造出与大赛氛围相契合的视觉效果,使大赛的形象更加鲜明、生动且富有吸引力。在吸引更多参与者关注的同时,提升大赛的知名度、美誉度。这种积极的影响不仅有助于大赛的品牌传播,更能为大赛的影响力提升提供强有力的支持。

为更好地探究视觉形象设计在高校开放数据大赛中的应用,本文通过文献综述梳理视觉形象设计的相关理论,调研了当前国内高校创新大赛在视觉设计中的优势与不足,以第四届"慧源共享"全国高校开放数据创新研究大赛为例,详细阐述了高校开放数据大赛的视觉形象设计策略,以期为相关领域的研究与实践提供有益参考和借鉴。

1 视觉形象设计的理论基础

1.1 视觉形象设计的基本概念

视觉识别系统(Visual Identity System,简称 VIS 或 VI)是企业形象识别系统(Corporate Identity System,CIS)的重要组成部分。它运用一套完整的视觉传达体系,将企业理念、文化、服务内容、企业规范等抽象概念转换为具体、生动的视觉符号,进而塑造出独特的企业形象[1]。视觉识别系统通常可分为基础系统和应用系统两部分。基础系统主要包括企业标志、企业名称(全称、简称)、企业标准字(中文、英文或其他语言文字字体)、专用字体、标准色、辅助色、辅助图形,以及这些基本要素的标准制图、标志与标准字多种组合规范、基本要素禁止组合示例等。应用系统则是基础系统在各种平台上的应用规范,主要包含办公事务用品、生产设备、建筑环境、产品包装、广告媒体、交通工具、衣着制服、旗帜、招牌、标识牌、橱窗、陈列展示等方面的应用。

视觉形象设计是以视觉语言为基础,通过色彩、图形、文字等视觉元素的创意组合,构建出具有独特性和识别性的视觉符号系统。这些视觉符号系统不仅具有美学价值,更重要的是能够传达出特定的信息和情感,使观众产生深刻的印象。在高校开放数据大赛中,视觉形象设计也发挥着重要作用,不仅是大赛形象的直观展现,更是推动大赛品牌传播、增强影响力的重要工具。

1.2 视觉形象设计的基本原则

在视觉形象设计中,需要遵循一定的设计原则,以确保设计的品质与效果。这些重要的原则包括:一致性原则,即设计元素和风格需要保持统一,确保视觉形象的连贯性和整体性;创新性原则,要求设计具有新颖性和独特性,能够吸引观众的注意力;易识别性原则,强调设计的明确性和辨识度,确保设计能够迅速、准确地传达大赛的主题与理念,使观众一目了然,印象深刻。

在设计实践中,色彩、图形和文字是构成视觉形象设计的三大关键要素。色彩作为最直观的设计元素,能够迅速触动观众的情感,营造出大赛的独特氛围与情绪。图形则以其具象或抽象的表现形式,生动地展示大赛的主题与特色,为观众带来视觉上的享受与启发。文字作为信息传递的直接载体,能够清晰明了地传达大赛的名称、口号等重要信息,为观众提供明确的指引与理解。通过巧妙地运用这些设计要素,打造出既符合大赛精神又充满艺术魅力的视觉形象,为大赛的成功举办增添光彩。

1.3 视觉形象设计对于品牌传播的作用

视觉形象设计与品牌传播的关系密切。一个成功的视觉形象设计不仅能够提升大赛的品牌形象,更能够增强品牌的辨识度和记忆度。通过视觉形象设计,大赛的品牌理念、文化内涵和价值观得以精准而生动地传达给公众,从而建立起大赛与公众之间的情感连接。此外,视觉形象设计也是品牌传播的重要载体。无论是线上还是线下的各种媒介和渠道,视觉形象设计都能够发挥其独特的作用,吸引公众的眼球,激发其兴趣,进而推动大赛知名度和影响力的不断扩大。

综上,视觉形象设计理论基础为我们提供了深入理解和应用视觉形象设计的框架和工具。在高校开放数据大赛中,充分运用这些理论,有助于设计出符合大赛主题和理念、吸引受众目标关注的视觉形象,为大赛提升品牌传播和影响力提供有力支持。

2 高校创新大赛视觉形象设计现状分析

为更好地了解视觉形象设计的应用现状,团队对多个面向高校师生的创新大赛的视觉形象进行了调研。调研发现,相关大赛的视觉形象设计涵盖标志、海报、宣传册、网站等方面。通过对比分析,笔者发现了一些较为显著的共同点和差异点。在标志设计方面,多数大赛倾向于采用简洁明快的图形和色彩,这种方式能够较为直观地传达大赛的主题和理念。在海报和宣传册的设计上,一些大赛注重运用视觉元素和排版技巧,营造出强烈的视觉冲击力和吸引力。然而,调研中也发现,部分大赛在视觉形象设计方面显得较为保守和传统,缺乏足够的创新和个性化元素。

在优点方面,一些大赛的视觉形象设计能够准确地传达大赛的主题和理念,色彩搭配和谐,图形设计新颖独特,给人留下深刻的印象。但不足之处在于一些大赛的视觉形象设计缺乏创意和个性,与其他类似活动的视觉形象设计相似度较高,难以形成独特的品牌形象。此外,一些设计在细节处理上不够精细,如字体选择不当、排版混乱等,影响了整体的美观度和可读性。

因此,当前视觉形象设计在大赛推广中存在的问题和挑战有以下三个方面:一是设计与大赛主题的契合度不够高,导致观众难以通过视觉形象直接理解大赛的核心价值和意义;二是设计在传播渠道上的适应性不强,例如,在不同媒体平台上的表现效果不一,影响了传播效果;三是视觉形象设计的持续性和一致性有待加强,一些大赛在不同年份或不同活动中的视觉形象设计差异较大,缺乏统一的品牌形象。

综上,当前高校创新大赛的视觉形象设计在整体上已取得一定成效,但也存在一些问题和挑战。注重设计与大赛主题的契合度、传播渠道的适应性以及品牌形象的持续性和一致性是重要的改进策略。

3 高校开放数据大赛视觉形象设计策略

"慧源共享"全国高校开放数据创新研究大赛由多所高校、企业及政府部门联合举办,面向全国高校师生,旨在推动教育数字化转型中高校师生数据素养和创新能力的提升。大赛视觉识别系统,作为其视觉形象设计中的核心设计要素,呈现出独特的高校特色,与企业视觉识别系统在设计原则上存在本质区别[2]。因此,在大赛的视觉形象设计过程中,团队围绕大赛核心理念,提出了一系列具有针对性的设计策略,通过精准的设计语言塑造出符合大赛精神且体现科技感、创新感的视觉形象,为大赛提供有力的视觉支撑。

3.1 核心价值决定设计元素表达

为确保视觉形象设计与大赛理念和目标高度契合,团队深入研究了大赛的核心价值和追求。大赛的口号是"一起点燃数据之光!",旨在推动数据科学的开放与创新。因此,在视觉形象设计中,团队强调创新性和开放性的表达:选择了现代、简洁的设计风格,以体现大赛的科技感和前沿性;同时,通过运用明亮的色彩和流畅的线条,传达出大赛的活力与开放态度。

3.2 创新性和独特性是视觉设计的主要原则

创新视觉体验是新媒体时代视觉传达设计的核心目标之一。它强调通过独特的图形、动画、交互元素和多媒体内容来吸引和留住观众的注意力。创新视觉体验不仅关注美观性,还强调与用户的情感互动。通过采用创新的设计元素和技术,设计师能够创造出引人入胜、令人难忘的用户体验,从而提高品牌认知度、用户参与度和信息传达的效果。这种方法不仅能够让设计作品在竞争激烈的媒体环境中脱颖而出,还能够建立深刻的情感联系,使观众更容易与内容互动和共鸣[3]。"慧源共享"标志(见图1)设计采用了简洁的图形符号,适当地结合名称的英文缩写,既易于识别,又具有现代感。在色彩的选择上,采用了蓝色和绿色为主色调,蓝色象征着科技、智慧和未来,绿色则代表着生命力、开放和创新。在图形和文字的组合上,注重整体的协调性和美观度,通过合理的排版和布局,使视觉形象更加和谐统一。

图1 "慧源共享"标志设计方案

3.3 多种设计表现手法并存

为了突出大赛的创新性和开放性,团队在视觉形象设计中采用了多种手法(见图2)。例如,在海报设计中,充分运用了大胆的图形和鲜明的色彩对比,以吸引观众的注意力;同时,通过融入数据可视化的元素,如折线图、柱状图等,直观地展示大赛的数据科学特色。在宣传册和网站的设计中,注重内容的层次感和信息的清晰传达,通过运用图标、插图等辅助元素,使内容更加生动有趣。此外,还注重视觉形象设计的灵活性和适应性。根据不同的传播渠道和媒介特点,对视觉形象进行了适当的调整和优化,以确保在各种场合下都能够有效地传达大赛的信息和理念。

图2 第四届"慧源共享"全国高校开放数据创新研究大赛部分宣传资料

通过提出符合大赛理念和目标的视觉形象设计策略，精心选择和设计元素，以及运用多种手法突出大赛的创新性和开放性，较为成功地塑造出具有独特个性和高度识别度的视觉形象，为高校开放数据创新研究大赛的品牌传播和影响力提升奠定了坚实的基础。

3.4 多场景和长周期的设计需求

在视觉形象设计的整体流程中，设计师需与大赛活动的组织团队深入合作，以精准地把握设计需求与目标，确保设计方案能够充分地体现大赛的整体定位与独特风格。在设计过程中，强调设计的创新性与个性化，力求通过富有创意和特色的视觉元素，吸引并引导观众的目光。同时，也关注设计的可行性与实用性，旨在通过精心设计的视觉形象，有效地传达大赛的核心理念和信息，满足不同媒介、场景的传播需求。

在设计中，还应着重关注以下事项。首先，要确保设计的规范性与一致性，严格遵守视觉形象设计的标准和规范，避免视觉元素的混乱和冲突。其次，关注设计的时效性与可更新性，根据大赛不同阶段的需求变化，及时调整和优化设计方案，保持设计的时效性和新鲜感。此外，与组委会的深入沟通与协调也至关重要，通过及时的信息交流和意见反馈，确保设计方案的顺利实施，并共同应对可能出现的挑战和问题。

3.5 重视用户反馈和效果评估

效果评估作为视觉形象设计流程中的关键环节，对于检验设计成果以及优化大赛视觉形象工作具有不可或缺的作用。在本案例中，团队主要运用以下评估方法来尽可能全面地衡量设计效果：一是通过问卷调查与访谈，收集受众（参赛者等）对于视觉形象的感受；二是分析大赛的关注度、参与度和传播效果数据，以客观地评估视觉形象在提升大赛影响力方面的成效；三是通过对比大赛前后品牌形象的变化，进一步揭示视觉形象设计对品牌建设的积极贡献。

结合实践，笔者发现，针对高校师生创新大赛的视觉形象设计，应特别关注视觉形象的识别度、记忆度、美观度及其与大赛主题的契合度等核心指标。这些指标不仅能够全面地反映设计的优劣，更能为实际效果提供有力的量化依据。此外，通过对比分析实施视觉形象设计前后的大赛数据，我们也能发现视觉形象设计在提升大赛知名度、吸引更多参赛者和观众、促进品牌的有效传播等方面发挥的积极作用。这些实证数据不仅验证了视觉形象设计的价值所在，也为未来的设计实践提供了宝贵的经验和参考。

4 结论与展望

本文以第四届"慧源共享"全国高校开放数据创新研究大赛为例，对视觉形象设计在高校开放数据大赛中的应用情况进行了较为全面的介绍。通过理论分析和实践案例分析，明确了视觉形象设计在提升大赛品牌形象、增强大赛影响力方面的重要作用，并提出了一套符合大赛理念和目标的视觉形象设计策略。然而，本研究也存在局限与不足。受限于时间与资源，调研案例数量有限，可能无法全面反映所有类型高校开放数据大赛的视觉形象设计情况。此外,对于视觉形象设计策略仍需进一步完善和细化。

展望未来,随着大数据、人工智能等技术的快速发展,高校开放数据大赛的视觉形象设计将迎来新的发展机遇。设计师需要不断更新知识,掌握新技能,以适应变化的设计需求和市场环境。同时,我们也期待更多学者和实践者能够加入这一领域的研究中,共同推动高校开放数据创新研究大赛视觉形象设计的创新与发展。

参考文献

[1] 百度百科.VI设计定义[EB/OL].[2024-02-25].https://baike.baidu.com/item/视觉识视觉识别系统.
[2] 张玮,杜兆芳,陆小彪.探究视觉识别系统在高校中的应用——以安徽农业大学为例[J].安徽农业大学学报(社会科学版),2018,27(6):63-67.
[3] 杨焱皓.新媒体时代视觉传达设计的创新策略研究[J].鞋类工艺与设计,2023,3(20):48-50.

作者介绍

胡萍　女,复旦大学大数据研究院人文社科数据研究所,复旦大学图书馆,馆员。研究方向:图书馆视觉形象识别系统构建及应用、图书馆空间设计、开放数据活动视觉形象识别系统。E-mail:hupin@fudan.edu.cn。

慧源科学数据平台设计与构建

汪东伟

[复旦大学图书馆　复旦大学大数据研究院人文社科数据研究所
上海市科研领域(人文社科)大数据联合创新实验室]

摘要：本文从平台架构、功能、安全保障体系和平台性能四个方面，介绍了慧源科学数据平台的设计与构建，以期为高校科学数据服务平台建设提供参考和借鉴。

关键词：开放数据竞赛　科学数据　平台设计

Design and Construction of Huiyuan-Sharing Social Science Data Platform

Wang Dongwei

(Fudan University Library; Institute for Humanities and Social Science Data,
School of Data Science, Fudan University; Shanghai Big Data
Joint Innovation Lab — Science & Research Unit)

Abstract: This paper presents the design and construction principles of the Intellectual Resources Scientific Data Platform, with a particular focus on four key aspects: platform architecture, functionalities, security assurance system, and platform performance. The aim of this paper is to offer insights and guidance for the development of scientific data service platforms in academic institutions.

Keywords: open data competition, scientific data, platform design

0 引言

第四届"慧源共享"全国高校开放数据创新研究大赛(以下简称慧源大赛)是一项面向全国高校师生的开放数据竞赛，活动以推动和促进教育科研领域数据资源的汇聚流通和共享开放，鼓励高校师生利用新技术对开放数据进行分析，将人文社会科学与机器学习相结合，开展跨学科的交叉研究和创新应用，聚合各行业力量培养和提升大学生的数据素养为主要目标。"慧源共享"科学数据平台(以下简称慧源数据平台)在慧源大赛的数据服务中发挥了重要作用,不仅提供了数据存储、管理、开放和访问等专业服务,还为赛事组织者和参赛者提供了技术支持和资源保障。本文将从慧源数据平台的整体设计、模块构建、数据安全保障以及性能优化等关键维度切入,阐述平台的设计思路和建设路径。

慧源数据平台的设计与建设采用了先进的技术框架和严格的安全性能标准,旨在为参加慧源大赛的高校师生提供一个高效、安全、可靠的开放数据研究与创新应用环境。平台基于 J2EE 进行研发,JDK 版本为 1.8,主体代码采用 Java 编程语言和服务器端 Java 技术开发。使用的框架为 JSF+EJB+JPA。其中,JSF 是一种分层式标准框架体系,主要包括表示层、业务逻辑层和数据持久层。本文将 JSF 作为信息门户网站开发平台架构的构建标准,并结合平台设计需求设计出一个分层式平台架构。表示层是信息门户网站开发平台的前端,用于收集用户的信息,通过控制导航将用户输入的信息传递给业务逻辑层[1]。EJB(Enterprise Java Beans)是基于分布式事务处理的企业级应用程序的组件。Sun 公司发布的文档中对 EJB 的定义是:EJB 是用于开发和部署多层结构的、分布式的、面向对象的 Java 应用系统的跨平台的构件体系结构[2]。JPA 作为一个持久化规范,专门负责定义与数据存储层的交互标准以及交互过程,是对 ORM 编程的继承与细化,也是关系型数据库间的交互中介桥梁,解决了开发中的编码问题,使得开发人员能用面向对象的思维去处理和操作关系库[3]。

1 整体设计

1.1 系统运行环境

在研发中,平台的服务器端硬件配置采用了 8 核 CPU,以确保处理请求时的高效性能;32 GB 内存,以支持多任务并发处理;并配备 1 TB 的硬盘存储空间,通过 Raid 5 技术实现数据的冗余备份,保障数据的安全性和可靠性。在软件环境方面,选用 JDK 1.8 作为 Java 开发和运行的环境,确保了平台的稳定性和兼容性。在数据库方面,选择 PostgreSQL 作为后端存储解决方案,以保证平台的高性能和强大的扩展性。在 Web 容器方面,选用了 Glassfish 3 和 Tomcat 8,前者支持 EJB 系统架构,后者以其广泛的社区支持和成熟的性能优化为主要特点。为了支持数据的统计分析,平台还集成了 R 语言环境,以便用户能够进行复杂的数据分析和可视化操作。

在客户端的配置上,为了确保广泛的兼容性和良好的用户体验,数据平台支持包括 IE 10+、谷歌、火狐、Edge、360 等在内的主流浏览器。这样的设计使得用户无须安装特定的浏览器即可访问和使用平台,极大地降低了用户的使用门槛,同时,也体现了平台对多样化用户需求的适应性和包容性。

1.2 系统架构

平台功能设计总体框架如图 1 所示。

图中各分层说明如下。

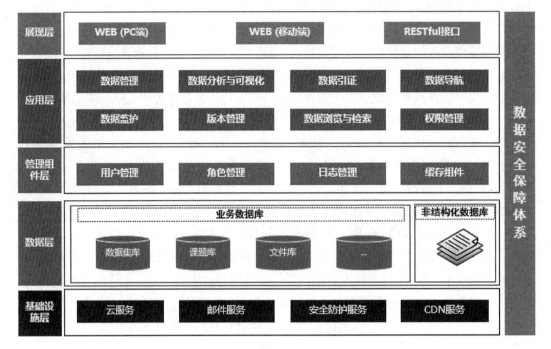

图 1 平台功能设计的总体框架

（1）基础设施层

由大数据中心提供云服务、邮件服务、安全防护服务和 CDN 服务。云服务主要提供系统运行所必需的云主机及操作系统；邮件服务为系统提供邮件收发的接口；安全防护服务为系统提供运行安全保障；CDN 服务大幅缩短用户访问的互联网路径，降低网络拥塞，快速获取网络资源[4]。

（2）数据层

数据层是存储系统数据的底层支撑，包括数据集、课题、文件库等结构化数据，以及用户上传的非结构化物理文件。

（3）管理组件层

在管理模块方面，系统提供用户管理、角色管理、日志管理、缓存组件等系统通用管理功能模块和组件，是核心业务功能的运行基础。

（4）应用层

应用层是系统的核心业务层，包括数据管理、数据共享交换与收割、数据引证、数据导航与预览、数据监护、版本管理、数据浏览与检索、权限管理等功能组件的实现，是对应用服务展示层的业务逻辑功能实现等。

（5）展现层

系统支持用户通过 PC 端浏览器和移动端浏览器访问，同时，通过 RESTful 接口形式与身份认证、数字基座等系统进行数据交换。

针对人文社科大数据的安全，平台从数据流的整个过程考虑，如从数据的采集、存储、传输等方面,制定了数据库系统和数据的安全保护措施。

2 模块设计

2.1 慧源科学数据平台

2.1.1 数据管理

(1) 数据集管理

① 创建数据集

具有数据集创建者角色的用户可创建数据集,同时,创建者自动赋予数据集管理员的角色,能管理数据集,填写数据集的名称等信息,见图2、图3。

图 2　数据资源的界面

② 编辑数据集设置

进入目标数据集中,点击页面右上部的"设置"按钮,然后点击"设置"—"常规",可以输入或更改字段来编辑数据集设置,见图4。

(a) 数据集发布设置:可以设置数据集的发布状态为发布或不发布。

(b) 选择数据集的类型:机构型和学术型(个人型)。

(c) 设置数据集的名称:学术型名称自动设置为创建者的姓名。

(d) 设置数据集的别名:别名为缩写词,通常为小写,设置后作为新数据集 URL 的一部分出现在地址栏中。

(e) 数据资源主页描述:是对用户正在创建的数据集里的课题和数据文件的简短的描述,将显示在平台主页上的数据集列表中。

(f) 添加、移除分类:选择0个或者多个适合数据集的分类,完成后,创建的数据集将在平台首页左侧相应的分类导航栏中出现,便于揭示和宣传推广该数据集。

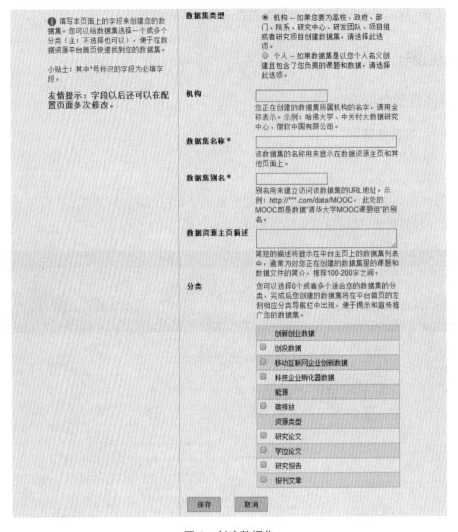

图 3　创建数据集

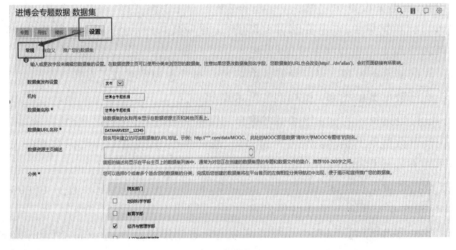

图 4　数据集的编辑页面

(g) 评论设置：启用或禁用用户评论，见图 5。

图 5　评论设置

(h) 管理电子邮件：设置用于联系和发送通知的邮箱，见图 6。

图 6　设置电子邮箱

③ 自定义数据集设置

进入目标数据集中，点击页面右上部的"设置"按钮，然后点击"设置"—"自定义"。

(a) 自定义页眉和页脚：自定义数据集的页眉和页脚，见图 7。

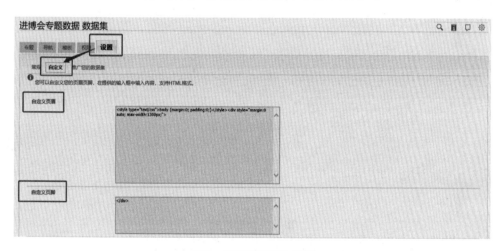

图 7　自定义页眉和页脚

(b) 设置默认排序：可以按题目、ID、最后更新日期、下载频次等设置课题列表的默认排序，见图 8。

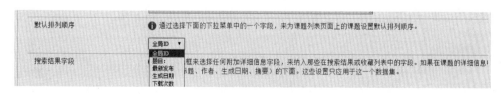

图 8　设置默认排序

(c) 添加字段：在搜索结果中添加字段，默认的检索结果仅包含课题题目、作者、ID、摘要。通过设置，可以把另外的字段加入搜索结果中，如出版商、发布者、资助机构、出版日期、发布日期等，给用户提供更多的细节，方便用户找到和定位数据，见图 9。

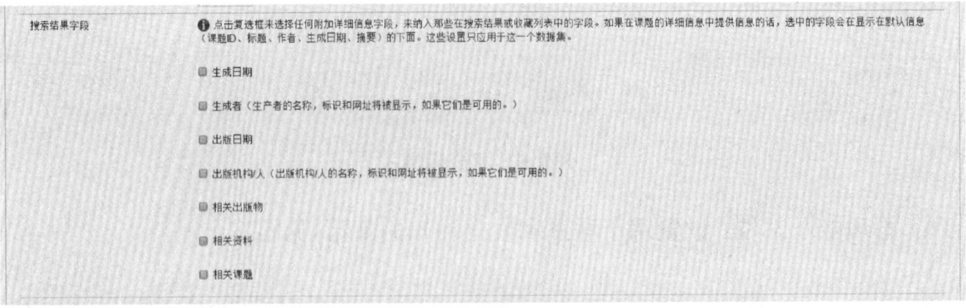

图 9　设置搜索结果字段

④ 条款和数据追踪

（a）编辑条款：编辑创建课题的条款、用户下载使用条款，见图 10。

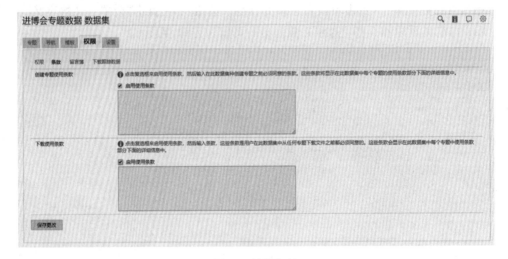

图 10　编辑条款

（b）跟踪数据：查看数据的被下载的时间、次数、下载数据的类型、下载该数据的用户信息，并可以导出跟踪数据的记录，见图 11。

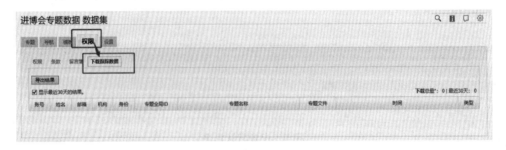

图 11　下载跟踪数据

⑤ 推广数据集

进入目标数据集中，点击页面右上部的"设置"按钮，然后点击"设置"—"推广您的数据集"。

可以获取数据集的个性化的推广链接,包括二维码、文本式、按钮式,还有数据集的搜索框。这些链接可以粘贴到用户的其他个人主页或其他地方,以推广用户的数据集研究。

选择"文本链接"的"选择所有代码",可以获取文本式的链接;选择"按钮链接"的"选择所有代码",可以获取按钮式的链接;选择"检索框"的"选择所有代码",可以获取数据集的搜索框,见图12。

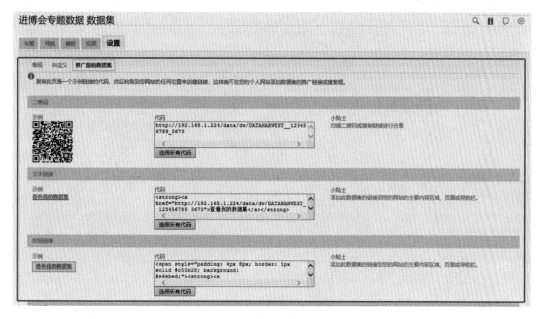

图 12 推广链接设置

(2)课题管理

① 创建课题

(a)创建课题草稿:至少具有成员角色的用户可以在权限范围内的数据集中创建课题。课题草稿生成须至少输入数据资源标题。编辑和数据集管理员可以编辑成员创建的资源草稿,见图13。

图 13 创建课题

(b) 输入编目信息：包括标题、ID、摘要、关键词、分类、提交者、出版日期、发布日期、存档日期、开始日期、结束日期、国家、地理信息、数据类型、变量信息等。可使用数据集管理员设置的课题模板完成输入。提供者输入完成后可保存为草稿副本，并添加注释或描述。编辑和数据集管理员可以修改提供者输入的编目信息，见图14。

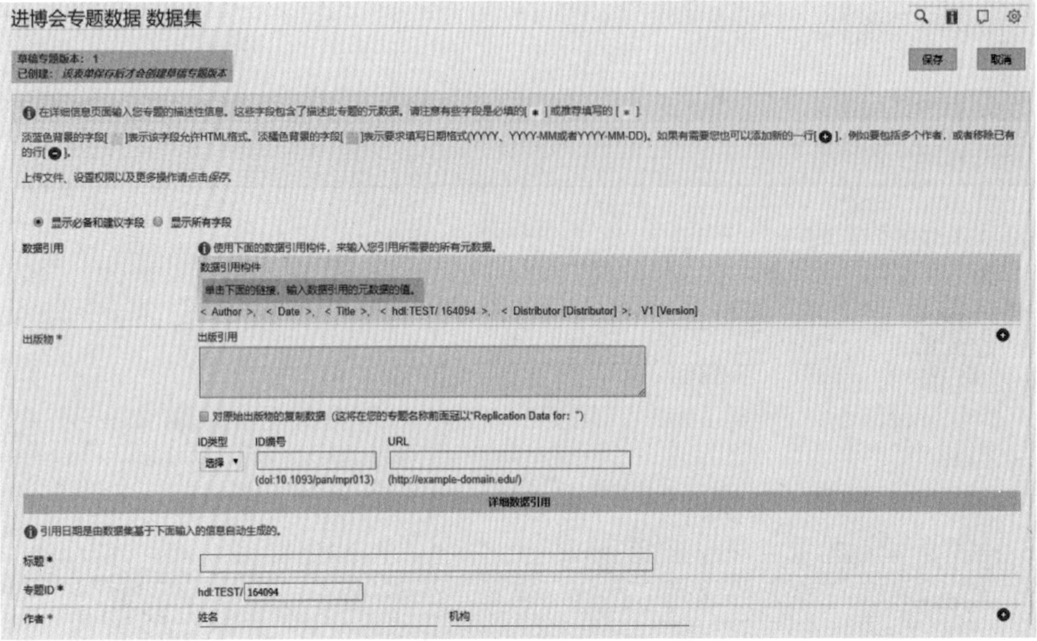

图 14　填写课题信息

② 编辑/删除课题

点击目标课题，进入目标课题的管理页面，见图15。

图 15　课题管理

编辑/删除课题草稿：成员、编辑和数据集管理员在提交课题草稿前可编辑、删除已经存在的草稿。

点击"详细信息"，进入课题的详细信息页面，可以输入课题的描述性信息。字段包含描述课题的元数据，见图16。

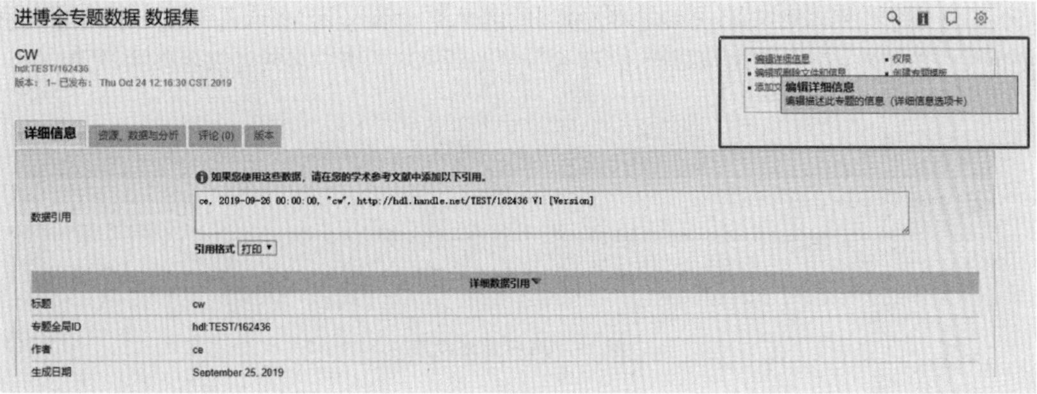

图 16 课题信息编辑

③ 整个课题权限

点击右上部的"权限",可以管理课题的相关权限。

管理课题权限分为三大块,分别为整个课题权限设置、文件受限设置、单个文件权限设置,见图 17。

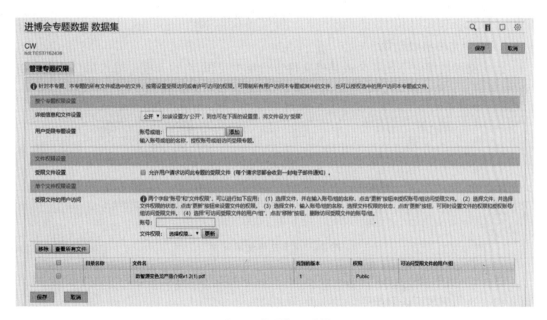

图 17 课题权限设置

(a) 详细信息和文件设置:详细信息和文件设置是对整个课题受限。如果设置为"公开",则可以设置单个文件的权限;如果设置为"受限",该课题下的所有文件均被受限,见图 18。

图 18 整个课题权限设置

（b）用户受限课题设置：可以在账号和组的输入框中输入用户名或者组名，授权账号或组访问受限的课题，若不需要，可以点击"移除"，可把新添加的账户名或者组名移除，见图19。

图 19　用户受限设置

④ 受限文件设置

勾选"允许用户请求访问此课题的受限权限（每个请求您都会收到一封电子邮件通知）"，通过勾选此项可以接收到想访问受限的文件者的邮件，见图20。

图 20　受限文件设置

⑤ 单个文件权限设置

此功能可对课题下的某个或某些文件进行单独受限，在输入框中输入用户名或者组名，勾选目录名称列下一文件，文件权限选择受限，最后点击更新，见图21。

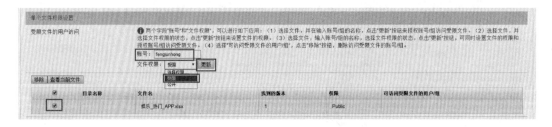

图 21　单个文件受限设置

受限的"娱乐_热门_APP"文件显示如下，权限处显示"Restricted"即为受限的意思，而新添加的用户名可访问此受限的文件，见图22。

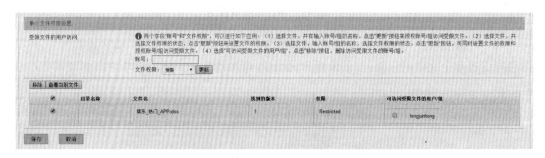

图 22　单个文件受限设置的效果

⑥ 课题模板

创建数据集模板可以共享，被赋予权限的账户都有权使用管理员创建的数据集模板。其中，所有用户都可以共享超级管理员创建的模板。

创建完成数据集之后，进入目标数据集中，点击页面右上部的"设置"按钮，然后点击"模板"，可以创建、编辑、删除课题模版，预先填写某些字段，当用户创建一个新的课题时，可以使用模版，并且使用这些预置的缺省的字段，方便用户快速地创建课题。

点击"克隆"，进入创建新模板界面。图 23 中框住部分为系统默认的模板，含有 105 个元数据字段。

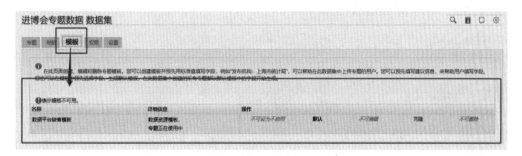

图 23　课题模板列表

填写新模板的名称、模版描述、包含课题信息等，右边的下拉键可把元数据设置为"必备""推荐""可选"和"隐藏"四种。选为"必备"，则作为必填项；选为"推荐"和"可选"，则作为选填项；选为"隐藏"，则该字段不会在模板中出现。设置完成后，点击"保存"即可保存更改，见图 24。

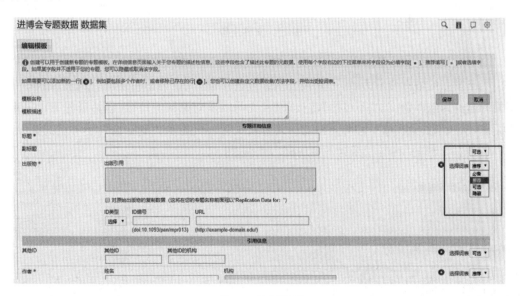

图 24　编辑模板

⑦ 文件管理

文件不能超过 2 G，支持对各类型文件的上传、分类、描述、删除和修改，包括科研论文、著作、事实数据等各种文件格式；为每个上传文件添加内容信息，包括文件名、文件类型和描述。如果上传文件为可设置子集的文件，在收到上传成功的确认邮件前，不能编辑课题草稿。平台支持以下格式的可设置子集的文件：

(a) SPSS sav-Versions 7.x to 16.x；

(b) SPSS por-All versions；

(c) Stata dta-Versions 4 to 10；

(d) GraphML xml-All versions。

如果上传了错误文件，支持先移除，再继续上传正确文件；编辑和数据集管理员可以删除、修改上传的文件和信息，见图25。

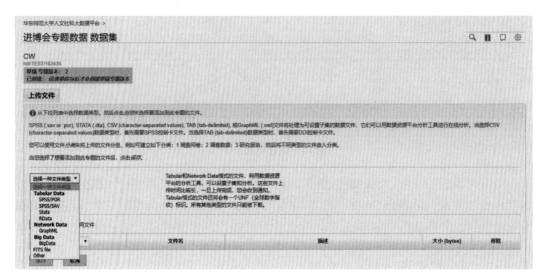

图25　文件上传

⑧ 将课题设为不可访问

当已发布的数据资源无效，不能被公众继续使用时，须设为不可访问。成员、编辑和数据集管理员为该课题添加"不可用"链接、原因说明以及新课题的链接[包括资源 ID（Global ID）]后，从所属的数据集中移除该课题。只有系统管理员能永久删除设为不可用的资源。

点击右上部的"将专题设为不可访问"，见图26。

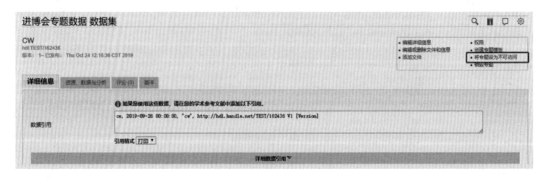

图26　课题管理页面

点击"不可访问",将课题设为不可访问后,公众将不能对此课题进行访问。但是该课题并没有被永久删除,见图 27。

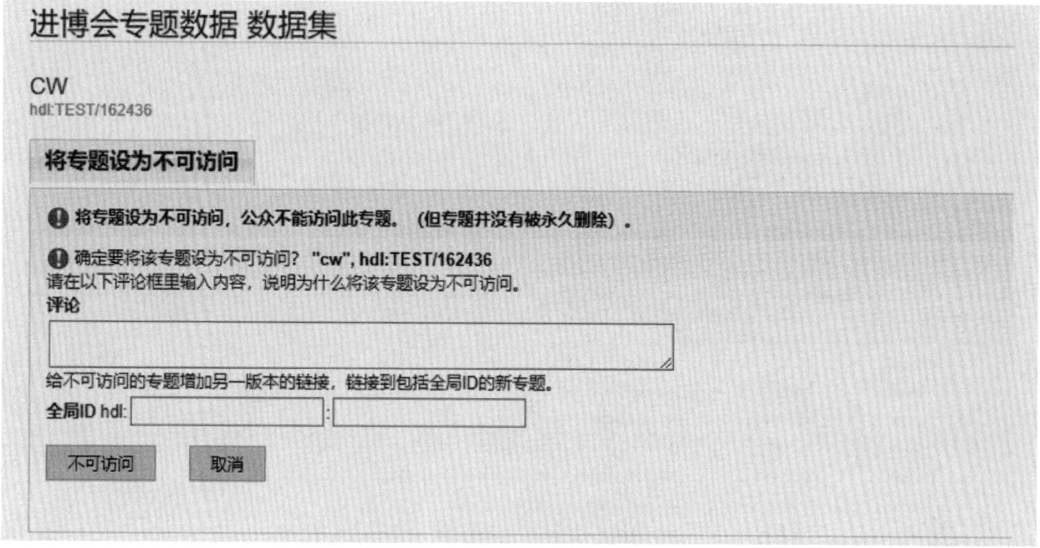

图 27　将课题设置为不可访问

（a）课题类别自定义：用户可以自定义课题所属的类别。

（b）提交课题草稿：成员完成课题编辑并结束数据资源上传后,可选择提交课题草稿。草稿提交后交由编辑或者数据集管理员审查。用户上传的课题,每次更新时都有历史版本记录,记录版本修改的时间与内容,同时提供不同的两个版本之间差异比较功能。

2.1.2　数据分析与可视化

支持对数据资源进行在线分析,包括但不限于列表分析、矩阵分析、回归分析、方差分析、正态分布分析等。通过对数据的重新编码与子集的抽取,借助不同类型的分析模型,对数据进行在线分析。

（1）支持数据在线分析与可视化,平台提供一种有效的基于 R 语言的计算统计工具,并提供广泛的统计分析模型。在线分析允许会员用户使用。使用范围由用户组的权限决定。该分析工具支持用户自建模型并导入平台,可以实现回归分析、方差分析等。

（2）支持用户在浏览数据资源时可利用可视化的功能选择变量,生成图表,并将图表与选择的数据文件一起打包下载。数据可视化功能须由成员在创建课题上传数据文件时设置。

（3）支持在线分析工具的集成。

（4）数据格式支持主流统计与分析工具。

（5）支持对科学数据重新编码和子集的抽取；表格数据可被在线分析工具处理和分析。可以根据需要下载不同的格式,如 Text、R Data、S plus 和 Stata。可以对数据进行重新编码和重新分组（Case-subset）,可以进行描述性分析、高级统计分析和在线分析,见图 28。

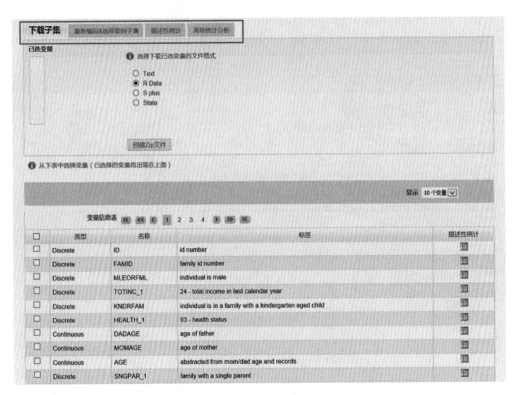

图 28　数据分析

（6）支持多种对高级统计分析模型的管理，部分列举如下：
- Cross-Tabulation；
- Hierarchical Multinomial-Dirichlet Ecological Inference Model for R x Ctables；
- Negative Binonuak Reg for Event Count Dep Vars；
- Poisson Reg for Event Count Dep Vars；
- Exponential Reg for Duration Dep Vars；
- Gamma Reg for Cont，Positive Dep Vars；
- Log-Normal Reg for Duration Dep Vars；
- Weibull Reg for Duration Dep Vars；
- Least Squares Reg for Cont Dep Vars；
- Linear Regression for Left-Censored Dep Variable。

见图 29。

（7）支持对数据的多层次多角度可视化展现：功能支持对测量类型应用过滤器、动态添加变量、多种图像呈现方式、自定义时间段可视化显示等。成员可以设置数据文件的可视化功能，支持对时间变量、坐标轴标签的设置显示功能。

2.1.3　数据引证

数字对象唯一标识符（Digital Object Unique Identifier）是一套识别数字资源的机制，涵盖的对象有视频、报告或书籍等。它既有一套为资源命名的机制，也有一套将识别

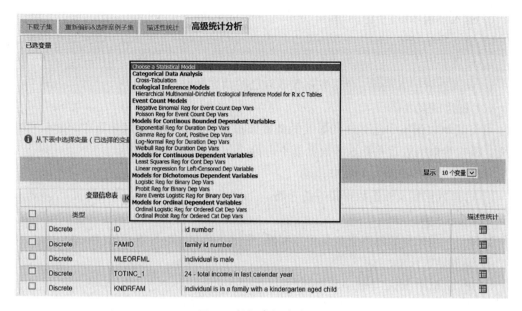

图 29 数据高级统计分析

号解析为具体地址的协议。Handle System 即句柄系统,是一个多用途的全球命名服务,用来在互联网上进行安全的名字解析和管理。数据平台支持 DOI 数据引证和 Handle System 句柄系统数据引证功能,见图 30。

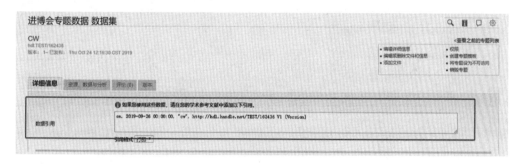

图 30 数据引证示例

2.1.4 数据导航

允许创建不同形式的课题导航集;完全由用户自定义。

数据集的编辑和数据集管理员还可为所管理的数据集创建导航。可创建的导航类型有三种:静态导航、动态导航、链接导航。创建的导航只能为根导航的子导航,或者某子导航的子导航。

(1)创建静态导航

支持将所管理的数据集中的特定课题归入所建的导航中。

(2)创建动态导航

可编辑一个查询,将所有数据集中匹配的课题归入导航中。

① 在根导航或者某个已存在的导航下创建导航,选择导航类型为静态导航;

② 输入导航名称；
③ 输入导航描述；
④ 设置查询；
⑤ 设置查询搜索范围：全部数据集或自己的数据集。
（3）创建链接导航

可将其他数据集中已存在的导航的链接添加到自己的数据集的主页中，供用户浏览检索。链接导航的管理只能在源数据集中进行。

① 打开添加导航链接的窗口；
② 选择数据集及被选数据集中的导航。

（4）管理导航

数据集的编辑和数据集管理员可以编辑、删除已经存在的导航，详见图31。

① 编辑导航目录；
② 更改、添加、删除导航中的课题；
③ 删除已存在的静态、动态导航；
④ 移除链接导航。

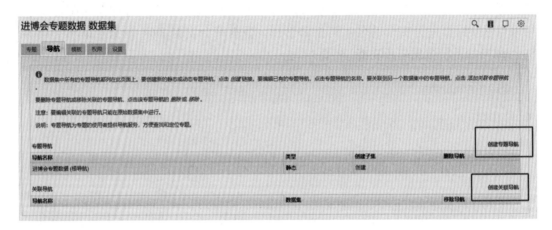

图31　数据导航管理

2.1.5　数据监护

基于数据生命周期模型，采用国际标准的元数据规范，用多种可检索字段去定义一个项目，帮助制定科学的数据管理计划，辅助进行数据筛选、数据处理和数据格式的自动转换，实现对数据的长期保存和访问传播。

支持各类研究数据管理的元数据模板的描述和定制，可以灵活定义和描述可检索字段。

此外，数据平台还遵循OAI-PMH元数据获取协议（Open Archive Initiative Protocol for Metadata Harvesting）和CC（Creative Commons）协议；支持句柄系统和中国图书馆图书分类法V4。

同时，遵循以下规范：

《CDLS-S05-013古籍元数据规范》；

《CDLS-S05-014 古籍著录规则》；
《CDLS-S05-015 家谱元数据规范》；
《CDLS-S05-016 家谱著录规则》；
《CDLS-S05-017 拓片元数据规范》；
《CDLS-S05-018 拓片著录规则》；
《CDLS-S05-019 舆图元数据规范》；
《CDLS-S05-020 舆图著录规则》；
《CDLS-S05-021 地方志元数据规范》；
《CDLS-S05-022 地方志著录规则》；
《CDLS-S05-023 期刊论文元数据规范》；
《CDLS-S05-024 期刊论文元数据著录规则》；
《CDLS-S05-025 会议论文元数据规范》；
《CDLS-S05-026 会议论文著录规则》；
《CDLS-S05-027 学位论文元数据规范》；
《CDLS-S05-028 学位论文著录规则》；
《CDLS-S05-029 电子图书元数据规范》；
《CDLS-S05-030 电子图书著录规则》；
《CDLS-S05-031 音频资料元数据规范》；
《CDLS-S05-032 音频资料著录规则》；
《CDLS-S05-033 网络资源元数据规范》；
《CDLS-S05-034 网络资源著录规则》。

2.1.6 版本管理

数据发布者上传数据之后，在数据共享的过程中，针对数据使用者发现的数据错误、遗漏或者不一致的地方，需要对已经上传的数据进行更新，系统数据版本管理功能可以在课题级别，对数据发布者每次更新的历史版本进行自动记录，记录内容包括每次修改的时间、具体修改内容，同时提供各个不同版本的差异性自动比较，便于后来使用数据的研究人员进行查证，见图 32、图 33。

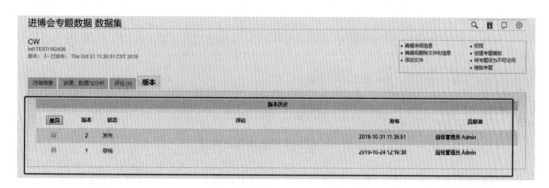

图 32　数据版本管理示例

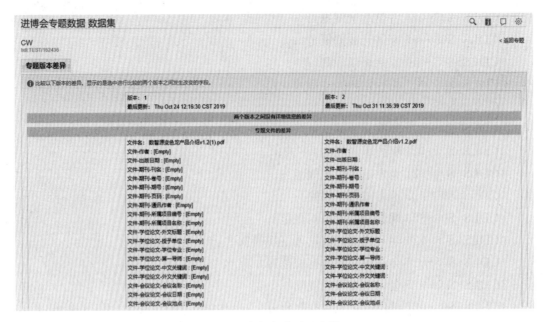

图 33　数据版本差异比较

数据版本管理功能对数据出版和数据引证可以起到巨大的支撑作用,既能准确地还原论文发表时引用的数据真实情况,又能支持后续的数据更新,满足科学研究的需要。

2.1.7　数据浏览与检索

（1）浏览与导航

用户可浏览平台中的所有公共数据集。整个站点的数据集导航包括自定义的分类导航和 A—Z 字顺导航两种。

用户可根据已添加的分类浏览数据资源。

用户选定名称后可浏览该数据集中的所有数据资源。每个数据集都包含按等级划分的特定主题分类,用户可按分类浏览数据资源。支持通过用户类型、资源类型、特色数据、学者等多个途径揭示科研成果与数据。

当用户选择查看某一数据集的内容时,浏览显示根导航,数据资源直接显示在根导航的名称下。如果根导航包含子导航,则在根导航下只列出这些子导航,用户须选择一个子导航进而浏览资源。

分类浏览界面可允许用户按照字顺查询资源,如作者姓名(按 A—Z)等,见图 34。

图 34　按照字顺查询资源示例

创建数据集分类导航:平台管理员可自定义数据集分类导航,分门别类地将平台中开放的数据集纳入其中,方便用户快速查找,见图 35、图 36。

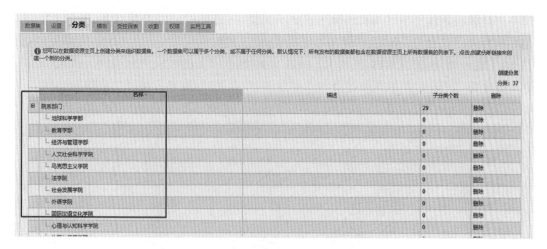

图 35　数据集分类导航管理

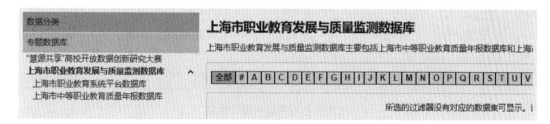

图 36　数据集分类导航

（2）检索与浏览

所有用户均可检索浏览平台中的所有数据集，以及每个数据集中的所有研究数据。用户可以检索平台中所有已发布的数据集提供的数据资源，也可以在单个数据集中检索数据资源。已发布数据集中的受限制数据会出现在检索结果中，用"锁"图标标注；未发布的数据集中的数据资源不在检索的范围内。

默认情况下，出现在检索结果或浏览列表中的编目信息字段包括标题、ID、生成日期和摘要。数据集管理员可添加检索结果显示字段。检索结果默认按"相关性"排序。用户可自定义排序方式，包括按课题 ID、标题、最新发布、生成日期、下载频次。支持按题名、机构、发布日期、下载次数等数据项目进行排序。

① 基本检索

当用户输入的搜索字段超过一个时，结果中会包含和每一个字段相近的数据资源。具有"二次检索"的功能，用户可以在结果中进行再次检索，缩小检索结果的范围。检索点包括《元数据标准与著录规范》中的所有编目信息、引用信息、摘要和地区信息、数据信息、使用条款以及文件说明。

② 高级检索

在高级检索中，用户可以通过选择要检索的编目信息字段完善检索标准。此外，将逻辑应用于字段检索。对于文本字段，用户可以指定该字段检索"包含"或"不包含"输入的文本。高级检索使用下拉列表选择检索字段类型，可选择的字段类型如下（来源于《元数据标准与著录规范》）：标题、课题 ID、生成者、覆盖的时间周期-开始、描述、关键字、生成日期、主题分类、相关出版物、其他 ID、出版发布日期、覆盖的时间周期-结束、国家/国籍、地理覆盖面、数据类型、数据所涉及的人口范围、作者、出版发布者/机构，见图 37。

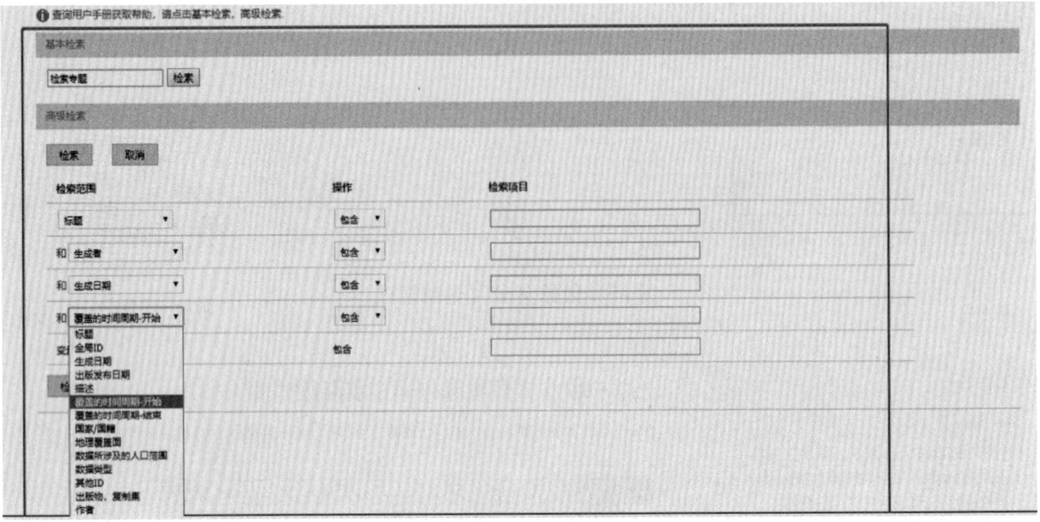

图 37 基本检索与高级检索

支持科研数据与成果下载。数据文件可选择多格式下载，后台能记录下载的信息，包括账号、下载的文件题名、数据空间、下载日期等，见图 38。

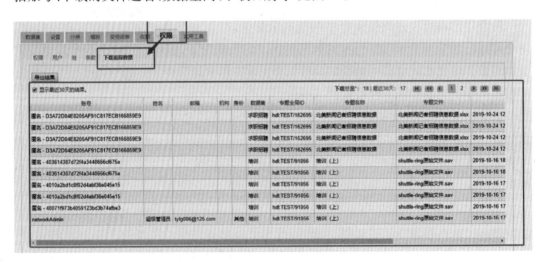

图 38 下载追踪数据

2.1.8 权限管理

数据集、课题、数据文件的创建、完善和分享是一个协作过程，不同的成员应具有不同的操作权限，系统对数据集、课题、数据文件定义了 13 种访问控制权限，可分为 6 类，包括：

① 创建权限——添加数据集，添加课题。

② 读取权限——查看未发布数据集，查看未发布课题，下载文件。

③ 更新权限——编辑数据集，编辑课题，管理数据集，管理课题，发布数据集，发布课题。

④ 删除权限——删除数据集，删除草稿版课题。

⑤ 定义数据采集——用户定义互联网数据的采集条件及采集时间。

⑥ 导出采集结果——导出互联网数据采集报告及结果文件。

一个用户可具有多种操作权限，在系统中，多种权限的组合定义为角色。当用户被赋予了角色时，就具有了角色所包含的权限。系统中预定义了4种角色，包括管理员、编辑、成员、访客。不同的角色具有不同的权限，例如，管理员具有所有权限，成员具有创建和编辑自己课题的权限，编辑拥有在成员权限的基础上发布课题的权限。此外，可以设置特权组，方便多用户的权限管理。

相关权限分析如下。

(1) 数据集权限设置

进入目标数据集中，点击页面右上部的"设置"按钮，然后点击"权限"—"权限"，可以设置各种用户的权限，见图39。

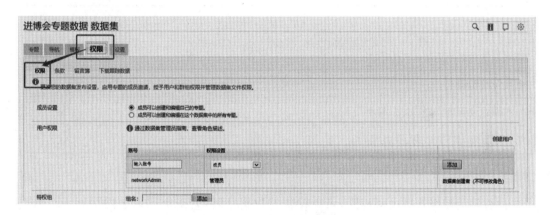

图39　数据集权限设置

(2) 成员权限

包括两种：① 成员可以创建和编辑自己的课题；② 成员可以创建和编辑这个数据集中的所有课题，见图40。

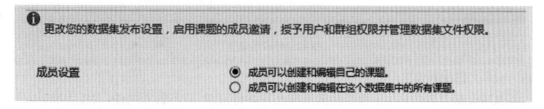

图40　成员权限

(3) 用户权限

可以添加用户名,在账号输入框中输入账号,点击"添加"即可;若不需要,可以点击"移除",可把新添加的账户名移除,见图41。

图41　用户权限设置

同时可以给新添加的账号赋予不同的权限,共有四种权限,分别为访客、成员、编辑、管理员。权限分配如表1所示:

表1　用户权限分配表

	访　客	成　员	编　辑	管理员
访问未发布的数据集	√	√	√	√
创建及编辑课题	×	√	√	√
发布课题及管理课题(权限、模板等)	×	×	√	√
管理数据库(权限、收藏、模板等)	×	×	×	√

(4) 特权组

此权限为超级管理员的权限,可以设置特权组,即将若干个用户名添加到一个组当中,通过输入组名称来允许该组访问相应的数据集(一般的用户用不到此项),见图42。

图42　特权组设置

(5) 文件受限设置

文件受限设置是对相应数据集的所有文件进行限制,即不公开文件,设置完成后,点击"保存更改"即可,见图43。

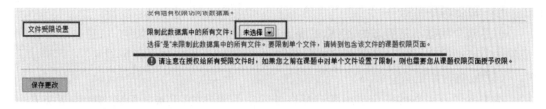

图 43 文件受限设置

2.2 数据安全保障体系

系统运行在网络系统上,依托互联网向用户提供信息与服务,系统中存在大量非公开的信息和数据,详尽的系统及数据安全保障方案能够有效地保护信息和数据的机密性和完整性,保障系统的持续服务能力。

该方案的总体目标是根据当前技术发展水平和系统建设当前阶段的限制,设计一套相对科学合理的系统安全保障体系,从网络、硬件服务器、应用系统和数据安全等方面保障系统高效可靠地运行。

以国家信息安全等级保护相关文件及 ISO27001/GBT22080 为指导,结合系统安全现状及未来发展的趋势,建立一套完善的安全防护体系。通过体系化、标准化的信息安全风险评估,积极采取各种安全管理和安全技术防护措施,落实信息安全等级保护的相关要求,提高信息系统的安全防护能力。

从技术与管理上提高系统网络与信息系统的安全防护水平,防止信息网络瘫痪、应用系统破坏、业务数据丢失、企业信息泄密、终端病毒感染、有害信息传播、恶意渗透攻击,确保信息系统的安全稳定运行,以及业务数据安全。

2.2.1 统一安全管理体系

(1) 适度安全原则

从网络、主机、应用、数据等层面加强防护措施,保障信息系统的机密性、完整性和可用性,同时综合考虑成本因素,针对信息系统的实际风险,提供对应的保护强度,并按照保护强度进行安全防护系统的设计和建设,从而有效地控制成本。

(2) 重点保护原则

根据信息系统的重要程度、业务特点,通过划分不同安全保护等级的信息系统,实现不同强度的安全保护,集中资源,优先保护涉及核心业务或关键信息资产的信息系统。

(3) 标准性原则

信息安全建设是非常复杂的过程,在规划、设计信息安全系统时,单纯依赖经验无法对抗未知的威胁和攻击,因此,需要遵循相应的安全标准,从更全面的角度进行差异性分析。

同时,在规划、设计系统信息安全保护体系时,应考虑与其他标准的符合性,在方案中的技术部分参考 IATF 安全体系框架进行设计,在管理方面,同时参考 ISO27001 安全管理指南,使建成后的等级保护体系具有更广泛的实用性。

(4) 动态调整原则

信息安全问题不是静态的,它总是随着系统的组织策略、组织架构、信息系统和操作流程的改变而改变,因此,必须跟踪信息系统的变化情况,调整安全保护措施。

(5) 成熟性原则

本方案设计采取的安全措施和产品在技术上是成熟的,是被检验确实能够解决安全问题并在很多项目中有成功应用的。

(6) 科学性原则

在对系统进行安全评估的基础上,对其面临的威胁、弱点和风险进行了客观评价,因此,规划方案设计的措施和策略既符合国家等级保护的相关要求,也能够很好地解决系统在信息网络中存在的安全问题,满足特性需求。

2.2.2 网络安全体系

(1) 数据传输

数据传输安全方面需要满足以下要求:

① 消息的发送方能够确定消息只有预期的接收方可以解密(不保证第三方无法获得,但保证第三方无法解密)。

② 消息的接收方可以确定消息是由谁发送的(消息的接收方可以确定消息的发送方)。

③ 消息的接收方可以确定消息在途中没有被篡改过(必须确认消息的完整性)。

针对数据传输安全的三个要求,可以通过加密、认证、签名等方式来解决。

本项目中,数据传输使用 https 方式传输,通过 SSL 安全证书验证,对通信内容进行加密。即使通信包被截获,也无法破解,防止内容被篡改和盗取。

(2) 安全接口

各子系统之间的通信接口以及开放的数据服务接口,使用 OAuth 2 的授权码模式。OAuth 协议是指服务器通过使用用户授权颁发的访问令牌对用户资源进行访问的协议,该协议能够防止用户的敏感信息(用户名/密码等)在传输过程中泄露,同时又能保证服务器访问到用户的资源[4]。

授权码模式适用于有自己的服务器的应用,它是一个一次性的 code,用来换取 access_token 和 refresh_token。一旦换取成功,code 立即作废,不能再使用第二次,流程图如图 44 所示。

code 的作用是保护 token 的安全性。简单模式下,token 是不安全的。这是因为在第 4 步当中直接把 token 返回给应用,而这一步容易被拦截、窃听。引入 code 之后,即使攻击者能够窃取到 code,由于他无法获得应用保存在服务器的 client_secret,因此无法通过 code 换取 token。第 5 步是确保信息不容易被拦截和窃听:首先,这是一个从服务器到服务器的访问,黑客比较难捕捉到;其次,这个请求通常要求是 https 的实现。即使能窃听到数据包,也无法解析出内容。有了这个 code,token 的安全性大大提高。因此,OAuth 2 鼓励使用这种方式进行授权,简单模式则是在不得已的情况下才会使用。

系统提供的对外接口服务,需要接入方输入账号、密码才能获取令牌,根据令牌才能获取相关数据。系统分配给不同客户端的账号、密码各不相同。

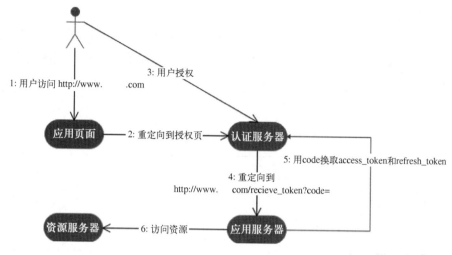

图 44 OAuth 认证流程图

2.2.3 物理安全体系

（1）漏洞扫描

系统上线前，进行全面、细致、深入的漏洞扫描，在修复漏洞并通过复测后，系统才可上线并向公众开放。

待优化升级的系统所部署的操作系统为 Linux 的 CentOS 系列，选用 Vuls 进行操作系统安全扫描工作。Vuls 是一款适用于 Linux/FreeBSD 的漏洞扫描程序，无代理，采用 Go 语言编写。其主要提供以下功能（详见图 45）：

① 支持通过邮件方式通知管理员安全隐患；

② 支持本地和远程扫描；

③ 可定期同步最新的安全数据库；

④ 支持定时扫描功能；

⑤ 扫描结果以表格和图形化界面展示；

⑥ 支持扫描报告的导出。

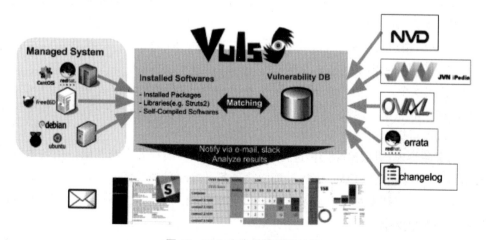

图 45 Vuls 安全扫描软件功能

(2) 数据备份与恢复

数据安全中很重要的一块是数据库的备份与恢复机制。通过数据库本身提供的备份工具以及制定计划任务定时定期对数据库系统进行备份,并手动进行定期的数据库备份文件异地备份存档。当发生突发情况时,使用备份文件对数据库进行恢复。具体备份方案见表2:

表2 数据库备份与恢复策略

操作服务器名称	备份文件	备份类型	备份策略
科学数据平台	业务库数据	本地备份	脚本自动备份
		冷备份	手工完成

备份操作说明如下:

① 冷备份

即关闭数据库后备份所有的数据文件和控制文件,这时,所有的数据文件和控制文件是一致的。

② 脚本自动备份

由于 PostgreSQL 的备份脚本命令有如下特点,因此,将其作为主要备份手段:

(a) 可备份数据库、表空间、数据文件、控制文件、归档日志;

(b) 可利用脚本来存储频繁使用的备份和恢复操作;

(c) 只备份已使用的数据块,可节约磁盘空间;

(d) 在备份时检测损坏块;

(e) 自动使用并行化特征提高备份和恢复性能;

(f) 备份时数据库仍可使用。

③ 主要备份命令

pg_dump -U <用户名> -O -x <数据库名称>[表名称] >备份名称

④ 主要恢复命令

psql -U <用户名> -d <数据库名称> < 备份名称 >

2.2.4 应用安全体系

(1) 代码安全

系统使用成熟稳定框架,从代码级别防止未经许可的非法访问,使数据库和文件的读取以及修改变得更加安全。

借助事务管理,对数据库操作进行全程跟踪,保证多线程并发修改同一条数据库记录时数据的完备性;遇到处理异常,将自动回滚事务,保证数据安全。

采用多重加密技术对用户登录密码进行加密处理,加密过程不可逆(如 MD5),以此保证用户的账户安全。

对所有前台用户请求和对服务器页面、图片等资源的访问均进行权限校验和拦截。

防止没有权限的用户恶意操作和攻击系统,泄露重要信息。

同时,确保系统无人为恶意后门,不存在人为的信息泄露点。

(2) 防止 Web 攻击

系统能够防止恶意攻击者往 Web 页面插入恶意 html 代码。这里的恶意攻击是指当用户浏览该页时,嵌入 Web 里面的恶意 html 代码会被执行,从而达到攻击用户的特殊目的。

选用主流稳定的 Web 架构作为系统建设框架。在接口层之上,设置 XSS 和 SQL 过滤器,对传入的参数进行全面拦截,防止跨站脚本攻击和 SQL 注入攻击,从而禁止无账号登录、篡改数据库等恶意行为。

同时,在 Web 容器中配置 Referer 请求头参数,有效地避免 CSRF 跨站请求伪造攻击。

设置 IP 地址黑名单,根据 IP 地址拦截 DDOS 分布式拒绝服务攻击,直接拦截恶意 IP 发送的大量攻击访问请求。

2.2.5 身份安全体系

(1) 系统数据访问

① 通过防火墙,按需开放相关端口,防止外网攻击。

② 应用和数据采用分离模式,对数据库的访问进行安全限制,只有应用所在 IP 才能访问数据库。

③ 敏感数据进行数据库存储时,进行安全的加密方式存储。应用密码和服务器密码策略尽量复杂,如至少采用 10 位数字和字母组合,并定期提醒更换。

④ 严格按照权限—角色—用户的等级制度,开放相应的数据访问权限,并对相关用户操作(增删改数据)进行日志记录。

⑤ 对用户获取数据进行频率限制,最大限度地防止数据非法获取。

⑥ 对于敏感信息导出,均使用动态加密压缩方式,确保每次生成的密码均不相同,密码以短信方式发送至操作管理员的手机中。

⑦ 用户登录成功且在会话有效期内,方可进行数据访问操作。

⑧ 第三方业务系统对接采集系统的接口推送数据,必须指定 IP,同时提供正确的 ClientId 和 ClientSecret 才能访问。

⑨ 用户只能增删改查自己录入的数据。

⑩ 管理员进行权限细分,精确到按钮级别,只有拥有权限的管理员,才能进行相应的操作。

(2) 应用身份权限

包括两个层面的控制:操作系统与中间件的启动权限、Web 应用自身的业务权限。

① 操作系统与中间件的启动权限

Web 应用运行时,使用操作系统最小化权限进行控制,避免 ROOT 用户直接启动运行项目。

应用所连接的中间件,如数据库、缓存库、文件服务等,开设非管理用户账号运行,杜绝数据库账号权限过大而出现的多库滥读情况。

② Web 应用自身的业务权限

系统使用权限—角色—用户的权限控制，将用户的操作权限锁定在功能点级别，无权限的用户无法看到对应的操作按钮，并且确保越过前台页面直接向后台发送请求也无法操作。

3 性能保障方案

3.1 缓存机制

系统支持业务数据的缓存策略，避免频繁访问数据库造成的服务拥堵。缓存的中间结果直接进入内存数据库中保存，以备实时访问。

系统支持业务数据与缓存数据的同步更新，缓存结果可设置活跃时间，过期自动销毁。

系统提供分布式高可用缓存机制，可配置缓存数据库进行读写的负载均衡处理。当缓存数据库出现单点故障时，可实时切换，确保缓存数据不丢失。

3.2 队列机制

系统具备数据接口消息队列缓冲机制。从其他业务系统采集到的数据，具有字段多、数据量大等特点。若回传数据直接通过接口进行本地存储，会对数据库产生巨大压力。使用高性能消息队列服务器，可以将大批量的回传数据缓冲到消息队列中，而后串行持久化，减轻频繁写入对数据库造成的压力。

系统同时提供短信发送与日志记录的队列缓冲机制，短信和日志被缓存在消息队列中，串行提交给短信服务器和日志数据库，减轻短信服务器和日志数据库的访问压力。

3.3 CDN 缓存

通过对系统静态资源进行 CDN 的配置，可以有效地解决静态资源对服务器 IO 造成的压力，将 IO 集中利用在动态数据访问中，极大地提升系统的性能。

4 结语

基于 Java EE 构建的慧源科学数据平台，在慧源数据大赛过程中展现出了较强的数据处理能力，基本上满足了相关数据的存储与使用需求。平台一方面保证了数据的安全性和稳定性，另一方面也为参赛者提供了较为流畅的数据访问体验。

未来，慧源科学数据平台将继续优化相关功能，包括不断优化数据存储和查询性能，适应更大规模、更复杂的数据集；加强与其他科研信息系统的集成，实现数据资源的共享与互通；此外，平台还将注重用户体验的提升，不断优化界面设计和操作流程，降低使用门槛，帮助用户更为高效地访问和利用数据资源。

参考文献

[1] 高鹤,张鹏.基于JSF的信息门户网站开发平台设计[J].信息与电脑(理论版),2021,33(4):108-110.

[2] 殷海光,周建仁.EJB部署体系改进[J].电子设计工程,2017,25(21):23-26.

[3] 温立辉.JPA在数据持久化层的应用与原理探析[J].科技资讯,2019,17(6):5+7.

[4] 徐晓玲.CDN网络安全风险分析及应对策略研究[J].信息网络安全,2020(S2):74-77.

[5] 郭晓宇,阮树骅.基于OAuth 2.1的统一认证授权框架研究[J].信息安全研究,2022,8(9):879-887.

作者信息

汪东伟 复旦大学图书馆,馆员。研究方向:数字图书馆、知识挖掘。E-mail:wdw@fudan.edu.cn。

PART 04

第四部分　附　　录

附录一　第四届"慧源共享"全国高校开放数据创新研究
　　　　大赛大事记
附录二　"数据悦读"学术训练营专家金句
附录三　慧源上海教育科研数据共享平台简介
附录四　关于上海市科研领域大数据联合创新实验室
附录五　关于大赛合作伙伴

附录一　第四届"慧源共享"全国高校开放数据创新研究大赛大事记

2022年4月22日　第四届"慧源共享"全国高校开放数据创新研究大赛系列活动"数据悦读"学术训练营复旦大学站顺利举行。
2022年4月28日　系列活动学术训练营武汉大学站顺利举行。
2022年5月10日　系列活动学术训练营四川大学站顺利举行。
2022年5月12日　系列活动学术训练营安徽大学站顺利举行。
2022年5月13日　系列活动学术训练营清华大学站顺利举行。
2022年5月17日　系列活动学术训练营南京大学站顺利举行。
2022年5月19日　系列活动学术训练营重庆大学站顺利举行。
2022年5月20日　系列活动学术训练营山东大学站顺利举行。
2022年9月29日　第四届"慧源共享"全国高校开放数据创新研究大赛线上举行开幕式，大赛报名通道、数据申请通道正式开放。
2022年10月11日　系列活动学术训练营上海外国语大学站顺利举行。
2022年10月13日　系列活动学术训练营上海交通大学站顺利举行。
2022年10月18日　系列活动学术训练营东华大学站顺利举行。
2022年10月20日　系列活动学术训练营上海师范大学站顺利举行。
2022年10月25日　系列活动学术训练营浙江大学站顺利举行。
2022年10月27日　系列活动学术训练营华东师范大学站顺利举行。
2022年10月29日　第四届"慧源共享"全国高校开放数据创新研究大赛分赛道报名通道开启，数据申请通道正式开放。
2022年11月1日　系列活动学术训练营青少年研究大数据专场顺利举行。
2022年11月3日　系列活动学术训练营上海电力大学站顺利举行。
2022年11月10日　系列活动学术训练营上海大学站顺利举行。
2022年11月15日　系列活动学术训练营上海海洋大学站顺利举行。
2022年11月17日　系列活动中国海洋大学特别活动专场顺利举行。
2022年11月21日　第四届"慧源共享"全国高校开放数据创新研究大赛报名通道关闭。
2022年11月30日　第四届"慧源共享"全国高校开放数据创新研究大赛分赛道报名通道关闭。

2022 年 12 月 12 日　第四届"慧源共享"全国高校开放数据创新研究大赛数据申请通道（主赛道、分赛道）关闭，主赛道作品提交通道开启。

2023 年 2 月 12 日　第四届"慧源共享"全国高校开放数据创新研究大赛分赛道作品提交通道开启。

2023 年 2 月 28 日　第四届"慧源共享"全国高校开放数据创新研究大赛作品提交通道关闭。

2023 年 3 月 1 日至 4 月 16 日　第四届"慧源共享"全国高校开放数据创新研究大赛完成作品初审、复审和终评答辩。

2023 年 4 月 19 日　第四届"慧源共享"全国高校开放数据创新研究大赛获奖名单正式公布。

2023 年 4 月 19 日起　第四届"慧源共享"全国高校开放数据创新研究大赛开启成果孵化。

2023 年 5 月 11 日　第四届"慧源共享"全国高校开放数据创新研究大赛在 2023 中国图书馆数字化转型论坛上举行颁奖典礼。

附录二 "数据悦读"学术训练营专家金句

  第四届"慧源共享"全国高校开放数据创新研究大赛"数据悦读"学术训练营活动邀请了不同领域、不同行业的 38 位数据科学家,围绕 A(AI,人工智能)、B(Blockchain,区块链)、C(Cloud Computing,云计算)、D(Big Data,大数据)、E(Edge Computing,边缘计算)、F(Fintech,金融科技)、G(GIS,地理信息)七大主题开展专题讲座,报告专家在活动中以"一句话"的形式发表专家金句。本附录整理了本届训练营专家们所发表的金句内容,与读者们分享学习。

- 用数据科学打开科学认知社会的大门。

                     复旦大学 吴力波 教授

- 数字化转型应聚焦企业发展的痛点和难点,促进企业管理提升和创新转型。

         上海市国有企业绩效评价中心主任 王宇颖 正高级工程师

- 用网络科学方法挖掘大数据背后的隐性关联,洞察数字经济时代高度互联的复杂社会。

                      武汉大学 吴江 教授

- 数据已成为新型生产要素,充分利用公共时空数据要素对于智慧城市建设具有重大意义。

                    武汉大学 王胜 副教授

- 走进数据科学,挖掘数据的潜在价值,洞悉数字经济的灵魂。

                    四川大学 吕建成 教授

- 用大数据说法,从数据中挖掘法治经验;让法治可计算,用数据驱动法治建设。

                     四川大学 王竹 教授

- 视觉大数据是对模式识别技术的挑战,也是机遇,复杂环境视觉目标跨域识别研究方兴未艾。

                     安徽大学 罗斌 教授

- 基于计算智能的多目标优化算法,能为各类复杂系统提供高效的数据分析、决策、规划功能。

安徽大学　田野　副教授

- 人、地、时、空既是理解世界的四项要素,也是数据分析的四种维度。

清华大学　白玉琪　研究员

- 人文社科分享数字化、AI 和元宇宙等科创红利,探索人因复杂奥秘,跨学科极富挑战性和诱惑性。

中国社会科学院　王国成　研究员

- 消除不平等、不公平,遵循共识而非权威——区块链不仅带来技术的创新,还带来组织与协作的创新思维。

南京大学　颜嘉麒　副教授

- 用智能机器人解决图书馆的痛点问题,用数据为智慧图书馆贡献"南大方案"!

南京大学　陈力军　教授

- 摩尔定律即将寿终正寝,未来计算路在何方?量子信息科技会是未来的王者吗?

重庆大学　向宏　教授

- 大数据解决生产力的问题,区块链解决生产关系的问题;新基建是百年未遇的数字思维模式创新;隐私计算就是把大数据时代过度暴露的隐私一件件地穿回来!

重庆众意网科技　高峡　高级管理师

- 新兴研究主题识别可辅助科技管理部门提早布局,确保在科技竞争中实现领跑。

山东理工大学　许海云　教授

- 人类监督产生的智能是有限的,自我监督产生的智能是无限的。

山东大学　任鹏杰　教授

- 以 CDO 的全局性数据运营视角,更好地推动公共数据从管理数据向应用数据的演进,以及政企数据融通后的数据要素流通。

上海市大数据股份有限公司　汪科科　高级产品经理

- 文本表示在自然语言处理任务中非常重要。

华东师范大学　贺国秀　讲师

- 科学地规划和运用大数据，推动金融科技创新，赋能金融业高质量发展。

　　　　　　　　　　　　　　　　　　　　　　复旦大学　熊赟　教授

- 对称是宇宙的结构和物理学研究的主要内容，也是深度学习各种模型背后共同的底层逻辑。

　　　　　　　　　　　　　　　　　　　　　　金柚网　邬学宁　首席技术官

- 可视化是信息时代人类面对数据的一种通行"语言"。

　　　　　　　　　　　　　　　　　　　　　　北京大学　袁晓如　研究员

- 与AI共生的社会，要么被AI牢牢控制，要么善用AI改善生活。

　　　　　　　　　　　　　　　　　　　　　　中国科学院　顾立平　研究员

- 政策文本解读智能化。

　　　　　　　　　　　　　　　　　　　　　　东华大学　王素芬　教授

- 金融科技的创新性和安全性在规则层面是一对矛盾，这个矛盾必须通过技术层面解决。

　　　　　　　　　　　　　　　　　　　　　　上海财经大学　韩景倜　教授

- 挖掘文本数据的价值，大数据时代中的"软信息"也能在研究中发挥"硬作用"。

　　　　　　　　　　　　　　　　　　　　　　上海师范大学　傅毅　教授

- 元宇宙时代，安全与隐私保护至关重要，大数据与人工智能技术可以给我们一个更好的元宇宙使用体验。

　　　　　　　　　　　　　　　　　　　　　　复旦大学　陈阳　教授

- 最外行的专家，也许能打开最有意思的数据分析应用领域。

　　　　　　　　　　　　浙江大学建筑设计研究院有限公司规划四所　李利　高级工程师

- 大数据是新时代的"石油"，不管是智慧旅游还是文旅融合，都离不开大数据的有力支撑。

　　　　　　　　　　　　　　　　　　　　　　华东师范大学　许鑫　教授

- 数据驱动和理论驱动的范式相结合能够获得更客观的研究结论。

　　　　　　　　　　　　　　　　　　　　　　南京理工大学　赵宇翔　教授

- 教育数字化转型是教育发展的转型,而实质是课堂教学的转型,其本质是对教与学流程的创新与重塑。

上海市实验学校　陈兴冶　正高级教师

- 用数据讲好青年故事:在比较中把握城市与青少年的发展状况。

上海市团校信息办　陆烨　副教授

- 大数据时代,如何建立可持续化、个性化、智能化的智慧城市?

富达投资人工智能中心　宋翔　数据科学总监

- 对话是人特有的高级智能,人机对话系统使人和机器的交流变得越来越简单。

上海电力大学　徐菲菲　副教授

- 用机器学习方法挖掘用户交易行为数据,洞察跨境电商进出口数据的关联性和复杂性。

上海大学　熊励　教授

- 数据开放共享盘活数据资源,数据权利治理打通数据开放共享大动脉,护航数字经济发展。

上海大学　盛小平　教授

- 数字农业既是数字中国建设的重要方面,也是乡村振兴的内在要求。下一个风口在乡村!

上海市大数据中心信息化服务第二分中心　叶有灿　副主任

- 大数据驱动的人工智能是我国海洋与渔业领域实现跨越式发展的必由之路。

上海海洋大学　柳彬　讲师

- 认知浩瀚海洋,让海洋大数据贡献一朵浪花的力量。

上海海洋大学　宋巍　教授

附录三　慧源上海教育科研数据共享平台简介

慧源上海教育科研数据共享平台(https://i-huiyuan.shec.edu.cn/)是在上海市教育委员会的组织领导下构建的一个区域资源共享项目,其宗旨是将上海地区高校自建数据库、特色资源数据库、优质资源数据库、科学数据等进行共建共享,项目试点首先在上海地区东北片高校开展。

依托上海教育信息化的"一网三中心"基础设施,在制定统一元数据著录规范、平台接口规范、数据交换与共享管理服务运行机制的基础上,平台已经汇聚大量来自政府、高校、研究机构、企业和互联网上相关的优质教育科研数据资源,为更多的师生提供数据服务。

截至目前,参加共建共享的高校和教育科研机构包括东华大学、复旦大学、上海财经大学、上海电力大学、上海国际时尚教育中心、上海海洋大学、上海旅游高等专科学校、上海师范大学、上海外国语大学、同济大学。参加共享的资源类型包括科学数据、电子教参、古籍、古籍书目、国际时装图片、酒店信息、解放前报刊、景区信息、教师教育文献、民国期刊、民国图书、期刊论文图书、学位论文、学者库、影视资源等。参加共建共享的特色资源库共20个,包括长三角地区城规与建筑历史特藏库、东华大学纺织服装期刊文献库、复旦大学地方志库、复旦大学古籍库、复旦大学民国书刊库、复旦大学社会科学数据库、上海财经大学世界政治经济专家库、上海电力大学学位论文库、上海海洋大学电子教参库、上海海洋大学捐赠图书库、上海师范大学解放前报刊库、上海师范大学教师教育文献数据库、上海师范大学教师教育影视资源库、上海师范大学民国教育期刊库、上海师范大学学位论文库、上海时尚产业主题图书馆上海时装周数据库、上海外国语大学学术资源库、上海外国语大学珍藏外文图书库、中国旅游景区特色库、中国星级酒店特色库。

2019年11月,上海市经济和信息化委员会决定以复旦大学为建设主体,联合上海市教育委员会信息中心、国家卫生健康委流动人口服务中心、上海市公安局人口管理办公室、华东师范大学、银联智策顾问(上海)有限公司、矩阵元技术(深圳)有限公司、上海云教信息技术有限公司、北京万方数据股份有限公司、上海市大数据股份有限公司等单位为参建单位,成立上海市科研领域(人文社科)大数据联合创新实验室。实验室建设的主要任务之一是建设慧源上海教育科研数据共享平台,逐步构建上海地区科研数据开放共享基础设施,实现科研领域的数据共享,促进多源数据融合环境下的跨学科、跨领域协同创新与成果转化。

附录四　关于上海市科研领域大数据联合创新实验室

为贯彻落实党中央、国务院《促进大数据发展行动纲要》等重要文件的精神，按照《上海市大数据发展实施意见》的决策部署，加快推进大数据产业和应用发展，支撑本市国家大数据综合试验区建设，2019年11月，上海市经济和信息化委员会决定以复旦大学为建设主体，联合上海市教育委员会信息中心、国家卫生健康委流动人口服务中心、上海市公安局人口管理办公室、华东师范大学、银联智策顾问（上海）有限公司、矩阵元技术（深圳）有限公司、上海云教信息技术有限公司、北京万方数据股份有限公司、上海市大数据股份有限公司等为参建单位，成立上海市科研领域（人文社科）大数据联合创新实验室（以下简称实验室）。

实验室是目前全国高校范围内唯一的省/市级人文社科大数据实验室。实验室建设紧密对接国家大数据发展战略需要，以满足当前大数据产业发展的重大需求为导向，针对科研领域数据资源割裂、共享渠道机制缺失等痛点，通过构建"产、学、研、用"一体化的大数据创新生态，进行科研数据资源整合，构建数据互联互通机制，打造开放共享的大规模科研数据资源库和支撑性公共服务平台，以示范应用驱动科研领域的创新突破。

实验室建设遵循创新性、示范性、开放性和融合性的原则，"产、学、研、用"协同创新，聚焦解决人文社科领域大数据关键技术、数据共享机制和应用解决方案。主要任务包括：

构建统一、标准的上海科研数据共享平台，从人文社科领域切入，探索建设上海地区科研数据开放共享基础设施；

基于数据驱动背景下的新需求，整合能有效支撑和服务于域内人文社会科学研究的高价值数据资源，构建上海地区人文社科数据资源目录；

针对人文社科数据的开放共享关键环节，制定相应的标准规范，并运用区块链、安全多方计算、数据沙箱、AI等关键技术，重点解决上海地区人文社科领域科研数据共享中的激励、评价、传播和安全问题，探索可推广、可复制的科研数据整合与共享服务机制；

以市场需求为导向，把握上海高校及科研机构人文社科数据的重要应用场景，并以示范性、创新性和指引性为原则，探索建设示范性数据产品，促进多源数据融合环境下的跨学科、跨领域协同创新与成果转化。

未来，实验室将与成员单位共同探索，继续以"慧源共享"全国高校开放数据创新研究大赛为抓手，助力高校师生数据素养的提升，实现科研领域的数据共享，促进多源数据融合环境下的跨学科、跨领域协同创新与成果转化。

附录五　关于大赛合作伙伴

"慧源共享"全国高校开放数据创新研究大赛的组织和开展,得到了多家合作伙伴的支持。在第四届大赛中,上海阿法迪智能数字科技股份有限公司作为战略合作伙伴继续为大赛系列活动的组织和开展提供了包括数据资源、专家资源、宣推渠道、专业服务等的全方位的支持。此外,上海市大数据股份有限公司、上海云教信息技术有限公司、上海韬视信息技术有限公司也为活动的成功举办提供了大力支持。

上海阿法迪智能数字科技股份有限公司(以下简称阿法迪) 于 2004 年 10 月 10 日创立,是国内领先的致力于将智能数字技术应用于图书、文化和教育等多个领域的高新技术企业。2006 年 1 月,实施完成集美大学诚毅学院图书馆数字化建设,开创国内数字化图书馆的先河。作为国内领先的拥有核心技术研发能力和智慧图书馆全部自主知识产权的公司,20 年来,阿法迪持续实现产品和解决方案的迭代升级,已为全国 5 000 余家客户提供专业的智慧系统解决方案,可以满足智慧图书馆、数字文化馆、智慧博物馆馆内系统建设和馆外延伸系统服务建设,涵盖咨询、设计、研发、实施、图书馆运营及培训等全方位服务,能为图书馆提供云智能图书管理平台、智能终端系统、数字资源服务系统和图书馆运营服务等智慧图书馆解决方案,形成以物联网、云计算、大数据、人工智能、区块链等技术为基础的业务格局。

图书在版编目(CIP)数据

慧源共享　数据悦读:第四届全国高校开放数据创新研究大赛数据论文集/张计龙主编. —上海:复旦大学出版社,2024.10
ISBN 978-7-309-17469-4

Ⅰ.①慧…　Ⅱ.①张…　Ⅲ.①数据处理-文集　Ⅳ.①TP274-53

中国国家版本馆 CIP 数据核字(2024)第 101336 号

慧源共享　数据悦读——第四届全国高校开放数据创新研究大赛数据论文集
张计龙　主编
责任编辑/陆俊杰

复旦大学出版社有限公司出版发行
上海市国权路 579 号　邮编:200433
网址:fupnet@fudanpress.com　http://www.fudanpress.com
门市零售:86-21-65102580　　团体订购:86-21-65104505
出版部电话:86-21-65642845
常熟市华顺印刷有限公司

开本 787 毫米×1092 毫米　1/16　印张 17.5　字数 394 千字
2024 年 10 月第 1 版
2024 年 10 月第 1 版第 1 次印刷

ISBN 978-7-309-17469-4/T·758
定价:58.00 元

如有印装质量问题,请向复旦大学出版社有限公司出版部调换。
版权所有　侵权必究